SCHLENKRICH/SCHIFFNER · MIKROBIOLOGIE DES FLEISCHES

Oberlehrer Ing. HANS SCHLENKRICH
VR Dr. med. vet. EBERHARD SCHIFFNER

Mikrobiologie des Fleisches

Eine Einführung

Mit 58 Bildern, 39 Tabellen und 21 Übersichten

VEB FACHBUCHVERLAG LEIPZIG

Schlenkrich, Hans:
Mikrobiologie des Fleisches: e. Einführung / Hans
Schlenkrich; Eberhard Schiffner. – 1. Aufl. –
Leipzig : Fachbuchverl. 1988. – 188 S. : 58 Bild.,
39 Tab., 21 Übersichten
NE: 2. Verf.

ISBN 3-343-00405-7

© VEB Fachbuchverlag Leipzig 1988
1. Auflage
Lizenznummer: 114-210/65/88
LSV: 4879
Verlagslektor: Dipl.-Landw. Bernd Weiß
Printed in GDR
Gesamtherstellung: Druckhaus Aufwärts Leipzig III/18/20–359/88
Redaktionsschluß: 31. 1. 1988
Bestellnummer: 547 389 9
01400

Inhaltsverzeichnis

1.	Inhalt und Aufgabengebiete der Wissenschaft Mikrobiologie	9
2.	Historische Entwicklung der Mikrobiologie	9
3.	Allgemeine Bedeutung der Mikroorganismen	12
4.	Einordnung der Mikroorganismen innerhalb der Lebewesen	15
5.	Morphologie der Zellen	16
6.	Ernährung und Stoffwechsel der Mikroorganismen	20
7.	Einfluß äußerer Bedingungen auf Mikroorganismen	24
7.1.	Einfluß der Feuchtigkeit	24
7.2.	Einfluß der Temperatur	26
7.3.	Einfluß des pH-Wertes	28
7.4.	Einfluß des Sauerstoffs	30
8.	Vermehrung der Mikroorganismen	31
9.	Mikrobielle Enzyme	32
10.	Darstellung einiger Mikroorganismengruppen	36
10.1.	Viren	36
10.2.	Hefen	39
10.3.	Schimmelpilze	44
10.4.	Bakterien	46
10.4.1.	Aufbau der Bakterienzelle	46
10.4.2.	Systematik der Bakterien	48
10.4.3.	Wachstum und Vermehrung der Bakterien	51
10.4.4.	Sporulation	54
10.4.5.	Bedeutung der Bakterien	55
11.	Mikrobiologie der Haltbarmachung von Fleisch	57
11.1.	Haltbarmachungsverfahren	57
11.2.	Kältekonservierung	59
11.3.	Hitzekonservierung	69
11.4.	Salzkonservierung	75
11.5.	Konservierung mit Nitritpökelsalz	77
11.6.	Rauchkonservierung	84
11.7.	Strahlenkonservierung	90
12.	Einsatz von Mikroorganismenkulturen in der Fleischverarbeitung	92
12.1.	Zielstellung beim Einsatz von Starterkulturen	93
12.2.	Kulturen zur Stabilisierung und Beschleunigung der Rohwurstherstellung	94
12.2.1.	Angebotsformen	95
12.2.2.	Die verschiedenen Starterkulturstämme	95
12.2.3.	Leistungen der Rohwurststarterkulturen	96
12.3.	Kulturen zur Erzielung eines bestimmten Aromas	97
12.4.	Kulturen für die Herstellung von Dauerpökelwaren	97

12.5.	Kulturen für die Herstellung von Garfleischwaren	98
12.6.	Kulturen zur Stabilisierung von Fleischkochbrühe und Blut	98
12.7.	Schimmelpilzkulturen als Starterkulturen	99
12.8.	Aufbewahrung und Einsatzbedingungen von Starterkulturen	100

13. Mikrobiologie der Fleischverarbeitung 101

13.1.	Inhalt und Aufgabenstellung	101
13.1.1.	Allgemeines	101
13.1.2.	Mikrobiologische Prozeßsteuerung, Produktkontrolle und Prozeßkontrolle	102
13.1.3.	Mikrobiologisch instabile, labile und stabile Produkte	103
13.1.4.	Keimart, Keimzahl und Grenzkeimzahl	104
13.2.	Mikrobiologie der Rohwurst	107
13.3.	Mikrobiologie der Pökelfleischwaren	113
13.3.1.	Mikrobiologie der Garfleischwaren	113
13.3.2.	Mikrobiologie der Dauerpökelwaren	114
13.4.	Mikrobiologie der Brühwurst	122
13.5.	Mikrobiologie der Kochwurst	126
13.6.	Mikrobiologie der Konserven und Halbkonserven	128
13.7.	Mikrobiologie der Fleischfeinkostwaren	139
13.7.1.	Mikrobiologie der Fleischaspikwaren	139
13.7.2.	Mikrobiologie der Fleischsalate	141
13.8.	Mikrobiologie der Kühlkosterzeugnisse	143
13.9.	Mikrobiologie der Gewürze	144
13.10.	Mikrobiologie folienverpackter Fleischerzeugnisse	145

14. Lebensmittelvergiftungen 148

15. Mikrobiologische Prozeßkontrolle 154

15.1.	Personelle, räumliche und ausstattungsmäßige Voraussetzungen für eine mikrobiologische Prozeßkontrolle	155
15.2.	Untersuchungsmethodik	157

16. Reinigung und Desinfektion 165

16.1.	Reinigung	165
16.1.1.	Aufgabenstellung	165
16.1.2.	Einflußfaktoren auf die Reinigung	166
16.1.3.	Reinigungsmittel	166
16.1.4.	Reinigungsverfahren	168
16.1.5.	Gesundheitsschutz	169
16.2.	Desinfektion	170
16.2.1.	Aufgabenstellung	170
16.2.2.	Desinfektionsverfahren	170
16.2.3.	Desinfektionsmittel	173
16.2.4.	Wirkung der Desinfektionsmittel	177
16.2.5.	Durchführung von Desinfektionsmaßnahmen	178
16.2.6.	Gesundheitsschutz	179

Literaturverzeichnis 181

Bildquellenverzeichnis 183

Sachwortverzeichnis 184

Vorwort

Auch in der Fleischwirtschaft reicht die traditionelle Art und Weise der Herstellung von Erzeugnissen nicht mehr aus, um den ständig steigenden Versorgungsaufgaben gerecht zu werden. Ein höherer Zuwachs an Leistungen und Produktivität ist jedoch nur noch mit Hilfe des wissenschaftlich-technischen Fortschritts zu erzielen.
Vor allem moderne Verarbeitungsverfahren sowie bessere Nutzung und höhere Veredlung der zur Verfügung stehenden tierischen Rohstoffe sind es, die künftig viel mehr als bisher den Weg der umfassenden Intensivierung in der Fleischwirtschaft kennzeichnen.
Einige Verfahrensabschnitte in der Fleischwirtschaft sind mikrobiell-enzymatischer Natur. Daher gewinnt die fleischwirtschaftliche Mikrobiologie immer mehr an Bedeutung. Ein Ausdruck dessen ist, daß die gezielte Nutzung von Mikroorganismenkulturen in den vergangenen Jahren auch in der Fleischwirtschaft sehr stark zugenommen hat. Mit dem Einsatz von Mikroorganismenkulturen zeichnen sich erste Ansätze der zukunftsträchtigen Biotechnologie, einer der Schlüsseltechnologien, auch in unserem Wirtschaftszweig ab. Zur Beherrschung mikrobiell-enzymatischer sowie biochemisch-technologischer Prozesse sind jedoch umfangreiche und vor allem praxiswirksame Kenntnisse erforderlich. Da auf dem Gebiet der fleischwirtschaftlichen Mikrobiologie für die Berufsbildung und Erwachsenenqualifizierung keine einführende Literatur zur Verfügung stand, soll das vorliegende Buch Hilfe und Unterstützung bei der Aneignung des unbedingt erforderlichen mikrobiologischen Grundwissens bieten.
Das Buch ist vorrangig im Unterrichtsfach Mikrobiologie in der berufstheoretischen Ausbildung einsetzbar. Aber auch in den Fächern Rohstoff- und Verfahrenslehre kann es zum besseren Kenntniserwerb sowie zur rationellen Erarbeitung, Vertiefung und Festigung des Lehrstoffes herangezogen werden.
In der Erwachsenenqualifizierung soll es besonders in der Meisteraus- und -weiterbildung den Lernenden helfen, die in der Berufspraxis erworbenen Fähigkeiten und Fertigkeiten zu vertiefen und speziell auf mikrobiologischem Gebiet zu erweitern. Besonders der Teil des Buches, in dem Fragen der Haltbarmachung, des Einsatzes von Mikroorganismenkulturen, der Fleischverarbeitung, der Prozeßkontrolle sowie der Reinigung und Desinfektion aus mikrobiologischer Sicht behandelt werden, ist verstärkt in das Studium aufzunehmen. Ausgehend von der allgemeinen Bedeutung mikrobiologischer Vorgänge in der Natur werden theoretische Grundlagen der Morphologie und Physiologie der wichtigsten Mikroorganismengruppen behandelt. Besondere Aufmerksamkeit wurde der Vermeidung des mikrobiellen Verderbs von Fleisch und Fleischerzeugnissen durch bewußte Steuerung haltbarmachender Verfahren geschenkt. Die Grundlagen der Anwendung von Mikroorganismen werden ihrer Bedeutung gemäß eingehend behandelt.
Mikrobiell-enzymatische Prozesse, die während der verschiedenen verfahrenstechnischen Abschnitte im Fleisch bzw. in der Wurstmasse ablaufen, werden in ihrer Dynamik beschrieben und praktische Möglichkeiten der gezielten Steuerung erläutert.
Der mikrobiologischen Prozeßkontrolle muß mehr als bisher Aufmerksamkeit geschenkt werden, um mikrobiell bedingte Fehlproduktionen zu vermeiden und eine stabile Qualität zu sichern. Die dafür notwendigen betrieblichen Untersuchungsmethoden wurden in entsprechendem Umfang behandelt.
Durch die enge Verbindung von theoretischen und praktischen Fragen ist es den Lernenden möglich, die Wechselbeziehungen zwischen den Arbeitsgegenständen, den mikrobiell-enzymatischen Vorgängen und dem erforderlichen Niveau des Facharbeiters sowie dessen Einflußnahme auf die geforderte Qualität der Endprodukte zu erkennen.
Die Erziehung zur Qualitätsarbeit, zur Materialökonomie sowie zur Befähigung, ge-

wonnene Erkenntnisse bewußt in der täglichen Berufspraxis umzusetzen, steht jeweils im Mittelpunkt der Ausführungen.

Besonderer Dank gilt den Kollegen, die bei der Erarbeitung des Buches Hilfe und Unterstützung gewährten. Das betrifft vor allem Dr. med. vet. *G. Schiefer*, Leipzig, Dipl.-Ing. *K. Zweig*, Germendorf, Ing. *Th. Häfner*, Gotha, und Dipl-Med. *U. Schlenkrich*, Leipzig.

Hinweise, Ergänzungen und Änderungsvorschläge, die zur inhaltlichen und methodischen Verbesserung des Buches dienen, werden gern entgegengenommen.

Autoren und Verlag

1. Inhalt und Aufgabengebiete der Wissenschaft Mikrobiologie

Die Mikrobiologie ist die Lehre von den Kleinstlebewesen. Diese auch als Mikroorganismen, Keime oder Mikroben bezeichneten Lebewesen sind einzellig. Die Mikrobiologie erforscht Bau, Lebensweise, Lebensräume, Lebensbedingungen, Nützlichkeit oder Schädlichkeit sowie die Rolle der Mikroorganismen für den Stoffkreislauf in der Natur und für die Menschen. In zunehmendem Maße wird die praktische Bedeutung der Kleinstlebewesen für die Volkswirtschaft bzw. für industrielle Produktionsverfahren wissenschaftlich untersucht und erfolgreich genutzt.

Die Mikrobiologie ist ein wichtiger Zweig der Biologie, der in enger Beziehung zu vielen anderen Naturwissenschaften (Bild 1) steht und sich in folgende Forschungs- und Aufgabenbereiche gliedert:

- humanmedizinische Mikrobiologie,
  veterinärmedizinische Mikrobiologie,
  landwirtschaftliche Mikrobiologie,
  industrielle Mikrobiologie und
  Mikrobiologie der Lebensmittelproduktion.

Die Fleischwirtschaft als lebensmittelproduzierender Industriezweig hat gegenwärtig aus mikrobiologischer Sicht folgende zwei Aufgabenkomplexe zu lösen:

- Sicherung der menschlichen Ernährung durch Bereitstellung von hygienisch einwandfreiem und ernährungsphysiologisch hochwertigem Fleisch und der daraus hergestellten Erzeugnisse,
- Verstärkter Einsatz und gezielte Nutzung von Mikroorganismenkulturen (Starterkulturen) in der Fleischverarbeitung bei der Herstellung gleichbleibender Qualitätserzeugnisse mit einer hohen Fonds- und Materialökonomie.

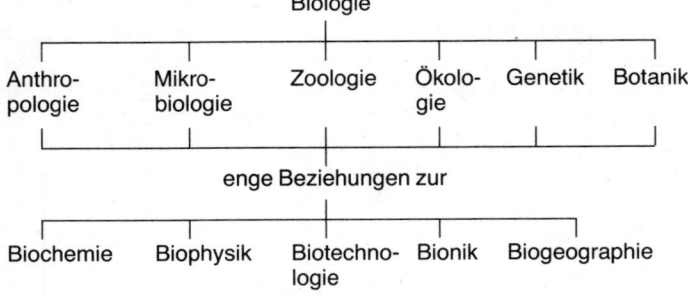

Bild 1. Verflechtung der Mikrobiologie mit anderen Wissenschaften

2. Historische Entwicklung der Mikrobiologie

Schon im Altertum vermuteten die Menschen, daß kleine, unsichtbare Wesen als Ursache für Vorgänge bei der Herstellung, Aufbewahrung und beim Verderb von Lebensmitteln verantwortlich zu machen sind. Wissenschaftliche Erklärungen und Kenntnisse über diese mikrobiellen Vorgänge gab es jedoch nicht. So wird beispielsweise die Brotherstellung mit Hilfe von Sauerteig oder auch Hefen (»ungesäuertes« Brot, Hefebrot) und die Herstellung verschiedener alkoholischer Getränke, wie

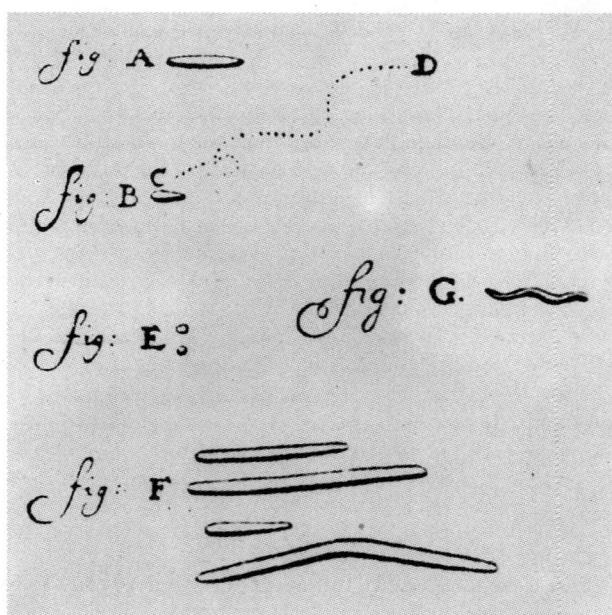

Bild 2. Erste Abbildungen von Bakterien durch *Leeuwenhoek*

Wein und Bier, sowie milchsaurer Produkte schon seit etwa 2000 Jahren praktiziert. Ebenso wurde schon frühzeitig die Rolle von Mikroorganismen bei der Auslösung von Massenerkrankungen bei Tieren und Menschen vermutet. Erst mit der Entwicklung von Mikroskopen war es möglich, die Mikroben sichtbar zu machen, ihre Vielgestaltigkeit und den Formenreichtum zu erkennen sowie ihre Lebensweise und Wirksamkeit wissenschaftlich exakt zu erforschen. Ein solches Vergrößerungsgerät, das eine etwa 60fache Vergrößerung erreichte, bauten erstmalig 1590 in Holland die Brüder *Hans* und *Zacharias Janssen*. Diese Vergrößerungsleistungen reichten jedoch nicht aus, um Mikroben sichtbar zu machen. Das gelang erstmals 1676 dem Holländer *Antonie von Leeuwenhoek* mit einem verbesserten Mikroskop, das etwa 280fache Vergrößerungen ermöglichte. *Leeuwenhoek* zeichnete als erster Mensch Bakterien und sogar deren Bewegung auf, die er mit Hilfe seines Mikroskopes beobachtet hatte (Bild 2). Damit wurde der Grundstein für die Entwicklung der Mikrobiologie gelegt. Weitere wichtige Etappen in der geschichtlichen Entwicklung der Mikrobiologie enthält folgende Zeittafel:

1776   *Spallanzani* beobachtet, daß verschiedene Bakterien bei Temperaturen von 100 °C abgetötet werden können und andere wiederum stundenlanges Kochen schadlos überleben.

1796   *Jenner* führt die erste Schutzimpfung gegen die gefürchteten Pocken durch und wird damit zum Begründer der aktiven Immunisierung.

1810   *Appert* gelingt es, Obst und Gemüse in luftdicht verschlossenen Töpfen durch Abkochen haltbar zu machen.

1837   *Schwann* weist nach, daß die alkoholische Gärung und die Fäulnis durch Mikroben hervorgerufen werden.

1858   *Pasteur* entdeckt die Gesetzmäßigkeit der Milchsäure- und Buttersäuregärung. Außerdem widerlegt er mit Hilfe wissenschaftlicher Experimente die Theorie von der Urzeugung von Lebewesen aus nichtlebenden

	Substanzen. *Pasteur* führt erstmalig die schonende Erhitzung von Flüssigkeiten (Pasteurisieren) durch. Mit diesem Verfahren werden Mikroben abgetötet und eine längere Haltbarkeit der Erzeugnisse erreicht.
1870	*Abbe* entwickelt auf wissenschaftlicher Grundlage die Produktion leistungsstarker optischer Geräte (Lichtmikroskopie.)
1876	*Koch* entdeckt den Erreger des Milzbrandes. Ihm gelingt es erstmalig, auf festen Nährböden Mikroorganismen zu kultivieren. Er entdeckt in den folgenden Jahren auch die Erreger von Tuberkulose, Cholera, Typhus, Tetanus und Rotz.
1885	*Hellriegel* und *Willfahrt* finden die in den Wurzelknöllchen der Leguminosen stickstoffbindenden Bakterien (Knöllchenbakterien).
1892	*Iwanowsky* entdeckt das Tabakmosaikvirus.
1894	*Yersin* und *Kitasato* finden den Erreger der Pest.
1895	Der Erreger des Botulismus wurde durch *van Ermengem* gefunden.
1892	*Frosch* und *Loeffler* finden den Erreger der Maul- und Klauenseuche.
1898	*Shiga* und *Kruse* entdecken den Ruhrerreger.
1905	*Schaudinn* und *Hoffmann* finden den Erreger der Syphillis.
1910	Beginn der Chemotherapie mit dem von *Ehrlich* entwickelten Salvarsan.
1917	*Twort* und *d'Herelle* entdecken die Bakteriophagen.
1829	*Fleming* weist die bakterientötende Wirkung des Penizillins nach.
1931	Die Physiker *Ruska, Borries, von Ardenne* und *Mahl* bauen das erste Elektronenmikroskop, das eine 600 000fache Vergrößerungsleistung hat. Damit ist es möglich, erstmals Viren und feinste Zellstrukturen der Mikroorganismen sichtbar zu machen.
1938	Produktion und erfolgreicher Einsatz von Antibiotika (Penizillin) in der Medizin beginnen.
1943	*Waksmann* isoliert das Antibiotikum Streptomyzin.
1944	Durch *Avery* erfolgt die Beweisführung, daß die Desoxiribonukleinsäure (DNS) der genetische Erbinformationsträger innerhalb der Zelle ist.
1949	*Enders* gelingt die Züchtung des Polio-Virus.
1955	Entwicklung des Impfstoffes gegen spinale Kinderlähmung (Polimeyelitis) durch *Salk* und *Sabin*.
1957	*Isaacs* und *Lindemann* isolieren das Interferon.
1962	*Weller* und *Neva* entdecken und isolierne das Rötelvirus.
1966	*Lwoff* und *Tournier* unterbreiten eine moderne Virusklassifikation.
1967	*Goulian* gelingt die erste künstliche Synthese eines Phagen.
1970	*Khorana* gelingt der künstliche Aufbau eines Gens.
1976	*Khorana* pflanzt ein künstliches Kolibakterium-Gen in eine Bakterienzelle ein, wo es wie ein natürliches Gen funktioniert. Es entwickelt sich die Gentechnologie, und ein neuer Abschnitt der Mikrobiologie beginnt.
1984	Der Erreger der AIDS-Krankheit, ein Virus, das ausschließlich bestimmte Zellen des Immunsystems angreift, wird von *Montagnier* nachgewiesen.

Besonders in den letzten Jahrzehnten haben Forscher in aller Welt durch unermüdlichen Fleiß und Forscherdrang viele neue fundamentale Einzelheiten über die Wirksamkeit der Mikroorganismen ermittelt und damit die Mikrobiologie soweit ausgebaut, daß deren Erkenntnisse immer stärker in viele Zweige der Industrie und Landwirtschaft produktionswirksam einfließen. Damit entwickelt sich die Biotechnologie neben dem Einsatz computergestützter Technik und der Mikroelektronik zu einer Schlüsseltechnologie. Auch in der Fleischwirtschaft zeichnen sich immer mehr Möglichkeiten ab, Forschungsergebnisse aus der mikrobiologischen Wissenschaft gezielt in Produktionsverfahren, besonders der Fleischverarbeitung, zu übernehmen.

3. Allgemeine Bedeutung der Mikroorganismen

Mikroorganismen sind die einfachsten Lebewesen. Sie kommen in der Luft, im Boden und im Wasser in oft sehr großer Zahl vor und sind allgegenwärtig. Im Gegensatz zu den Makroorganismen sind sie mit dem bloßen Auge nicht sichtbar, sondern nur mit Hilfe des Mikroskopes bzw. Elektronenmikroskopes zu erkennen. Obwohl die Mikroorganismen so winzig klein sind, verfügen sie über alle wesentlichen Merkmale höher entwickelter Lebewesen (Übersicht 1).

Übersicht 1. Merkmale des Lebens

Merkmale	Vorhandensein bei Mikroorganismen
Zellulärer Aufbau	vorhanden
Fortpflanzung	vorhanden
Reizbarkeit	vorhanden
Stoff- und Energiewechsel	vorhanden
Wachstum	vorhanden
Weitergabe genetischer Informationen (Vererbung)	vorhanden
Entwicklung	vorhanden

Mikroben können einerseits nützlich, aber zum anderen auch sehr schädlich sein. Viele von ihnen sind jedoch völlig unentbehrlich, da sie eine bedeutende Rolle im Kreislauf der Natur spielen. In immer stärkerem Maße gewinnen sie in der Biotechnologie an Bedeutung. Entsprechend ihrer Wirksamkeit gegenüber anderen Lebewesen unterteilt man die Mikroorganismen in pathogene und nichtpathogene Arten.
- *Pathogene Mikroben*. Es handelt sich um gefährliche und schädliche Organismen, die bei Pflanzen, Tieren und Menschen schwere Krankheiten auslösen können.
- *Apathogene Mikroben*. Diese Gruppe von Mikroben ist sehr differenziert. Ein Teil von ihnen übt im Stoffkreislauf der Natur wichtige Funktionen aus und ist daher unentbehrlich. Ein anderer Teil spielt in immer größerem Umfange in der mikrobiellen Verfahrenstechnik eine Rolle.

Mikroorganismen sind besonders in der *Landwirtschaft* für die Erhaltung und Verbesserung der Bodenfruchtbarkeit unentbehrlich. Einige Mikrobenarten sind Reduzenten in Nahrungsketten, d. h., sie setzen in der Natur unbelebte, meist hochmolekulare organische Stoffe zu niedermolekularen organischen sowie anorganischen Verbindungen, wie Wasser, Ammoniak und CO_2, um. Dadurch schaffen sie Voraussetzungen für den Stickstoff- und den Kohlenstoffkreislauf (Bild 3). Die Anhäufung organischer Substanz wird dadurch vermieden. Der Abbau dieser Stoffe führt zu einer wesentlichen Verbesserung der Bodenqualität. Es erfolgt eine Anreicherung mit Humus, und die freigesetzten anorganischen Bestandteile (Mineralisierung) dienen den Pflanzen als Nährstoffe. Das hat eine wesentliche Verbesserung der Bodenfruchtbarkeit sowie eine größere Ertragssteigerung in der Pflanzenproduktion zur Folge. Die in den Wurzelknöllchen von Schmetterlingsblütlern, wie Luzerne, Klee, Lupinen und Bohnen, lebenden Knöllchenbakterien sind in der Lage, aus der Luft Stickstoff zu assimilieren. Dadurch reichern sie einerseits den Boden mit Stickstoff an, und zum anderen dient er den Pflanzen zum Aufbau von Eiweißverbindungen. Das nutzt man in der Landwirtschaft aus, indem man Schmetterlingsblütler als Untersaaten in den Boden bringt. Dadurch stehen den landwirtschaftlichen Nutztieren eiweißreiche Futterpflanzen zur Verfügung, und außerdem wird der Boden mit Stickstoff angereichert.

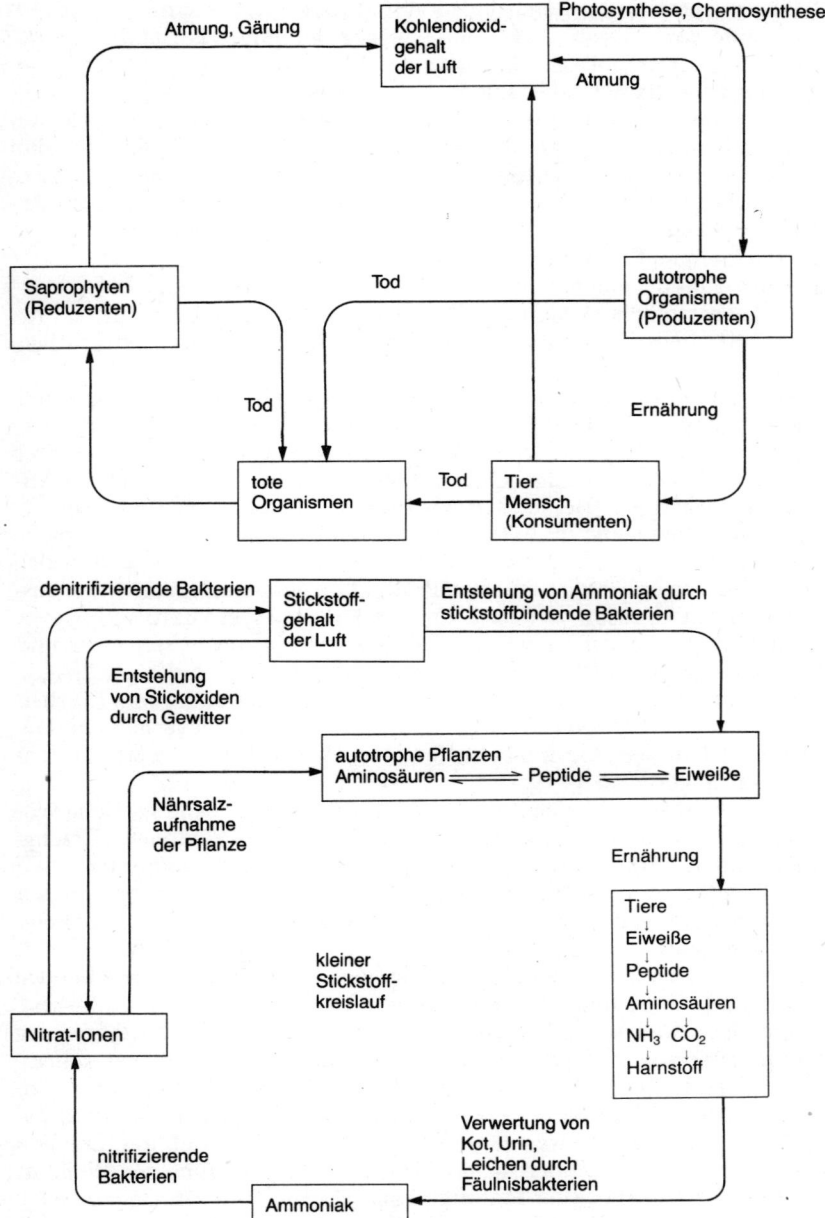

Bild 3. Kreislauf des Kohlenstoffs (a) und Stickstoffs (b)

Auch der natürlichen *Selbstreinigung der Oberflächenwässer* liegen die Prozesse der Mineralisierung mit Hilfe spezieller Mikroben zugrunde. Bei der Abwasseraufbereitung werden ebenfalls Mikroorganismen zum biologischen Abbau der organischen Bestandteile eingesetzt. Dazu werden geeignete Bakterien und Luftsauerstoff in die Abwässer eingeleitet.

Auch die in Anlagen der industriellen Tierproduktion anfallenden großen Mengen Gülle werden mit Hilfe von Mikroben aufbereitet. Dabei kommt es vor allem auf die biologische Umsetzung der organischen Bestandteile an, damit die freigesetzten anorganischen Verbindungen umgehend den Pflanzen als Nährstoff zur Verfügung stehen. Ebenfalls spielt die *Biogasgewinnung* bei der Gülleaufbereitung eine immer größere Rolle. *Biogas* nutzen bereits einige Landwirtschaftsbetriebe als Energiequelle. Für die Konservierung von Futtermitteln sind Mikroorganismen ebenfalls von Bedeutung. Die *Silierung* von Grünfutter ist eine rationelle Möglichkeit der Konservierung verschiedener Futtermittel. Die Silage ist bei richtiger Gärführung (Milchsäuregärung) ein wertvolles Futtermittel mit einem hohen Vitamingehalt.

Umfangreich sind die Einsatzgebiete von Mikroorganismenkulturen in der *Lebensmittelproduktion*. Die Einsatzmöglichkeiten von Reinkulturen zur gezielt gesteuerten Produktion hochwertiger Lebensmittel haben sich in den vergangenen Jahren beträchtlich erweitert.

Bereits seit Jahrtausenden nutzt der Mensch Gärungsprozesse zur Herstellung und Haltbarmachung von Lebensmitteln aller Art, z. B. von Bier, Wein, Sauermilchprodukten, Käse, Sauerkraut, Sauerteigbrot, Weißbrot und Speiseessig. Diese Lebensmittel wurden und werden auch heute noch mit Hilfe der Stoffwechselprozesse spezieller Mikroorganismenarten hergestellt. Bei diesen Vorgängen entstehen Stoffwechselprodukte, die den Fertigerzeugnissen ihre Arteigenheit verleihen. Das zeigt sich beispielsweise in Aroma, Farbe, Gefüge, Konsistenz, Genußwert, Verdaulichkeit und in der Haltbarkeit. Zur Veredlung und zur gesteuerten Produktion der verschiedenen Lebensmittel gelangen heute im Gegensatz zu früher nur Reinkulturen von Mikroorganismen zum Einsatz. Durch sie werden die erwünschten Stoffveränderungen steuerbar und durch Regulation der Umweltbedingungen auch beeinflußbar gemacht.

Die in der Lebensmittelproduktion eingesetzten Mikroorganismenkulturen sind auch in der Lage, nicht erwünschte Mikroben zu inaktivieren oder sie sogar zu vernichten. Davon sind vor allem die Fäulnisbakterien betroffen. Die Haltbarkeit der Fertigerzeugnisse wird dadurch verlängert.

In der *Fleischwirtschaft* wäre die Herstellung vieler Erzeugnisse ohne die spezielle Wirkungsweise einiger Mikrobenarten nicht möglich. So durchlaufen zahlreiche Erzeugnisse bestimmte Produktionsprozesse, die biochemischer Natur sind und unter völlig sterilen Bedingungen nicht ablaufen würden. Viele dieser mikrobiellen Prozesse laufen jedoch noch ungesteuert ab, so daß große Schwankungen in der Qualität bis hin zu Fehlprodukten oft die Folge sind.

Erfolgreich werden in vielen Ländern schon seit einigen Jahren Reinkulturen bei der bakteriell gesteuerten Reifung und Stabilisierung von frischer Rohwurst, Rohwursthalbdauerware und -dauerware sowie Fleischdauerwaren eingesetzt. Das Verfahren der bakteriell gesteuerten und somit programmierbaren Reifung und Stabilisierung stellt einen wichtigen Intensivierungs- und Rationalisierungsfaktor in der Fleischwirtschaft dar. Die Qualität der mit Reinkulturen hergestellten Erzeugnisse konnte verbessert und stabilisiert werden gegenüber Erzeugnissen aus der herkömmlichen Produktion. Die Vorteile des neuen Verfahrens liegen jedoch nicht allein in der Verbesserung der Qualität, sondern ebenso in der Verbesserung der Materialökonomie und Fondsökonomie.

Seit etwa 40 Jahren nutzt man in der *Medizin* Mikroben zur Gewinnung verschiedener Antibiotika, die erfolgreich bei der Bekämpfung der gefürchteten Infektionskrankheiten eingesetzt werden. Dank intensiver medizinischer Forschung sowie durch gezielte Aufklärung der Menschen wurden mit Hilfe von Antibiotika in vielen Ländern einige bakterielle Infektionskrankheiten völlig beseitigt und andere stark zurückgedrängt. Beispielhafte Ergebnisse bei der Bekämpfung von infektiösen Erkrankungen wurden im Gesundheitswesen der sozialistischen Staaten erreicht.

Neben den heute viel zu oft noch unterschätzten nützlichen Funktionen der Mikroben sind die schädlichen Wirkungen allgemein viel bekannter. Der Begriff »Bakterien« löst heute noch bei vielen Menschen Angst aus. Ursache dafür ist zweifellos die Tatsache, daß einige Mikroorganismen in der Lage sind, in lebendes Gewebe einzudringen und es zu schädigen. Diese parasitär lebenden Mikroben befallen Pflanzen, Tiere und Menschen und lösen bei ihnen *Infektionskrankheiten* aus. Die Verhütung von Massenerkrankungen durch gezielte Immunisierung, gesunde Lebensweise, optimale Ernährung, persönliche Hygiene sowie eine frühzeitig beginnende Gesundheitserziehung haben heute eine hohe gesellschaftliche Bedeutung erlangt.

Der Umfang der technischen Nutzungsmöglichkeiten der Mikroorganismen ist fast unermeßlich. In der Zukunft wird die Herstellung von eiweißreichen Lebens- und Futtermitteln mit Hilfe spezieller Kleinstlebewesen an Bedeutung gewinnen. Hier eröffnet sich der Biotechnologie ein umfangreiches Aufgabengebiet, allein im Hinblick auf die Lösung des Welternährungsproblems.

Mikroorganismen finden in vielen Bereichen der wissenschaftlichen Forschung auch als *Testorganismen* Verwendung. Selbst in der Raumfahrt werden sie in den Bordlabors der kosmischen Flugkörper für wissenschaftliche Untersuchungen eingesetzt. Man nutzt ihre Eigenschaften, z. B. das schnelle Wachstum, die hohen Syntheseraten und die große Anpassungsfähigkeit, aus. Mikroorganismen sind in der Lage, auf geringste Mengen bestimmter chemischer Verbindungen oder Wirkstoffe schnellstens zu reagieren. Hinzu kommt noch, daß Mikroben über einen relativ einfachen Zellaufbau verfügen.

Nicht unerwähnt bleiben darf, daß die Wirkungsweise einiger spezieller Gruppen von Mikroorganismen mißbraucht werden kann. Sie stellen biologische Kampfstoffe dar. Pathogene Mikroben sowie infizierte Insekten sind in der Lage, Massenerkrankungen unter Tieren und Menschen sowie Schädigungen der Pflanzen hervorzurufen.

4. Einordnung der Mikroorganismen innerhalb der Lebewesen

Die Mikroorganismen bilden neben den Pflanzen und Tieren das dritte eigenständige Reich der Lebewesen. Während die Unterscheidung zwischen Tier und Pflanze nach Gestalt und stofflichem Aufbau eindeutig ist, weisen die Mikroorganismen unter sich und im Verhältnis zu Tier und Pflanze erhebliche Unterschiede auf. Mikroorganismen unterscheiden sich von den höheren, mehrzelligen Lebewesen (Makroorganismen) vor allem durch ihre sehr geringe Größe. Außerdem zeichnet sie schnelle Vermehrung, weitverzweigte Verbreitung, außergewöhnlich hoher Stoffumsatz sowie ausgeprägte Anpassungsfähigkeit des Stoffwechsels an fast alle nur denkbaren Umweltbedingungen aus. Für die Fleischwirtschaft haben die im Bild 4 enthaltenen Mikroorganismengruppen besondere Bedeutung.

Zu beachten ist jedoch, daß zwischen diesen Gruppen z. T. erhebliche Unterschiede bestehen und eine strenge, einheitliche Systematisierung bisher nicht möglich war.
Einerseits haben einige der einzelligen Lebewesen auch Merkmale höherer Lebewesen,

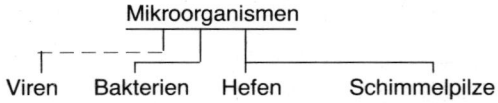

Bild 4. Allgemeine Einteilung der Mikroorganismen

andererseits weisen sie markante Unterschiede auf, die sie klar von Tier- und Pflanzenzellen trennen. Mikroorganismen sind die einfachsten Lebewesen. Aus ihnen entwickelten sich im Laufe der Evolution höhere Organismen. Ihre Entstehung liegt etwa drei Milliarden Jahre zurück. Mikroorganismen lassen sich wie folgt systematisieren:

- *niedere Protisten* (Prokaryonten)
  Zu dieser Gruppe der Mikroorganismen zählen die Bakterien und Blaualgen.
- *höhere Protisten* (Eukaryonten)
  Hierzu gehören die Schimmelpilze, Hefen, Algen und Protozoen.

Eine Sonderstellung nehmen die submikroskopischen Viren ein. Sie zählen strenggenommen nicht direkt zu den Mikroben. Obwohl sie aus den gleichen chemischen Substanzen wie die Zellen der anderen Lebewesen bestehen, sind sie keine selbständig lebensfähigen Organismen. Sie verfügen nicht über alle Merkmale, die für ein Lebewesen charakteristisch sind. Ihre Vermehrung ist nur in den lebenden Zellen anderer Organismen möglich. Das bedeutet, daß sie stets an andere Lebewesen gebunden sind.

Ob Mikroorganismen mehr den Pflanzen oder den Tieren zugeordnet werden können, ist nicht in jedem Fall eindeutig zu beantworten. Pflanzenzellen sind kohlenstoff-autotrophe Organismen. Sie nehmen aus dem Boden anorganische Nährstoffe und Wasser und CO_2 aus der Luft auf. Tierzellen hingegen sind kohlenstoff-heterotroph, da ihre Nahrung aus organischer Substanz besteht. Im Gegensatz dazu lassen sich weder Hefen, Schimmelpilze noch Bakterien streng in die eine oder in die andere der beiden Gruppen einordnen, weil sie physiologisch eine viel größere Vielseitigkeit aufzuweisen haben als die Tier- und Pflanzenzelle. Andererseits findet man bei einigen Mikroorganismengruppen durchaus auch Merkmale von Pflanzen- oder Tierzellen vor. Während die einzelligen Protozoen den Tierzellen nahestehen, da sie keine wirkliche Zellwand aufweisen und auch noch über einige andere Merkmale höherer Organismen verfügen, stehen dagegen beispielsweise die einzelligen Algen den Pflanzen näher. Algenzellen enthalten Chlorophyll, haben feste Zellwände aus Cellulose und sind außerdem in der Lage, Stärke als Reservestoff zu speichern. Bakterien nehmen bei den einzelligen Organismen eine Zwischenstellung ein, wobei jedoch auch bei ihnen einige Pflanzenmerkmale etwas stärker ausgeprägt sind.

5. Morphologie der Zellen

Innerhalb der verschiedenen Mikroorganismengruppen herrschen in der äußeren Gestalt der Zellen vielfältige Formen vor. Eine Einheitlichkeit der Form und Größe tritt bei den Mikroorganismen selbst innerhalb einer Gruppe nicht auf. Gemessen werden Mikroorganismen mit Hilfe von Meßokularen, Okularmikrometern sowie Objektmikrometern. Die gebräuchlichsten Maßeinheiten in der Mikrobiologie sind in Tabelle 1 aufgeführt.

Tabelle 1. Maßeinheiten in der Mikrobiologie

$1\,\mu m$ = 1 Mikrometer	= 10^{-6} m
	= $0,001$ mm
$1\,nm$ = 1 Nanometer	= 10^{-9} m
$0,1\,nm$	= 10^{-10} m
$1\,pm$ = 1 Picometer	= 10^{-12} m

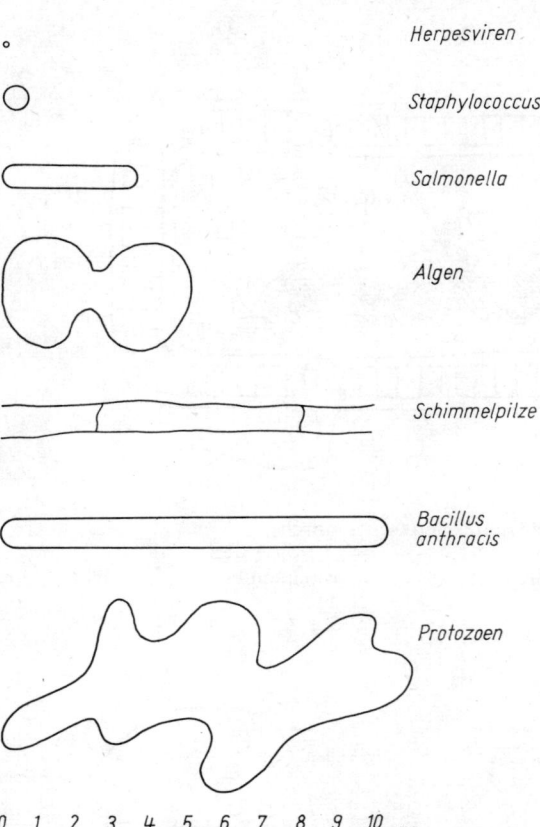

Bild 5. Form und Größe einiger Mikroben

Tabelle 2. Größenvergleiche einiger Objekte

Objekte	Durchschnittliche Größe in nm
Atomkerndimension	0,00001
Wasserstoffatom	0,11
Bleiatom	0,20
Hämoglobinmolekül	0,60
Polio-Virus	15...40
Tollwutvirus	30...300
Geflügelpestvirus	90...120
Grippevirus	80...130
Kleine Bakterienarten	500...800
Kokken	1000
Rote Blutkörperchen	7000
Hefen	6000...10000
Schimmelpilze	10000...40000
Menschenhaar	50000

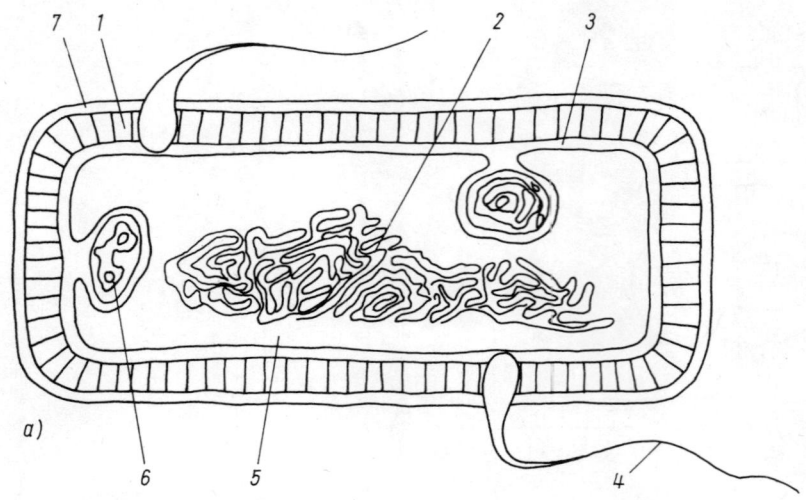

Bild 6. Mikroskopisches Bild der Zellen (schematisch)
a) Bakterienzelle
(1) Zellwand   (2) Kernäquivalent   (3) Zytoplasmamembran   (4) Geißel   (5) Grundplasma
(6) Mesosom   (7) Kapsel

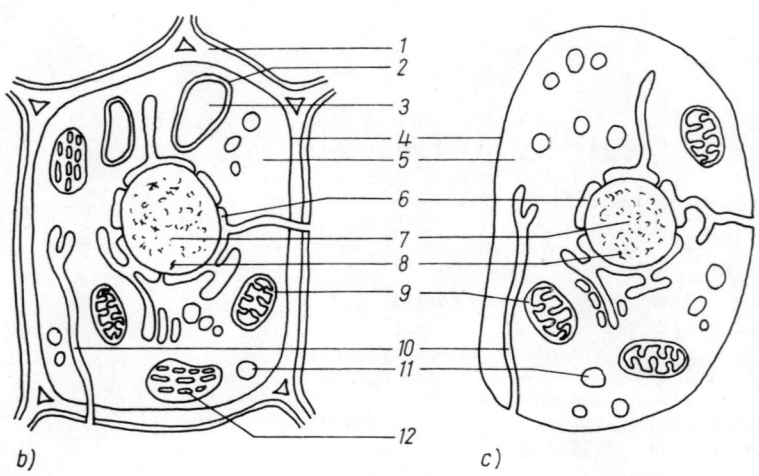

b) Pflanzenzelle und c) Tierzelle
(1) Zellwand   (2) Tonoplast   (3) Vakuole   (4) Plasmalemma   (5) Grundplasma
(6) Kernmembran   (7) Kerngrundplasma   (8) Chromatin   (9) Mitochondrien
(10) endoplasmatisches Retikulum   (11) Ribosom   (12) Chloroplast

Einen Überblick über Größe und Gestalt einiger Mikrobenzellen vermittelt Bild 5. In Tabelle 2 werden einige Größenvergleiche von mikrobiologischen und anderen Objekten angestellt.
Die Grundbausteine aller Organismen sind die Zellen. In ihnen vollziehen sich alle

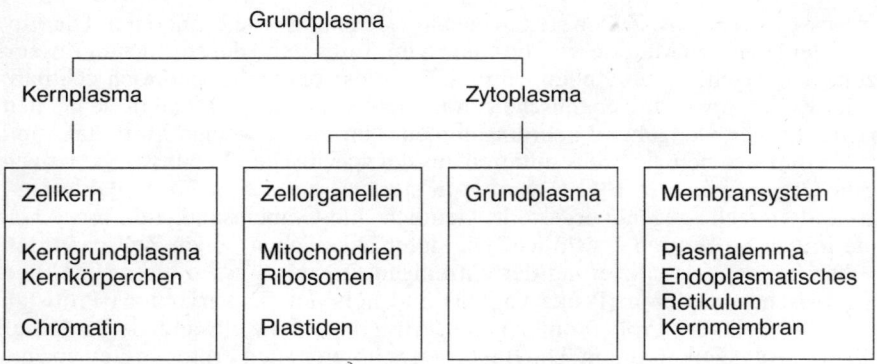

Bild 7a. Die wichtigsten Bestandteile der Zelle

Übersicht 2. Funktionen der Zellbestandteile

Bestandteil der Zelle	Funktionen innerhalb der Zelle
Grundplasma	besteht vorwiegend aus Wasser, in dem sich gelöste Stoffe, wie Proteine, Lipoide, Kohlenhydrate, sowie ionisierte anorganische Verbindungen befinden, Grundplasma umgibt den Zellkern und die Zellorganellen, das vorhandene Wasser dient als Lösungsmittel zur Aufrechterhaltung des osmotischen Druckes
Plasmalemma	besteht aus Eiweißen und Lipoiden, es grenzt die Zellen nach außen ab und reguliert den Stoffaustausch (Osmose) mit den Nachbarzellen und der äußeren Umwelt
Endoplasmatisches Retikulum	Verzweigtes Doppelmembran-System, aus Eiweißen und Lipoiden aufgebaut, es steht mit der Zellmembran und Kernmembran in Verbindung, übt Transportfunktionen aus
Kernmembran	Doppelmembran aus Eiweißen und Lipoiden aufgebaut, sie grenzt den Zellkern gegen das Grundplasma ab
Chloroplasten	Gebilde, die Chlorophyllfarbstoff enthalten und Lichtenergie in chemische Energie (Photosynthese) umwandeln
Mitochondrien	kleine Gebilde, die von einer Doppelmembran umgeben sind, sie sind Träger von Atmungsenzymen und Orte der Bildung von ATP, Energieumwandlung und der biologischen Oxidation
Ribosomen	kugelförmige Gebilde, sie bestehen aus Proteinen und enthalten RNS und DNS, an ihnen findet, unter Auswertung der im Zellkern verschlüsselten genetischen Informationen, die Biosynthese der Eiweiße statt
Zellkern	Gebilde, das aus Kerngrundplasma, DNS-haltigen Kernkörperchen besteht, der Zellkern ist der Träger der Erbanlagen, er ist Steuer- und Informationszentrale für alle Vorgänge in der Zelle
Zellwand	umschließt den Protoplast, hat eine starre Struktur, verleiht der Zelle Form bzw. Gestalt, bietet Schutz gegen äußere Einflüsse, stellt stoffliche Schranken zwischen Zelle und Umwelt dar, ist eine selbständige morphologische Einheit der Zelle

Grundprozesse des Lebens. Zellen stellen die kleinste biologische Einheit dar. Die Einheitlichkeit der lebenden Materie wird besonders im Aufbau und der stofflichen Zusammensetzung der verschiedenen Zellen sichtbar. Der elektronenmikroskopisch sichtbare Feinbau der Zellen sowie ihre chemische Zusammensetzung zeigen, daß diese bei den meisten Organismen weitgehend übereinstimmen. Nur einige wenige Merkmale sind artspezifisch und weichen ab. Sie resultieren aus der spezifischen Lebensweise der verschiedenen Organismen. Im Bild 6 werden in stark vereinfachter Form Bakterien-, Pflanzen- und Tierzelle gegenübergestellt. Deutlich sind Gemeinsamkeiten sowie Unterschiede in den Strukturen ersichtlich. Die unterschiedlichen feinen Zellstrukturen führten einst bei der Klassifizierung der einzelligen Organismen zur strengen Unterscheidung zwischen niederen (Prokaryonten) und höheren (Eukaryonten) Protisten (Urwesen). Die Zelle der Prokaryonten ist mit Ausnahme der Zellwand viel einfacher aufgebaut als die der Eukaryonten. Die Bakterien gehören zu den Prokaryonten und haben ein Strukturelement, das Chromosom. Es besteht aus DNS und hat keine Kernmembran. Den Bakterien fehlt ein von der zytoplasmatischen Membran umschlossener Zellkern. Die Bakterienzelle enthält eine dem Zellkern äquivalente Struktur, die den Zellkern verkörpert. In dieser Struktur ist DNS enthalten. Ebenso fehlen den niederen Protisten Mitochondrien, und das Zytoplasma weist keine netzartigen Strukturen (endoplasmatisches Retikulum) auf. Im Gegensatz dazu haben die höheren Protisten schon einen echten Zellkern, der mit einer Kernmembran umschlossen ist. Ferner enthält das Plasma der Eukaryonten Mitochondrien, Plastiden sowie doppelschichtige Membranen. Außerdem sind noch einige andere Elemente am Zellaufbau beteiligt, die bei den Prokaryonten fehlen.
Im Bild 7a sind die wichtigsten Bestandteile einer Zelle zusammengestellt.
Die prokaryontische Zelle ist einfacher organisiert als die eukaryontische. Differenzierter sind dagegen die Zellfunktionen der höheren Protisten, wie Schimmelpilze, Hefen, Algen und Protozoen. Bei ihnen besteht bereits eine einfache Form der Aufgabenteilung innerhalb der Zelle. Hier sind schon einzelne Bestandteile für bestimmte Lebensfunktionen zuständig. Aus Übersicht 2 sind die Hauptfunktionen der wichtigsten Bestandteile einer Zelle zu entnehmen.

6. Ernährung und Stoffwechsel der Mikroorganismen

Mikroben sind wie alle anderen Organismen nur unter bestimmten Umweltbedingungen lebensfähig. Im Gegensatz zu den höheren Organismen stellen sie z. B. jedoch nur sehr geringe Nährstoffansprüche. Außerdem sind sie in der Lage, ihren Stoffwechsel primitivsten Umweltbedingungen anzupassen. Während die Dauerformen der Mikroorganismen, die sogenannten Sporen, unter ungünstigen Bedingungen, wie Nährstoffmangel, Trockenheit oder extreme Temperaturen, lange Zeit existieren können, stellen Mikroben mit aktivem Stoffwechsel schon größere Ansprüche an ihre Umwelt. Sie benötigen ständig Nährstoffe, freies Wasser, optimale Temperaturen und pH-Werte sowie die An- oder Abwesenheit von Sauerstoff für ihren Stoffwechsel. Art und Menge des Bedarfs dieser lebenswichtigen Faktoren sind allerdings bei den einzelnen Mikrobengruppen sehr unterschiedlich. Nach der biochemischen Art der Energiegewinnung und Nutzung der unterschiedlichen Kohlenstoffquellen lassen sich zwei Gruppen, die autotrophen und die heterotrophen Mikroorganismen, unterscheiden.
Autotrophe Mikroorganismen sind in der Lage, Kohlendioxid als einzige Kohlenstoffquelle zum Aufbau des Zellmaterials zu nutzen. Organische Substanzen werden von ihnen nicht verwertet. Sie bauen ihre Zellbestandteile im allgemeinen aus anorganischen

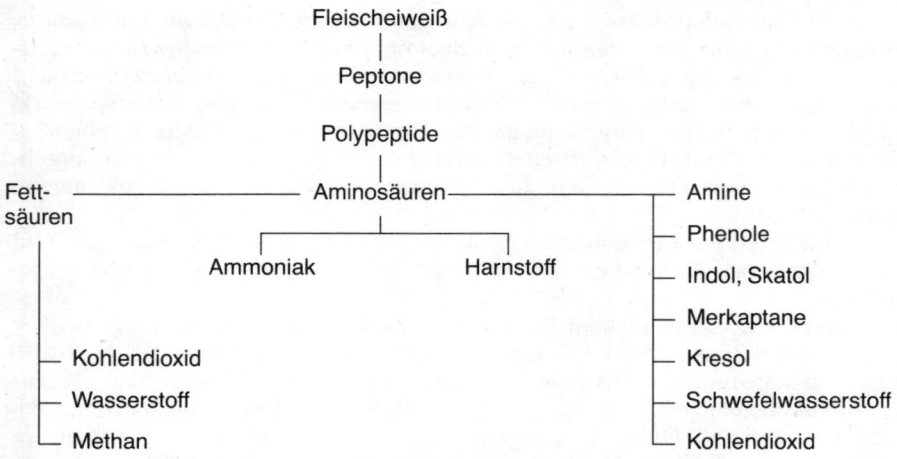

Bild 7b. Mikrobiell-enzymatische Eiweißzersetzung (Fäulnis)

Stoffen auf. Als Energiequelle dient ihnen entweder Sonnenenergie, oder sie nutzen Energie, die durch Oxidation anorganischer Substanzen entsteht. Zu ihnen zählen nitratoxidierende Bakterien sowie Eisen- und Schwefelbakterien.
Heterotrophe Mikroorganismen verwerten für ihren Zellaufbau nur organische Substanzen. Die meisten organischen Verbindungen, die ihnen als Nährstoffquelle dienen, werden gleichzeitig als Kohlenstoff- und Energiequelle genutzt. So ist es möglich, jede natürliche organische Kohlenstoffverbindung in den Stoffwechsel der Mikroben einzubeziehen. Stellvertretend sei hier der Abbau von Lebensmitteln und Futterpflanzen sowie sehr schwer abzubauender Verbindungen, wie Kautschuk, Erdöl und Phenole, durch bestimmte Mikrobenarten genannt. Die meisten heterotrophen Mikroben sind für die Lebensmittelproduktion bzw. die Lebensmittelhygiene bedeutungsvoll.
Innerhalb der heterotroph lebenden Mikroorganismen werden folgende vier ernährungsphysiologischen Gruppen unterschieden:

- Saprophyten,
- Kommensalen,
- Symbionten und
- Parasiten.

Saprophyten
Hierbei handelt es sich um Mikroorganismen, die vorwiegend unbelebte organische Substrate als Nährstoffquelle nutzen. Die stoffumsetzende Wirkung ist entweder eine Gärung oder eine Fäulnis.
Fäulnis. Unter Fleischfäulnis ist die unerwünschte, rasch vor sich gehende Proteolyse (Zersetzung) von Fleisch und Fleischerzeugnissen durch mikrobielle Proteolyten zu verstehen. Durch den mikrobiell-enzymatischen Abbau des Fleischeiweißes entstehen typische Fäulnisprodukte, wie Ammoniak, Schwefelwasserstoff, Amine, Aldehyde, Merkaptane, Alkohole, flüchtige Fettsäuren und Methan. Außerdem werden im fortgeschrittenen Stadium des Fäulnisprozesses Phenol, Cresol, Indol, Skatol, Wasser, Wasserstoff sowie Kohlendioxid gebildet (Bild 7b). Mikroorganismen, die Fäulnisprozesse bewirken, gehören zur ständigen Mikroflora des Fleisches und der daraus hergestellten Erzeugnisse. Fäulniserreger sind es auch, die einen wesentlichen Anteil am Fleischverderb haben; sie werden daher auch als »Fleischverderbniserreger« bezeichnet. Zu ihnen zäh-

len die eiweißabbauenden Bakterien der Gattungen *Proteus, Clostridium* und *Bacillus* und der Familie *Pseudomonadaceae*. Aber auch einige Species der Familie *Enterobacteriaceae* sowie der Gattungen *Micrococcus, Streptococcus* und *Staphylococcus* sind nicht zu unterschätzen. Daher gilt ihnen in der Fleischhygiene die ganz besondere Aufmerksamkeit. Da der Fäulnisprozeß nur unter ganz bestimmten Milieubedingungen ablaufen kann, ist in der Praxis der Fleischwirtschaft durch gezielte Maßnahmen dafür zu sorgen, daß den Fäulniserregern die erforderlichen Lebensbedingungen entzogen bzw. ungünstige geschaffen werden.

Durch die im Prozeß der Fleischfäulnis entstehenden chemischen Verbindungen wird das Fleisch schmierig, übelriechend und unansehnlich. Die Verbindungen können toxisch wirken.

Gärung. Unter Gärung versteht man den anaeroben mikrobiellen Abbau energiereicher organischer Verbindungen in energiearme Substanzen, wobei Energie für den Stoffwechselprozeß der Mikrobenzelle gewonnen wird. Früher beschränkte sich der Begriff Gärung nur auf den enzymatischen Abbau von kohlenhydrathaltigen Substanzen in Alkohol und Kohlendioxid. Dieser Vorgang wird als alkoholische Gärung bezeichnet. Im Gegensatz dazu wird der Begriff Gärung heute weiter und exakter beschrieben. Je nachdem, über welches Enzymsystem die Gärungserreger verfügen und welche Stoffwechselprodukte im Verlauf des Gärungsprozesses anfallen, wird zwischen alkoholischer, Milchsäure-, Buttersäure- und Propionsäuregärung unterschieden.

Kommensalen

Hierbei handelt es sich um Mikroorganismen, die ihre Nahrung von lebenden tierischen oder pflanzlichen Organismen beziehen, ohne daß sie ihnen Vor- oder Nachteile bringen. In der Natur sind Kommensalen weit verbreitet. In der Fleischwirtschaft spielen sie keine besondere Rolle.

Symbionten

Symbionten sind Mikroorganismen, die mit dem Wirt in einer für beide Seiten vorteilhaften Lebensgemeinschaft leben. Die enge Verbindung zwischen zwei Organismen verschiedener Arten mit gegenseitiger Abhängigkeit und gegenseitigem Nutzen bezeichnet man als *Symbiose*. Solche Verbindungen zwischen Mikroorganismen und Pflanze sowie zwischen Mikroorganismus und Tier sind in der Natur häufig anzutreffen, z. B.

- entnehmen die Knöllchenbakterien den Schmetterlingsblütlern organische Substanzen und stellen dafür Stickstoffverbindungen, die sie durch Bindung des Luftstickstoffes aufgebaut haben, der Pflanze zur Verfügung.

Pansenbakterien bauen im Magen der Wiederkäuer die Zellwandcellulose der aufgenommenen Futterpflanzen in niedermolekulare Verbindungen ab, damit sie von den Bakterien als Nährstoffe genutzt werden können. Gleichzeitig wird dadurch der Zellinhalt der Futterpflanzen für die Tiere zur weiteren Verdauung aufgeschlossen. Andererseits bauen die Pansenbakterien körpereigene Proteine auf, deren Spaltprodukte im Darm resorbiert werden. Für die Wiederkäuer stellen sie eine beachtliche Eiweißquelle dar, da in 1 ml Pansensaft 10^9 bis 10^{10} Bakterien enthalten sind.

Parasiten

Parasiten sind sowohl bei den Bakterien als auch bei den Pilzen und Viren, die völlig parasitär leben, zu finden. Sie existieren in oder auf lebendem Gewebe ausschließlich auf Kosten des Wirtsorganismus und sind in der Lage, in einzelligen Mikroben sowie in den Pflanzen- und Tierzellen zu leben. Die schädigende Wirkung der Parasiten gegenüber der Wirtszelle geschieht auf vielfältige Weise. Die markanteste negative Eigenschaft besteht in der Bildung hochgradig giftiger Toxine. Diese Giftstoffe beeinträchtigen die Lebensfähigkeit bzw. die normale Funktion der Wirtszelle. Die Wirkung der Toxine kann sowohl von lebenden (Ektotoxine) als auch von toten Mikroorganismen (Endotoxine) ausgehen. Bereits allerkleinste Mengen von Toxinen wirken sehr stark schädigend oder gar tödlich. Zu den stärksten bakteriellen Toxinen zählen die von den Erregern des Botulismus, des Wundstarrkrampfes und der Diphtherie sowie von Eitererregern gebildeten Gifte. Parasitär lebende Mikroben benutzen den Wirtsorganismus als Energie- und Nährstoffspender, *ohne* ihm eine Gegenleistung zu gewähren.

Die Ernährung der Mikroorganismen ist praktisch mit sehr komplizierten biochemischen Prozessen der Stoffaufnahme, Stoffumsetzung sowie dem Ausscheiden nicht verwerteter Substanzen gekoppelt. Die Vielzahl der komplizierten chemisch-physikalischen Abbau- und Aufbaureaktionen wird als Stoffwechsel (Metabolismus) bezeichnet.

Stoffwechsel. Das wesentlichste Merkmal aller Lebewesen ist der Stoffwechsel. Er ist ein vielschichtiger Prozeß, in dessen Verlauf der Zellorganismus Energie sowie weitere verwertbare Zwischenprodukte aus den Nährstoffen gewinnt. Im Verlauf des gezielt gesteuerten Stoffwechsels der Mikroorganismen entstehen auch die stofflichen Verbindungen, die beispielsweise den Fleischerzeugnissen, bei denen mikrobielle Prozesse eine Rolle spielen, die gewünschten und geforderten charakteristischen Qualitätsmerkmale verleihen. Art und Menge der Stoffwechselprodukte beeinflussen solche Gebrauchswerteigenschaften, wie Farbe, Geruch, Geschmack, Reifegrad, Konsistenz und Haltbarkeit der Fertigerzeugnisse. Andererseits können Fehlprodukte und die damit verbundenen ökonomischen Verluste ebenso die Folge von nichterwünschten mikrobiellen Stoffwechselvorgängen sein. Innerhalb der Stoffwechselvorgänge wird generell zwischen dem *Baustoff-* und dem *Betriebsstoffwechsel* unterschieden. Beim *Baustoffwechsel* werden die aufgenommenen Nährstoffe in körpereigene organische Verbindungen umgewandelt. Sie dienen dem Mikroorganismus zum Aufbau und zur Erneuerung der Zellsubstanzen. Im Gegensatz dazu werden beim *Betriebsstoffwechsel* aufgenommene Verbindungen zur Gewinnung von Energie abgebaut. Diese Energie ist für die Lebensfunktion der Zelle unbedingt erforderlich. Im Verlauf dieser Prozesse werden Stoffwechselprodukte ausgeschieden. Die Stoffwechselleistungen, die bei den verschiedenen Mikroorganismenarten und -gruppen sehr unterschiedlich sind, werden häufig zur Klassifizierung herangezogen. Dabei ist zu berücksichtigen, daß nur eine völlig intakte Mikrobenzelle bei optimalen Umweltbedingungen sowie ausreichend vorhandenen Nährstoff- und Energiequellen einen normalen Stoffwechsel aufweist. Mikroben haben die Fähigkeit, fast alle in der Natur vorhandenen sowie sehr viele synthetische Substanzen für ihren Stoffwechsel zu nutzen. Sie benötigen dazu unbedingt Wasser, Kohlenstoff- und Stickstoffquellen, Mineralsalze sowie Vitamine.

Wasser spielt bei den Lebensprozessen der Zellen aller Organismen eine wesentliche Rolle. Es ist fast an allen chemischen und physikalischen Vorgängen in der Zelle beteiligt und hat Transport-, Lösungs-, Reaktions-, Regulations- sowie Aufbaufunktionen zu erfüllen. Der durchschnittliche Wassergehalt der Mikroorganismenzellen ist Tabelle 3 zu entnehmen.

Ihren *Energiebedarf* decken die autotrophen Mikroben durch die chemische Umsetzung

Tabelle 3. Wassergehalt der verschiedenen Mikroorganismenzellen

Organismenzelle der	Durchschnittlicher Wassergehalt der Lebendmasse in %
Schimmelpilze	84...89
Hefen	69...83
Bakterien	73...98
Bakterien- und Pilzsporen	15...40

anorganischer Verbindungen (CO_2) oder durch die Sonnenenergie. Im Gegensatz dazu sind die heterotrophen Mikroben zur Deckung ihres Energiebedarfs auf das Vorhandensein energiereicher organischer Substanzen, wie Kohlenhydrate, Eiweißverbindungen und Fette, angewiesen.

Den *Stickstoffbedarf* decken einige Mikrobenarten aus atmosphärischen Stickstoffverbindungen, die meisten jedoch aus organischen Substraten.

Für den Aufbau der Zelle sowie die normale Funktion der verschiedenen Lebensprozesse sind bestimmte *Mineralstoffe* und *Spurenelemente* unbedingt erforderlich. So benötigt die Zelle Phosphor, Schwefel, Kalium, Magnesium, Calcium, Natrium, Eisen, Cobalt, Kupfer, Zink, Mangan, Molybdän und Bor. Diese Elemente liegen in der Natur in Form von Mineralsalzen oder organisch gebunden vor.

Auch für Mikroorganismen sind bestimmte *Vitamine* lebensnotwendig. Es handelt sich dabei um niedrigmolekulare organische Stoffe, die zur Aufrechterhaltung der normalen Lebensfunktionen der Zelle dienen. Hinsichtlich des Bedarfs nach Art und Menge der verschiedenen Vitamine gibt es zwischen den Mikrobenarten erhebliche Unterschiede.

7. Einfluß äußerer Bedingungen auf Mikroorganismen

Entwicklung, Wachstum, Vermehrung und Stoffwechselleistungen von Mikroorganismen sind nicht allein von Art und Menge der zur Verfügung stehenden Nährstoffe, Vitamine und Spurenelemente abhängig, sondern darüber hinaus von einigen Umweltfaktoren. Auf die wichtigsten Kulturbedingungen der Mikroorganismen, wie Feuchtigkeit, Temperatur, Sauerstoff, und die Bedeutung des pH-Wertes soll näher eingegangen werden.

7.1. Einfluß der Feuchtigkeit

Wie bereits erwähnt, benötigen die Mikrobenzellen für die verschiedenen Lebensprozesse ständig Wasser. Steht es nicht in ausreichender Menge zur Verfügung, führt das in der Regel zur Schädigung der aktiven Zellen. Daher wird die Intensität aller Lebensvorgänge ganz wesentlich von der Menge des vorhandenen freien, ungebundenen Wassers bestimmt. Es ist also nicht allein entscheidend, wie hoch der absolute Wassergehalt des Substrats ist, in oder auf dem sich die Mikroben befinden, sondern wieviel ungebundenes »freies Wasser« dort vorhanden ist. Dieses Wasser darf nicht durch gelöste Stoffe, wie Salze, Eiweiße, Mineralstoffe und andere wasserlösliche Substanzen, gebunden sein, sondern es muß der Mikrobenzelle für biochemische und biophysikalische Prozesse zur Verfügung stehen. Als Meßgröße des freien Wassers dient die Wasseraktivität (a_w-Wert). Die Berechnung dieses Wertes erfolgt, indem der Quotient aus dem Verhältnis des Dampfdruckwertes eines bestimmten Substrats p und des reinen Wassers p_0 ermittelt wird. Daraus ergibt sich

$$a_w = \frac{p}{p_0}.$$

Ein praktisches Beispiel soll das verdeutlichen. Wird 1 Mol Glucose in Wasser bei 25 °C aufgelöst, senkt sich der Dampfdruck des Wassers um 1,77 %. Damit hat diese Lösung einen Dampfdruck von 98,23 % des Dampfdruckes von reinem Wasser (100 %). Die Wasseraktivität dieser Lösung beträgt dann

$$a_w = \frac{98{,}23\,\%}{100\,\%} = 0{,}9823.$$

Die Skale der a_w-Werte (Bild 8) umfaßt den Bereich von 0 bis 1,0.

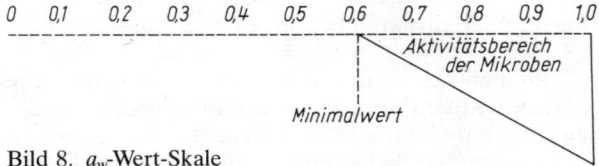

Bild 8. a_w-Wert-Skale

Dabei hat destilliertes Wasser, das keine anderen gelösten Stoffe enthält, den a_w-Wert 1,0. Eine völlig wasserfreie Substanz hat dagegen den a_w-Wert 0. Liegen die a_w-Werte im Bereich von 0,60 bis 0,99, können sich Mikroorganismen entwickeln. Vermehrung, Wachstum, Stoffwechsel und andere Funktionen der Zelle sind deshalb nur bei a_w-Werten über 0,60 zu beobachten. Wird dagegen der a_w-Wert weiter abgesenkt, kommt es zur Inaktivierung der Mikrobentätigkeit. Sie bilden dann entweder Sporen (inaktive Dauerform der Mikroben), oder sie sterben ab.

Pilze stellen gegenüber anderen Mikroorganismen die geringsten Feuchtigkeitsansprüche. Die a_w-Werte, bei denen sie noch lebensfähig sind, liegen zwischen 0,90 und 0,75. Niedrigere Werte führen zwar zu einer Verzögerung des Wachstums und der Stoffwechselvorgänge, doch bleiben die Lebensfunktionen insgesamt vollständig erhalten.

Hefen benötigen mehr freies Wasser als Schimmelpilze. Ihr Feuchtigkeitsanspruch liegt bei a_w-Werten zwischen 0,91 und 0,88. Dabei ist jedoch zu beachten, daß die besonders niedrigen Werte für einige Spezies und Arten charakteristisch sind. Doch auch für die

Tabelle 4. Minimalwerte der Wasseraktivität

Gattung		Minimaler a_w-Wert
Pilze	*Penicillium*	0,90…0,80
	Alternaria	0,83…0,75
	Aspergillus	0,85…0,70
	Mucor	0,93…0,90
Hefen	*Candida*	0,91…0,88
	Trichosporon	0,92…0,89
Bakterien	*Proteus*	
	Shigella	0,98…0,96
	Pseudomonas	
	Salmonella	
	Escherichia	
	Enterobacter	0,96…0,95
	Bacillus	
	Clostridium	
	Staphylococcus	
	Lactobacillus	
	Pediococcus	0,95…0,94
	Streptococcus	
	Micrococcus	0,93…0,90

Hefen gilt: Je niedriger der a_w-Wert, um so mehr werden alle Lebensfunktionen gehemmt.

Bakterien stellen die höchsten Feuchtigkeitsansprüche. Der Bedarf an freiem Wasser liegt bedeutend höher als bei Hefen und Schimmelpilzen. Bakterien benötigen a_w-Werte, die zwischen 0,99 und 0,90 liegen. Die Minimalwerte bewegen sich zwischen 0,98 und 0,86. Auch bei den Bakterien ist der Wasserbedarf der verschiedenen Arten und Spezies sehr verschieden. Bakteriensporen benötigen zum Auskeimen mehr Feuchtigkeit als die vegetativen Zellen. Die Werte liegen dann um 0,03 ... 0,04 Einheiten der a_w-Skale höher als bei den Minimalwerten für das vegetative Wachstum. Tabelle 4 enthält die Minimalwerte der Wasseraktivität einiger Mikroorganismen. Die günstigsten a_w-Werte liegen für die meisten Mikrobenarten zwischen 0,99 und 0,93. Diese Tatsache hat für die Praxis der Fleischwirtschaft große Bedeutung, da die meisten Fleischerzeugnisse a_w-Werte aufweisen, die in diesem Optimumsbereich liegen (Tabelle 5).

Tabelle 5. a_w-Werte einiger Fleischerzeugnisse

Erzeugnisse	a_w-Wert
rohes, frisches Fleisch	0,99...0,98
Garfleischwaren	0,98...0,96
Dauerfleischwaren	0,96...0,80
Brühwurst	0,98...0,93
Leberwurst	0,97...0,95
Blutwurst	0,97...0,86
frische Rohwurst	0,97...0,95
Rohwurst-Halbdauerware	0,96...0,93
Rohwurst-Dauerware	unter 0,92

Aus diesen Werten ist ersichtlich, daß Erzeugnisse mit relativ niedrigen a_w-Werten durch lange Haltbarkeit gekennzeichnet sind. Im Gegensatz dazu weisen Erzeugnisse mit einem hohen a_w-Wert nur eine kurze Haltbarkeit auf. Sind die a_w-Werte der einzelnen Erzeugnisse bekannt, kann deren Haltbarkeit ziemlich exakt bestimmt werden. Die praktische Bedeutung dieser Kenntnisse besteht nicht nur darin, Schlußfolgerungen über die Haltbarkeitsdauer eines Erzeugnisses zu ziehen, sondern sie ist vielmehr darin zu sehen, diese Werte in den verschiedenen Prozeßstufen der Fleischverarbeitung bewußt zu beeinflussen und zu steuern. So darf beispielsweise beim Einsatz von Starterkulturen der a_w-Wert im Rohstoff Fleisch nicht unter 0,95 liegen, um ein rasches Wachstum und den Stoffwechsel dieser Organismen zu gewährleisten. Andererseits bedeutet das schnelle Abtrocknen der Oberfläche der schlachtwarmen Schlachtkörper eine Senkung des a_w-Wertes, wodurch das Wachstum unerwünschter Mikroben weitgehend vermieden wird.

7.2. Einfluß der Temperatur

Alle Lebensvorgänge der Organismen sind in starkem Maße temperaturabhängig. Das hat seine Ursache in den verschiedenen biochemischen Prozessen. Es sind vor allem enzymatische Reaktionen, die den einzelnen Lebensvorgängen zugrunde liegen. Dabei spielen die Temperaturen nicht nur schlechthin eine Rolle, sondern sie sind auch für die Geschwindigkeit dieser biochemischen Prozesse ausschlaggebend. Es werden drei Kardinaltemperaturen, das *Minimum,* das *Optimum* und das *Maximum*, unterschieden. Der Temperaturbereich zwischen der untersten (Minimum) und obersten (Maximum)

Grenze wird als *Vermehrungsbereich* bezeichnet. In ihm herrschen für die Mikroorganismen die günstigsten Wachstums-, Stoffwechsel- und Vermehrungsbedingungen vor. Dieser Bereich wird auch als biokinetischer Temperaturbereich bezeichnet. Er ist für jede Mikroorganismenart exakt begrenzt.

In diesem Bereich liegt die Generationszeit, in der eine Verdoppelung der Mikroben erfolgt, bei etwa 20 ... 40 min. Je größer die Temperaturspanne zwischen den Kardinalpunkten ist, um so größer sind auch die Wirkungsmöglichkeiten und damit die spezifische Einflußnahme auf mikrobiologische Vorgänge.

Entsprechend den unterschiedlichen Temperaturansprüchen lassen sich die Mikroben in *Psychrophile*, *Mesophile* und *Thermophile* einteilen (Tabelle 6).

Tabelle 6. Temperaturbereiche des Mikrobenwachstums

	Temperaturbereiche in °C		
	Minimum	Optimum	Maximum
Psychrophile	−10...±0	15...20	20...30
Mesophile	10...30	20...37	35...50
Thermophile	25...40	40...65	60...95

Psychrophile (kälteliebende) Mikroorganismen, die auch *Psychrotrophe* genannt werden, können selbst bei Temperaturen < 5 °C noch wachsen. Ihr Temperaturoptimum liegt aber ebenfalls bei 10 ... 20 °C und im Einzelfall auch noch darüber. Im allgemeinen bevorzugen sie eine etwas niedrigere Optimaltemperatur als die mesophile Flora, wodurch die Übergänge zu dieser Gruppe fließend sind. Psychrophile Mikroorganismen sind in der Fleischwirtschaft in Keller-, Pökel- und Kühlräumen aktiv, weil niedrige Temperaturen vorherrschen. Dort können sie bei der Lagerung von Fleisch und Fleischerzeugnissen großen Schaden verursachen. Zu den Psychrophilen zählen vorwiegend aerobe gramnegative Bakterien der Gattungen *Pseudomonas*, *Alcaligenes*, *Achromobacter*, *Flavobacterium* und *Lactobacillus* sowie einige Hefegattungen und Hyphomyzeten. Aber auch einige Stämme der Gattungen *Escherichia*, *Serratia*, *Proteus* und *Micrococcus* sind psychrophil.

Am häufigsten kommen in der Natur die *Mesophilen* vor. Sie spielen auch in der Lebensmittelhygiene eine zentrale Rolle. Ihr Optimum liegt zwischen 20 °C und 37 °C. Charakteristisch für sie ist die minimale Vermehrungstemperatur; sie liegt höher als bei den Psychrophilen. Den Mesophilen, gleich ob es sich um erwünschte oder nichterwünschte Gruppen handelt, ist in der Praxis besondere Aufmerksamkeit zu schenken. So haben beispielsweise in dieser Temperaturspanne Gärungs- und Fäulnismikroben, Parasiten und Milchsäurebildner ihr Temperaturoptimum.

Thermophile sind besonders wärmeliebende Mikroorganismen. Sie sind wie auch die Mesophilen in der Natur sehr weit verbreitet und benötigen für ihre Lebensfunktionen besonders hohe Temperaturen. Ebenso zeichnen sie relativ hohe Maximaltemperaturen aus. Diese Tatsache hat vor allem bei der Hitzebehandlung von Garfleischwaren und Konserven große praktische Bedeutung. Zu beachten ist dabei, daß es sich bei den Thermophilen um vegetative Zellen und nicht um Dauerformen (Sporen) handelt. Diese Dauerformen sind gegenüber sehr hohen Temperaturen besonders widerstandsfähig. Sie sterben je nach der Gattung und dem Substrat, in dem sie sich befinden, erst in Temperaturbereichen > 120 °C ab.

Für die Praxis der Fleischwirtschaft sind die Kenntnisse über das Verhalten der Mikroorganismen in den verschiedenen Temperaturbereichen sehr wichtig. Viele verfahrenstechnische Prozesse, wie Brühen, Garen und Räuchern, beruhen unter anderem auch darauf, mit Hilfe relativ hoher Temperaturen die schädigende Wirkung der Mikroorganismen völlig auszuschalten. Andere Verfahren, bei denen man tiefere Temperaturen anwendet, also Wärme entzieht, beruhen ebenfalls auf diesem Wirkungsmechanismus, z. B. um die Lebensfunktionen der Mikroben zu inaktivieren. Haltbarkeit und Gebrauchswert solcher Erzeugnisse werden um ein Vielfaches verbessert.

Vegetative Zellen vertragen im allgemeinen nicht annähernd so hohe Temperaturen wie die Dauerformen. Die meisten aktiven Zellen werden schon bei Temperaturen < 60 °C geschädigt und damit in ihrer Wirksamkeit geschwächt. Trockene Hitze wirkt langsamer als feuchte. So übt beispielsweise feuchte Hitze von 120 °C etwa die gleiche schädigende Wirkung auf die Zelle aus wie trockene Hitze von 180 °C. Die Widerstandsfähigkeit der Mikroorganismen gegenüber Kälte und Hitze wird als *Resistenz* bezeichnet. In der Praxis wurde beobachtet, daß die Kälteresistenz bei fast allen Mikrobenarten ausgeprägter als die Widerstandsfähigkeit gegenüber höheren Temperaturen ist. Die Ursachen dafür liegen darin, daß bei Temperaturen > 60 °C die Enzyme im allgemeinen ihre Wirksamkeit verlieren, weil dann die Denaturierung der Zelleiweiße eintritt. Dabei spielen die Höhe der Temperatur, die Dauer der Einwirkungszeit, die Art und Anzahl der Mikroorganismen, der Zustand der Zellen sowie der chemische und physikalische Zustand des Substrats, in oder auf dem sich die Mikroben befinden, eine entscheidende Rolle.

Demgegenüber sind beim sogenannten Kältetod von Mikroorganismen die Ursachen in der Schädigung der Permeabilität des Protoplasmas sowie einer Störung des Stoffwechselgleichgewichts, die durch ungenügende Energiegewinnung nicht mehr auszugleichen sind, zu suchen. Ebenso kann die Zellzerstörung durch die sich beim Gefrieren der Zellflüssigkeit bildenden Eiskristalle eine mögliche Ursache des Kältetodes sein. Tiefe Temperaturen werden von den Mikroben relativ gut vertragen, ohne daß es zu einer Schädigung der Zelle kommt. Die Kälteresistenz ist jedoch sehr stark abhängig von der chemischen Zusammensetzung des jeweiligen Substrats. Sehr empfindlich sind die Zellen jedoch gegenüber plötzlichem und öfterem extremem Temperaturwechsel. Das führt in der Regel sehr schnell zu Schädigungen des Zellmechanismus und damit zur Unwirksamkeit bzw. zum Absterben der Zelle. Dauerformen sind auch solchen extremen Belastungen gegenüber viel widerstandsfähiger als vegetative Zellen.

Die in der Fleischwirtschaft angewendeten Temperaturen liegen bei den verschiedenen verfahrenstechnischen Prozessen etwa zwischen −45 °C und 130 °C. Durch Anwendung der verschiedenen Temperaturen wird erreicht, daß es entweder zu einer Abtötung, Hemmung des Wachstums und damit Inaktivierung oder zu einer Vermehrung und damit zur Aktivierung von Mikroben kommt. So ist es allein schon von der Wahl der optimalen Temperatur her sehr stark möglich, mikrobiologische Prozesse bewußt zu steuern und in ihrer Wirksamkeit zu beeinflussen.

7.3. Einfluß des pH-Wertes

Die Wasserstoffionenkonzentration – der pH-Wert – des Substrats, auf oder in dem sich die Mikroorganismen befinden, stellt neben der Temperatur den wichtigsten physikalischen Faktor dar, der die Wirksamkeit der Zelle beeinflußt.

Säuren, Basen und Salze unterliegen in wäßrigen Lösungen der hydrolytischen Dissoziation, d.h., sie spalten eine bestimmte Menge an Wasserstoffionen (H^+) und Hydroxylionen (OH^-) ab. Der Masseanteil an Ionen ist in der Lösung sehr gering. Im neutralen Wasser ist die Wasserstoffionenkonzentration (H^+) der Hydroxylionen (OH^-) gleich und hat den Wert (H^+) = (OH^-). Ein Liter neutrales Wasser enthält 10^{-7} Mol bzw. 10^{-7} g Ionen. Der pH-Wert ist mit Hilfe von Indikatoren sowie speziellen Geräten meßbar. Die pH-Skala (Bild 9) umfaßt die Werte von 0 bis 14.

Ebenso differenziert wie die Temperaturansprüche sind auch die Ansprüche der Mikroorganismen an die Wasserstoffionenkonzentration des umgebenden Substrats. Hefen und Schimmelpilze bevorzugen ein saures Milieu. Ihr optimaler pH-Bereich erstreckt sich von 3,0 bis 7,0. Bei den meisten Bakterien liegt das pH-Optimum mehr im schwach sauren bis schwach basischen Bereich (6,5 bis 7,5). In Tabelle 7 sind die pH-Grenzbereiche sowie die pH-Optima aufgeführt.

Tabelle 8 enthält die pH-Werte einiger Rohstoffe, Füllmassen und Fertigerzeugnisse. Die Wasserstoffionenkonzentration beeinflußt wesentlich die Wirksamkeit der Enzyme. Die Funktion der Zelle liegt in der Enzymwirksamkeit begründet. Enzymreaktionen sind stets an einen sehr engen pH-Bereich gebunden, daher darf es nicht zu einem Verschieben des pH-Optimums kommen. Das würde sofort zur Störung der Zellfunktion und damit zur Unwirksamkeit des Organismus führen. Die meisten Mikrobenarten reagieren daher auf derartige pH-Veränderungen sehr empfindlich. Im Verlauf des Stoffwechsels kann es zu starken Veränderungen in der Reaktion des Substrats kommen,

Tabelle 7. pH-Grenzbereiche und pH-Optimum der verschiedenen Mikrobengruppen

Mikrobengruppe	pH-Grenzbereiche	pH-Optimum
Hefen	1,5...8,5	3...7
Schimmelpilze	1,5...9,5	3...7
Bakterien	3,5...8,5	6,5...7,5

Tabelle 8. pH-Werte einiger Rohstoffe, Zwischen- und Fertigerzeugnisse

Produkt	pH-Werte (Durchschnittswerte)
Frisches Schlachttierblut	7,4...7,8
Schlachtwarmes Fleisch	6,8...7,2
Gereiftes Schweinefleisch	5,4...6,0
Gereiftes Rindfleisch	5,4...6,0
Schinkenspeckrohlinge	5,5...5,9
Nußschinkenrohlinge	5,8...6,0
Rollschinkenrohlinge	5,5...5,7
Lachsschinkenrohlinge	5,4...5,9
Schinkenspeck nach dem Pökeln	5,6...5,8
Nußschinken nach dem Pökeln	5,6...5,8
Rollschinken nach dem Pökeln	5,8...5,9
Lachsschinken nach dem Pökeln	5,2...5,5
Schinkenspeck, Fertigerzeugnis	5,5...5,9
Nußschinken, Fertigerzeugnis	5,6...5,8
Rollschinken, Fertigerzeugnis	5,0...5,5
Pökellaken	5,5...6,2
Brühwurst, Anschrot frisch	5,7...6,0
Brühwurst, Brät	5,8...6,1
Brühwurst, Fertigerzeugnis	6,0...6,2
Blutwurstsorten	6,4...7,1
Leberwurstsorten	5,6...5,9
Rohwurst, frisch	5,0...5,5
Rohwurst, schnittfest	4,8...5,2
Rohwurst-Dauerware	4,8...5,4
Sülzwurstsorten (mit Speiseessigzusatz)	4,5...5,2

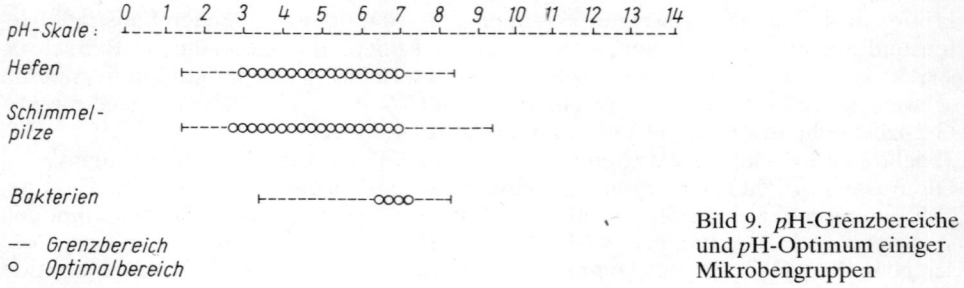

Bild 9. pH-Grenzbereiche und pH-Optimum einiger Mikrobengruppen

wenn z. B. Laktobazillen verstärkt Kohlenhydrate in Milchsäure abbauen. Der pH-Wert wird dadurch sehr stark verändert. In der Regel führt das dazu, daß die von den Zellen gebildeten Stoffwechselprodukte (z. B. Milchsäure) ihre eigene Funktionstüchtigkeit hemmen bzw. den Organismus schädigen oder andere Mikroorganismenarten völlig ausschalten. Diese Tatsache wird in der Praxis bewußt gesteuert und bei den verschiedenen mikrobiologischen Prozessen genutzt. So wird beispielsweise im Verlauf des Stoffwechsels der Laktobazillen in der Rohwurstmasse aus Glycogen und dem zugesetzten Zucker Milchsäure gebildet. Diese verändert den pH-Wert. Die Wurstmasse reagiert sauer und hemmt dadurch die Entwicklung der schädigenden Fäulnisbakterien, wodurch die Rohwurst eine ausgeprägte Haltbarkeit erreicht. Andererseits kann aber auch durch Zusatz von alkalisch wirkenden Stoffen eine entsprechende Reaktion des Substrats erreicht werden. In der Praxis ist es daher möglich, durch gezielte Einstellung eines bestimmten pH-Wertes die Aktivität und damit den Stoffwechsel der verschiedenen, ob erwünschten oder nichterwünschten, Mikroorganismen hemmend oder aktivierend zu beeinflussen.

7.4. Einfluß des Sauerstoffs

Der Sauerstoffbedarf der Mikroorganismen ist sehr verschieden. Während die meisten Lebewesen unbedingt Sauerstoff benötigen, ist er für einen Teil der Mikroorganismen nur teilweise oder überhaupt nicht erforderlich. Aufgrund des unterschiedlichen Bedarfs an O_2 und des differenzierten Verhaltens ihm gegenüber werden die Mikroorganismen in *Aerobier, Anaerobier* und *fakultative Anaerobier* (Mikroaerophile) eingeteilt.
Aerobier. Zu dieser Gruppe zählen sehr viele in der Natur vorkommende Mikroben. Diese sind nur dann in der Lage, organische Substanzen in ihre Grundbausteine abzubauen, wenn molekularer Luftsauerstoff vorhanden ist. Ihre Energie gewinnen sie durch Atmung, indem sie die Substanzen mit Hilfe des freien Sauerstoffs oxidieren.
Anaerobier. Einige Mikroorganismenarten leben völlig ohne Sauerstoff. Der in der normalen Atmosphäre vorhandene Luftsauerstoff würde sie schädigen bzw. abtöten. Anaerobier gewinnen ihre Energie aus organischen Substanzen durch Gärung. Gleichzeitig geben sie Methan, CO_2, organische Säuren, Ethylalkohol und andere Verbindungen als Stoffwechselprodukte ab. Zu den obligaten Anaerobiern zählen unter anderen die Bakterien der Gattung *Clostridium*. Spezies dieser Gattung wachsen besonders in unvollständig hitzebehandelten Konserven und in großvolumigen Schinken bei Temperaturen $< 5\,°C$ und a_w-Werten $< 0,95$. Der Genuß solcher Erzeugnisse kann zu schweren Erkrankungen führen, da sie eines der stärksten organischen Gifte enthalten. Einige Anaerobier lösen bei Tier und Mensch Infektionskrankheiten, wie Tetanus und Rauschbrand, aus. Ebenso zählen zu den Anaerobiern Eiweiß- und Cellulosezersetzer. Während die eiweißzersetzenden Mikroben im Fleisch und in Fleischerzeugnissen nicht vorkommen

dürfen, sind andererseits die cellulosezersetzenden Mikroben lebenswichtig für die Wiederkäuer.
Fakultative Anaerobier (Mikroaerophile). Zwischen den Aerobiern und Anaerobiern gibt es eine Anzahl von Mikroorganismen, die sowohl unter Anwesenheit als auch bei Abwesenheit von Sauerstoff leben können. Zu den fakultativen Anaerobiern zählen auch die Milchsäurebakterien. Sie spielen besonders bei der Rohwurstreifung sowie beim Pökeln eine bedeutende Rolle.

8. Vermehrung der Mikroorganismen

Die Fortpflanzung ist ein Lebensmerkmal aller Organismen. Finden Mikroorganismen alle lebensnotwendigen Bedingungen vor, beginnen sie sich zu vermehren. Die Geschwindigkeit dieses Vorganges hängt wesentlich vom Milieu ab, das die Organismen umgibt. Herrschen optimale Kulturbedingungen in bezug auf Feuchtigkeit, Temperatur, pH-Wert, Nährstoffangebot, O_2-Verhältnisse und andere Faktoren vor, verdoppeln sich die Zellen in relativ kurzen Zeitabständen. Je nach Mikrobenart und Umweltbedingungen schwankt die Zeit der Verdoppelung zwischen einigen Minuten und mehreren Stunden bis Tagen. Viele Bakterienspezies verdoppeln sich alle 20 ... 30 min, Hefen benötigen für diesen Vorgang 0,5 ... 0,75 h. Der Tuberkuloseerreger, der sehr langsam wächst, teilt sich selbst unter günstigen Voraussetzungen nur innerhalb von zwei Tagen einmal. Würde diese stürmische Vermehrung beispielsweise der Bakterien ungehindert über einige Tage hin vor sich gehen, käme es auf der Erde zu einer riesigen Katastrophe. Bereits nach 24 h hätte *ein* Bakterium 2^{72} Nachkommen, eine Zahl, die nur schwer vorstellbar ist. Theoretisch würde das bedeuten, daß innerhalb weniger Tage von den Mikroorganismen eine Masse gebildet werden könnte, die diejenige der Erde um ein Vielfaches übertrifft. In der Natur ist es jedoch nicht so. Durch den raschen Verbrauch der erforderlichen Nährstoffe und die ebenso schnelle Anhäufung von Stoffwechselprodukten sowie die damit verbundene Veränderung des Milieus kommt es nach relativ kurzer Zeit zu einer Stagnation und sogar wieder zu einem Rückgang der Keimzahl.
Die Vermehrung der Zelle geschieht bei Bakterien, Hefen und Schimmelpilzen auf unterschiedliche Art und Weise. Es gibt drei grundsätzliche Formen, und zwar

- Spaltung,
- Sprossung und
- Vermehrung durch Auskeimen von Sporen.

Spaltung. Bakterien vermehren sich durch Spaltung der Mutterzelle in zwei gleichartige und mit denselben Merkmalen ausgestattete Tochterzellen. Die Mutterzelle vererbt alle ihre Eigenschaften und Merkmale an ihre Nachkommenschaft weiter. Der Vorgang dieser Spaltung geht in verschiedenen Stufen vor sich und stellt einen sehr komplizierten biochemischen Prozeß dar. Im Bild 10 wird dieser Vorgang, soweit er äußerlich sichtbar ist, in stark vereinfachter Form dargestellt.
Sprossung. Hefen vermehren sich durch Sprossung. Die Mutterzelle bildet zunächst eine kleine als Sproß bezeichnete Ausstülpung. Diese wächst weiter aus, schnürt sich allmählich ab und bildet im weiteren Verlauf eine selbständige Zelle. Sie bleibt allerdings an der Mutterzelle hängen (Bild 11). Schon nach relativ kurzer Zeit sind die neugebildeten Tochterzellen ebenfalls in der Lage, die Funktion einer Mutterzelle auszuüben und selbst wieder Tochterzellen zu bilden. Da sich die selbständigen Zellen nicht vollständig voneinander lösen, kommt es zur Bildung sogenannter Sproßverbände (Bild 12).
Vermehrung durch Auskeimen von Sporen. Schimmelpilze vermehren sich durch Spo-

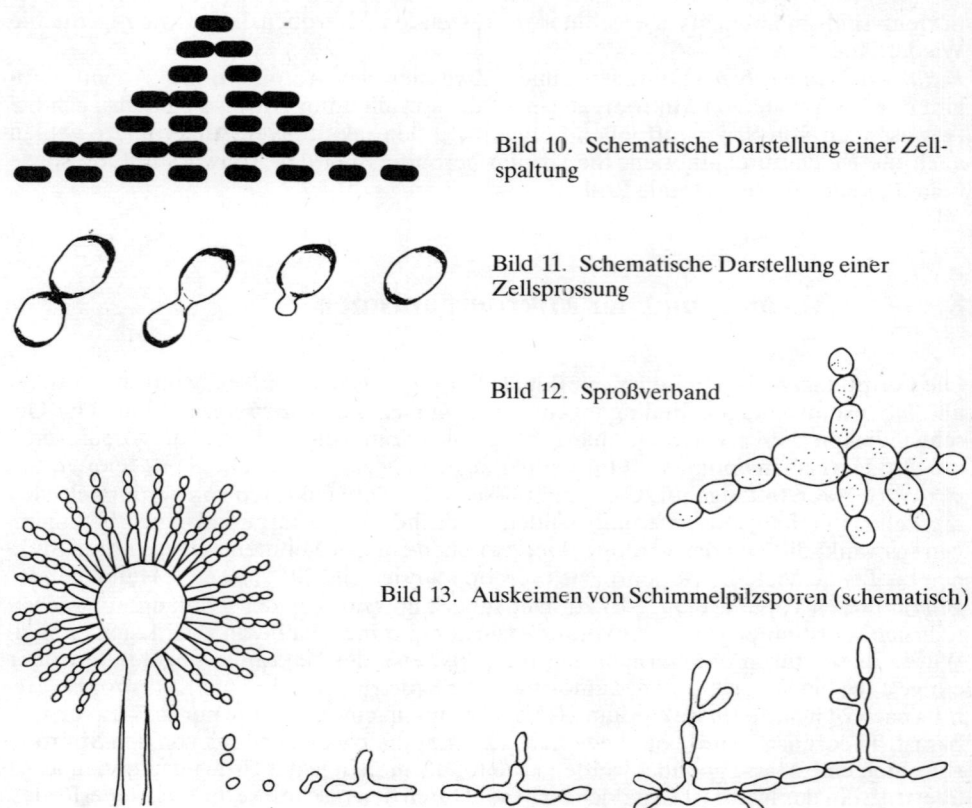

Bild 10. Schematische Darstellung einer Zellspaltung

Bild 11. Schematische Darstellung einer Zellsprossung

Bild 12. Sproßverband

Bild 13. Auskeimen von Schimmelpilzsporen (schematisch)

ren, die aus den sogenannten Sporenträgern ausfallen. Bei günstigen Umweltbedingungen keimen diese Sporen aus und bilden dann Fadengeflechte und neue Sporenträger, die wiederum vermehrungsfähig sind. Im Bild 13 wird stark vereinfacht die Vermehrung durch Auskeimen von Sporen dargestellt.

9. Mikrobielle Enzyme

Die Lebensvorgänge der Mikroorganismen sind sehr komplizierte, oft ineinandergreifende biochemische Reaktionen. Voraussetzung für die Auf- und Abbauvorgänge sowie für Prozesse der Stoff- und Energieumwandlung ist die Wirkung von Enzymen. Enzyme sind Biokatalysatoren, die auf Eiweißbasis beruhen und in *alle* vielfältigen und komplizierten chemischen Reaktionen der Zelle einbezogen sind. In den Zellen des Organismus sind daher ganze Enzymsysteme bzw. -komplexe vorhanden, die bereits in kleinsten Mengen sehr große Stoffumsetzungen bewirken, ohne sich dabei selbst zu verbrauchen oder zu verändern.

Entsprechend ihrer chemischen Struktur sind Enzyme Eiweißstoffe. Sie werden daher in Enzyme mit Protein- und Proteidcharakter eingeteilt. Während Proteinenzyme nur aus einer Eiweißkomponente bestehen, enthalten die Proteidenzyme außerdem noch einen Nichteiweißstoff, eine sogenannte prosthetische Gruppe.

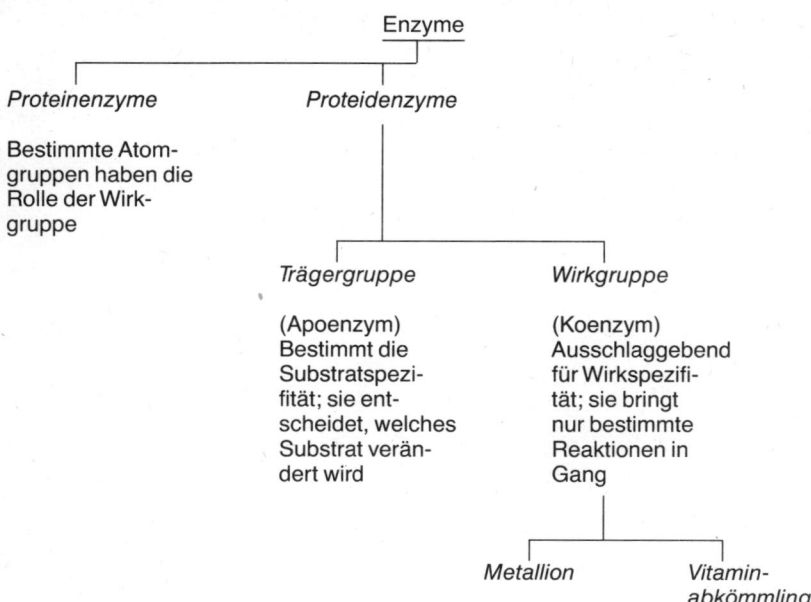

Bild 14. Einteilung der Enzyme nach ihrem chemischen Aufbau

Im Bild 14 ist die Einteilung der Enzyme entsprechend ihrem chemischen Aufbau dargestellt.
Der Wirkungsmechanismus von Mikroorganismen ist stets an das Funktionieren der Zellenzyme gebunden. Bevor jedoch eine biochemische Reaktion zwischen zwei verschiedenen Stoffen, z. B. zwischen der Bakterienzelle und dem von ihr besiedelten Substrat (Fleisch, Fett, Blut, Innereien u.a.) stattfinden kann, muß einer der beiden Stoffe energiemäßig in einen »aktivierten« Zustand versetzt werden. Gerade diese Aktivierungsenergie wird durch die Anwesenheit von Enzymen wesentlich herabgesetzt. Das wiederum hat eine beachtliche Erhöhung der Reaktionsgeschwindigkeit biochemischer Prozesse zur Folge. Daher bewirken auch die geringen Mengen von Enzymen große chemische Stoffumsetzungen. Stoffe werden als *Substrate* bezeichnet, wenn sie unter Mitwirkung von Enzymen abgebaut werden. In ihrer Wirkung als Biokatalysatoren sind Enzyme spezifisch, d.h., für jedes Substrat bzw. für jede mögliche chemische Reaktion ist ein anderes Enzym spezifisch. Daraus läßt sich ableiten, daß es eine Vielzahl von Enzymen geben muß. Ein Bakterium ist nachweisbar in der Lage, entsprechend der erforderlichen Notwendigkeit etwa 1000 verschiedene Enzyme zu bilden.
Die Enzymspezifität gestattet den Vergleich vom Türschloß und dem Sicherheitsschlüssel. Dieser Sicherheitsschlüssel (Enzym) muß genau in das Schloß (Substrat) passen, damit die chemische Reaktion überhaupt ablaufen kann. Bild 15 enthält einige Möglichkeiten solcher Reaktionen.
Die Enzyme verfügen als hochmolekulare Eiweißverbindungen über alle typischen Eigenschaften der Eiweiße. Ihr optimaler Wirkungsbereich hängt von der Temperatur, dem pH-Wert sowie der Konzentration des Substrats ab. Jedes Enzym hat ein *Temperaturoptimum,* ein pH-Wert-Optimum und eine optimale *Substratkonzentration*. Vor allem wirken *optimale Temperaturen* fördernd auf die Enzymaktivität. Bei den meisten Enzymen liegt der günstige Temperaturbereich bei 30 ... 50 °C. Bei diesen Temperaturen weisen sie je Zeiteinheit die höchste Reaktionsgeschwindigkeit und den größten

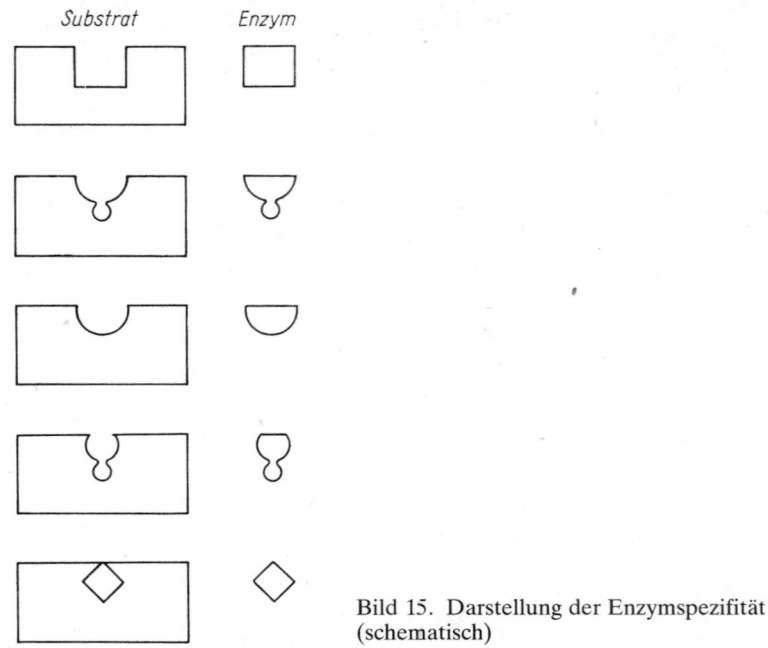

Bild 15. Darstellung der Enzymspezifität (schematisch)

Substratumsatz auf. Lediglich einige thermophile Bakterien haben ein Temperaturoptimum, das etwas über 50 °C liegt. Werden Enzyme auf Temperaturen > 60 °C erhitzt, koagulieren die Eiweißstoffe, und ihre biochemische Wirksamkeit wird dadurch aufgehoben. Diese Tatsache wird in der Fleischwirtschaft bei der Herstellung und Konservierung der meisten Fleischerzeugnisse praktisch genutzt. Die Fleischerzeugnisse werden mit Hilfe der verschiedenen thermischen Verfahren, wie Heißräuchern, Brühen, Kochen und Dämpfen, soweit erhitzt, daß die fleischeigenen wie auch die mikrobiellen Enzyme koagulieren und damit unwirksam gemacht werden. Andererseits nimmt die Reaktionsgeschwindigkeit der enzymatischen Substratumsetzung ab, je tiefer die Temperaturen sind. Niedrige Temperaturen hemmen bzw. inaktivieren die Wirksamkeit der Enzyme, heben sie jedoch nicht völlig auf. So ist es praktisch möglich, bei Temperaturen von ± 0 °C und einer relativen Luftfeuchte von 90...95 % sowie einwandfreien hygienischen Bedingungen Rindfleisch bis zu 3 Wochen, Schweinefleisch 2 Wochen und Kalbfleisch 1 Woche zu lagern.
Werden die Temperaturen unter −18 °C gesenkt, verlieren die Enzyme weitestgehend ihre Wirksamkeit, die damit aber keinesfalls aufgehoben ist, sondern sofort nach dem Auftauen von Gefrierfleisch einsetzt. Die Reaktionsgeschwindigkeit nimmt mit steigenden Temperaturen ebenfalls wieder zu. Daraus läßt sich das rasche Verderben von aufgetautem Gefrierfleisch erklären. Aus Bild 16 ist zu entnehmen, welchen Einfluß die Temperatur auf die Reaktionsgeschwindigkeit ausübt.
Die Geschwindigkeit jeder enzymatischen Reaktion hängt vom pH-Wert des Lösungsmittels ab. Jedes Enzym hat ein charakteristisches *pH-Wert-Optimum*. Dieses liegt bei den meisten Enzymen im Bereich pH 5 bis pH 8 (Bild 17). Die Ursache dafür liegt in den Eiweißeigenschaften sowie deren Reagieren im sauren oder basischen Bereich begründet. Jede Verschiebung des pH-Wertes, vor allem nach der sauren Seite, hemmt und verlangsamt den Reaktionsablauf umgehend. Einige Enzyme werden im sauren Bereich sogar denaturiert und dadurch unwirksam gemacht. Diese Enzymeigenschaft wird eben-

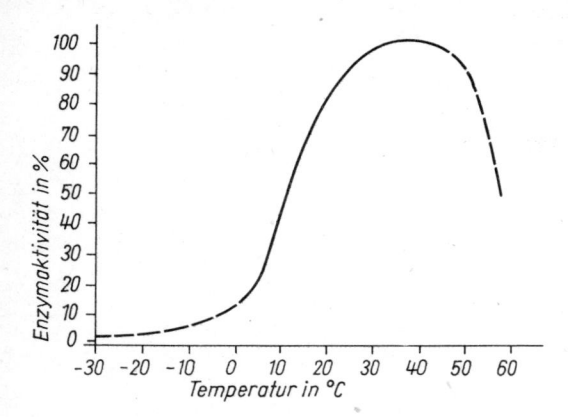

Bild 16. Einfluß der Temperatur auf die Enzymaktivität

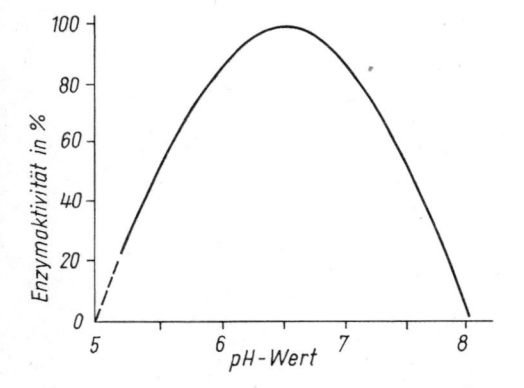

Bild 17. Einfluß des pH-Wertes auf die Enzymaktivität

falls in der Praxis der Fleischwirtschaft bei der Herstellung von Rohwurst-Dauerware sowie Fleischdauerwaren bewußt genutzt. Durch den enzymatischen Abbau des im Muskel ausgeruhter Schlachttiere reichlich vorhandenen Glycogens sowie der zugesetzten Saccharose und anderer kohlenhydrathaltiger Zusatzstoffe entsteht Fleischmilchsäure. Dadurch sinkt der pH-Wert im Wurstbrät etwa bis in den Bereich von pH 5 ab. Durch diesen Prozeß der Säuerung werden die fleischeigenen und mikrobiellen Enzyme denaturiert und damit unwirksam bzw. reaktionsunfähig gemacht. Die Folge ist, daß erwünschte Reifungsvorgänge ausgelöst und unerwünschte Veränderungen, wie mikrobieller Verderb, vermieden werden. Man spricht daher bei Fleischerzeugnissen, wie Rohwurst-Dauerware sowie Fleischdauerwaren, von sogenannten »sauren« Konserven.

Die Enzymaktivität ist stets an das Vorhandensein von freiem Wasser gebunden, da diese biochemischen Prozesse nur im gelösten Substrat vor sich gehen. Je mehr freies, ungebundenes Wasser im Substrat vorhanden ist, um so aktiver und rascher gehen enzymatische Reaktionen vor sich. Dagegen hemmt Wasserentzug (Senkung des a_w-Wertes) durch Trocknen, Kalträuchern, Salzen, Pökeln oder Gefriertrocknen wesentlich die Enzymreaktionen. Die so behandelten Fleischerzeugnisse bleiben dadurch für einen längeren Zeitraum haltbar; sie werden vor dem enzymatischen Verderb geschützt. Enzyme werden nach dem Typ der biochemischen Reaktion, die sie bewirken, sowie nach ihrer Substratspezifität eingeteilt. Entsprechend der internationalen Nomenklatur sind verschiedene Enzymklassen zu unterscheiden (Übersicht 3).

Übersicht 3. Enzymklassen und ihre biochemischen Reaktionen

Enzymklassen	Enzymreaktionen	Beispiele
Oxidoreduktasen ● Oxidasen ● Reduktasen	Ermöglichen Oxidations- und Reduktionsreaktionen	Alkoholdehydrogenase Lipoxidasen Glucoseoxidase Katalase
Transferasen	Übertragung chemischer Gruppen von einem Substrat auf ein anderes	Proteinkinase Glycogenphosphorylase
Hydrolasen	Spaltung chemischer Verbindungen unter Wasseraufnahme	Proteasen Amylasen
Lyasen	Spalten oder Knüpfen von Doppelbindungen	Asportase Fumarase
Isomerasen	Regulierung innermolekularer Umwandlungen	Glucoseisomerase
Ligasen	lagern Substratmoleküle unter Verbrauch energiereicher Verbindungen zusammen	DNS-Ligase

Die Bezeichnung der über 1000 bekannten Enzyme erfolgte früher nicht nach wissenschaftlichen Gesichtspunkten. Heute dient für die Benennung eines Enzyms die von ihm katalysierte Gesamtreaktion. Dazu wird an den Wortstamm des Reaktionsbegriffs die Endung »-ase« angehängt:

Reaktionsbegriff + Endung »-ase« = Enzymname

Vegetative Mikrobenzellen bilden innerhalb ihrer Zelle Enzyme, die nach außen zum Stoffabbau abgesondert werden. Diese Enzyme werden *Ektoenzyme* genannt. Die durch die enzymatische Wirkung abgebauten Nährstoffe werden von der Zelle für den Baustoff- und Betriebsstoffwechsel aufgenommen. Andere mikrobielle Enzyme werden erst dann wirksam, wenn die Organismenzelle abstirbt, die Zellwand sich auflöst und die Enzyme auf diese Weise in die Umgebung gelangen. Diese Enzyme werden als *Endoenzyme* bezeichnet.

10. Darstellung einiger Mikroorganismengruppen

10.1. Viren

Aufbau der Viren. Viren sind submikroskopisch kleine, eigenständige Eiweißpartikeln. Sie stellen strenggenommen keine selbständigen Organismen dar. Von anderen Mikroorganismen unterscheiden sie sich dadurch, daß sie nicht in zellfreien Substraten wachsen und stets auf den Stoffwechsel anderer Zellen angewiesen sind. Im Gegensatz zu anderen Organismen erfolgt bei ihnen die Vermehrung nicht durch Zellteilung. Auch für diesen Vorgang benötigen sie die Hilfe und Unterstützung fremder Zellen. Viren leben parasitär und sind, um existieren zu können, völlig auf andere Organismenzellen angewiesen.

Die »Größe« der Viren liegt zwischen 10 nm und 20 nm. Sie haben die Ausmaße von Riesenmolekülen (Bild 18). Die Grundbausteine bestehen aus Nucleinsäure und Protein, wobei jedes Virus nur über einen Nucleinsäuretyp, entweder DNS oder RNS, verfügt. Dieses Nucleinsäuremolekül stellt das genetische Material dar und enthält alle Merk-

rotes Blutkörperchen

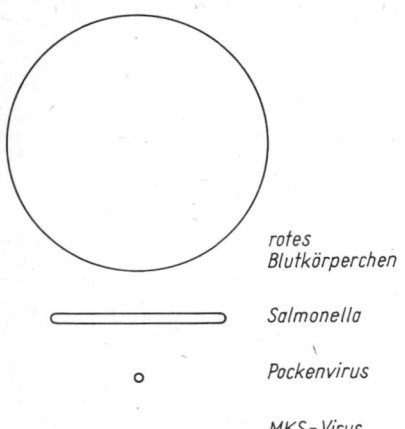

Salmonella

Pockenvirus

MKS-Virus

Bild 18. Größe der Viren im Vergleich zu anderen Zellen

Nacktes stäbchen-förmiges Virus	Kugeliges Virus mit Hülle	Nacktes kubisches Virus	Bakteriophage
Tabakmosaikvirus	Grippevirus, Masernvirus, Tollwutvirus	Poliomyelitisvirus, Maul- und Klauenseuchevirus	T-Phage

Bild 19. Formen einiger Viren

male für die Nachkommenschaft. Der Schutz der hochempfindlichen Nucleinsäure erfolgt durch eine Eiweißhülle (Hüllenprotein). Die äußeren Formen der Viren sind sehr unterschiedlich. Pflanzenviren haben kubische und zylindrische Formen. Kompliziert im Aufbau sind die Viren der Bakterien, die als Bakteriophagen bezeichnet werden. Bild 19 zeigt einige stark vereinfacht dargestellte Viren.

Vermehrung der Viren. Viren vermehren sich als Zellparasiten auf Kosten von Wirtszellen. Dazu dienen ihnen Bakterien-, Pflanzen- oder Tierzellen, aber auch in den Zellen des menschlichen Organismus vermehren sie sich. Dabei nutzen sie den Energiehaushalt, den Stoffwechsel sowie den Synthese-Mechanismus der Wirtszelle. Der Vermehrungszyklus verläuft in mehreren Phasen streng gesetzmäßig ab und stellt einen sehr komplizierten biochemischen Prozeß dar. Er beginnt mit dem Aufsetzen und Eindringen der Viren oder der Nucleinsäuren in die Wirtszelle und endet mit dem Freisetzen der neugebildeten Viren sowie dem Absterben der Wirtszelle. Virus oder Nucleinsäure verursachen innerhalb weniger Minuten nach der Invasion eine völlige Umstellung des Stoffwechsels der Wirtszelle. Diese produziert danach nicht mehr arteigene DNS und RNS, sondern sie biosynthetisiert Viren-Nucleinsäuren und auch Hüllenproteine. Die Wirtszelle bildet nicht mehr arteigene Zellen und vermehrt sich nicht mehr. Sie dient der Neubildung von Viren. Am Endes dieses Vorganges werden die neuen Viren von der verbrauchten und abgestorbenen Wirtszelle freigesetzt. Der Vermehrungszyklus ist danach

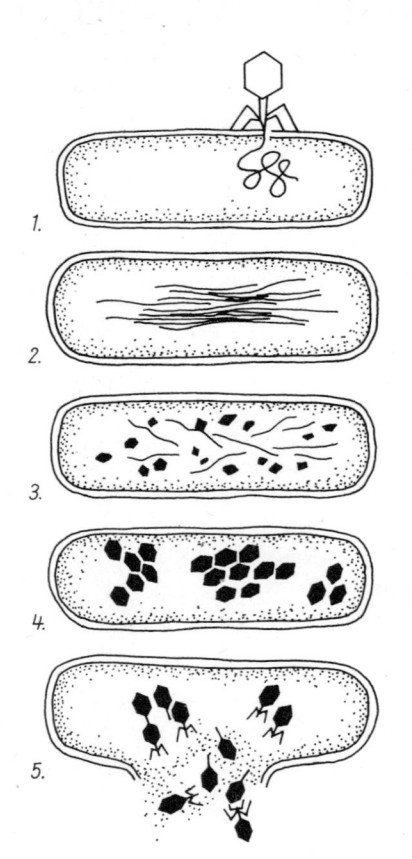

Bild 20. Vermehrungsphasen der Viren (schematisch) (1) Anheftung des Phagen oder infektionsfähigen Virus an das Bakterium und Einspritzen der Nukleinsäure in das Bakterium (2) und (3) Bildung von Virusnukleinsäure innerhalb der Bakterienzelle (4) Ausreifen der neu gebildeten Viren oder Phagen (5) Sprengung und Absterben der Wirtszelle und dadurch Freisetzen der neuen Viren oder Phagen

abgeschlossen. Im Bild 20 ist der zyklische Ablauf der Viren-Vermehrung schematisch dargestellt.

Bedeutung der Viren. Viren rufen bei Pflanzen, Tieren und Menschen gefährliche Infektionskrankheiten (Virosen) hervor. Zu den Virosen der Menschen zählen Pocken, Grippe, Kinderlähmung, Masern, Röteln, Gelbsucht, Gürtelrose, Gelbfieber, AIDS und Tetanus. Auch an der Geschwulstbildung (Tumore) sind wahrscheinlich spezielle Viren beteiligt. Hohe Schäden verursachen die Viren alljährlich in der Tier- und Pflanzenwelt. Infektiöse Erkrankungen der Tiere, wie MKS, Tollwut, Leukose, ansteckende Schweinelähme, Rinder- und Schweinepest, sowie viele Pflanzenkrankheiten, vor allem bei den Nachtschattengewächsen (Tabak, Tomate und Kartoffel), werden von den Viren ausgelöst. Die Übertragung dieser Krankheiten erfolgt bei Tier und Mensch vorwiegend durch Insekten, aber auch durch Lebensmittel tierischer Herkunft. Die Bekämpfung der Viren ist in der Praxis sehr schwierig, da sie gegen Antibiotika resistent sind. Andererseits sind Viren außerhalb ihres Wirtes viel empfindlicher als andere Mikroorganismen. In der freien Natur überleben sie nur unter ganz bestimmten Bedingungen. Im Gegensatz zu Bakterien und Schimmelpilzen sind Viren sehr wärmeempfindlich. Bereits Temperaturen >60°C führen bei ihnen zur Inaktivität. Dagegen vertragen sie tiefe Temperaturen bis zu −70°C, ohne daß sie Schaden nehmen. Dauerformen (Sporen), wie sie Bakterien bilden, sind bei Viren nicht bekannt. Besonders empfindlich sind Viren gegenüber Sonnenstrahlen (UV-Strahlen), Trockenheit und Ultraschall. Auch niedrige pH-Werte schädigen sie und führen sie zur Inaktivität. Für die Fleischwirtschaft ist die Frage des Einsatzes von Desinfektionsmitteln bei der regelmäßigen Desinfektion der Arbeitsräume und Arbeitsmittel von besonderem Interesse. Auch hierbei zeigen die Viren ein anderes Verhalten als Bakterien, Hefen und Schimmelpilze. Während diese recht wirkungsvoll bekämpft und vernichtet werden können, ist das gegenüber Viren sehr schwierig. Ein gegen alle Virusarten gleich wirksames Desinfektionsmittel gibt es zur Zeit noch nicht. Zum Einsatz dürfen daher nur die für bestimmte Virusarten speziell entwickelten Desinfektionsmittel gelangen. Als besonders wirkungsvoll erwiesen sich in der Praxis Desinfektionsmittel, die die Wirkstoffgruppe Formaldehyd oder Peressigsäure enthalten.

Über eine positive Bedeutung und Wirksamkeit der Viren ist bisher nichts bekannt geworden.

10.2. Hefen

Aufbau der Hefen. Hefen zählen zu den einzelligen Pilzen. Eine klare Abgrenzung zwischen den Pilzen und Hefen ist nur sehr schwer zu ziehen. Bei den Hefen handelt es sich um relativ große Zellen. Als Unterscheidungsmerkmale gegenüber den Pilzen sind vorrangig ihre Einzelligkeit sowie das Fehlen von Fadengeflechten zu nennen. Gegenüber den Bakterien zeichnen sie sich durch ihre Größe und das Vorhandensein eines echten, von einer Membran umgebenen Zellkerns aus. Hefen haben eine feste Zellwand. Im Gegensatz zu Pflanzen enthalten sie keine Pigmente, so daß sie nicht zur Photosynthese fähig sind. Hefezellen sind rundlich, eiförmig oder auch oval geformt. Ihre Größe beträgt etwa 5...10 μm. Den Aufbau einer Hefezelle enthält Bild 21. Die Funktion der verschiedenen Zellbestandteile wurde bereits unter 5. beschrieben. Weitere Einzelheiten sind Übersicht 2 zu entnehmen.

Die chemische Zusammensetzung der Hefezelle ist je nach Art, Alter sowie Ernährungszustand verschieden. Durchschnittlich ist mit 69...83 % Wassergehalt und 31...17 % Trockenmasse zu rechnen. Über die Zusammensetzung der Trockensubstanz informiert Tabelle 9.

Der Nährstoffgehalt der Hefezelle läßt erkennen, daß ihr für einen hohen Wirkungsgrad neben Wasser alle Nährstoffe und außerdem noch eine Reihe von Vitaminen zur Verfügung stehen müssen.

Eiweißstoffe benötigt die Zelle primär zum Aufbau der verschiedenen Zellbestandteile, wie Zellkern und Protoplasma, sowie für die Enzyme.

Kohlenhydrate dienen der Zelle besonders für den Betriebsstoffwechsel sowie als Reservestoff (Glycogen).

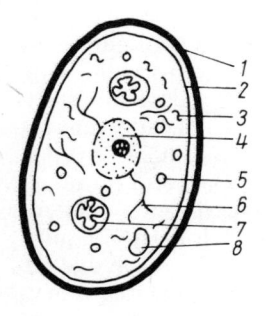

Tabelle 9. Chemische Bestandteile der Hefetrockenmasse

Bestandteil	Anteil in %
Eiweißstoffe	45...60
Kohlenhydrate	25...35
Fette	4...7
Mineralstoffe	6...9

Bild 21. Aufbau der Hefezelle
(1) Zellwand   (2) Zytoplasmamembran   (3) Grundplasma
(4) Zellkern mit Membran   (5) Ribosomen   (6) endoplasmatisches Retikulum   (7) Mitochondrien   (8) Vakuole

Fette werden von der Hefezelle vorwiegend zur Energiegewinnung sowie als Reservestoff benötigt.

Mineralstoffe sind als Aufbaustoffe für die verschiedenen Zellbestandteile unentbehrlich.

Vermehrung der Hefen. Hefen vermehren sich durch Zellsprossung. Voraussetzung für diesen natürlichen Vorgang ist jedoch, daß es sich um gesunde und gut ernährte Organismen handelt, die sich in einem günstigen Substrat befinden. Der Hefezelle müssen vor allem genügend freies Wasser, optimale Temperaturen sowie ein reichliches Nährstoffangebot zur Verfügung stehen. Erreicht die Zelle im Verlauf ihres Wachstums das Stadium der Fortpflanzungsreife, kommt es zur Zellsprossung. Der Zellkern wandert zur Zellwand und teilt sich dort. An dieser Stelle bildet sich eine kleine, als Sproß oder Knospe bezeichnete Ausstülpung. Diese wächst schnell zu einer neuen Zelle heran. In diese gleitet ein neugebildeter Zellkern hinein. Die neue Tochterzelle schnürt sich danach von der Mutterzelle ab und trennt sich völlig von ihr, oder sie bildet mit ihr und weiteren neuen Tochterzellen einen Sproßverband (Bild 22).

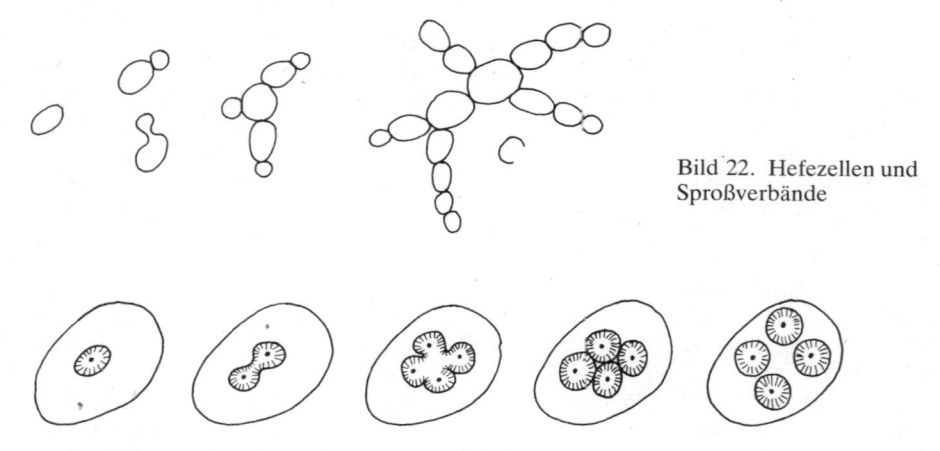

Bild 22. Hefezellen und Sproßverbände

Bild 23. Vorgang der Sporenbildung innerhalb der Hefezelle (schematisch)

Die Sprossung kann sich an der gesamten Oberfläche der reifen Zelle ausbilden. Eine Mutterzelle ist in der Lage, bis zu 20 Tochterzellen zu bilden. Der Vermehrungsvorgang geht bei Hefen relativ schnell vor sich. Nur etwa 30...40min sind für die Bildung einer neuen Tochterzelle erforderlich.

Darüber hinaus sind die Hefezellen in der Lage, Sporen zu bilden. Die Sporulation beginnt mit der Verdichtung des Protoplasmas der Mutterzelle. Danach teilt sich der Zellkern in mehrere Teile, und es kommt zur Bildung ebenso vieler neuer Zellen innerhalb der Mutterzelle. Je nach Hefeart ist es möglich, daß sich innerhalb einer Mutterzelle bis zu 4 (in seltenen Fällen bis zu 16) neue Zellen (Sporen) bilden können. Bild 23 zeigt den Vorgang der Sporenbildung innerhalb einer Hefezelle in stark vereinfachter Form.

Bei einigen Hefearten spielen die Sporen nicht nur als resistente Dauerformen, sondern auch als Möglichkeit der Fortpflanzung eine große Rolle. So ist es beispielsweise möglich, daß die Sporen durch ihr Wachstum die Mutterzelle zum Platzen bringen und danach als vegetative Zellen sofort wieder wirksam werden können. Gelangen sie auf ein günstiges Substrat, zeigen sie nach Überwindung der Anpassungsphase alle Merkmale eines aktiven Organismus. Anders verhält es sich bei den Hefemutterzellen, die die Sporen in ihrer Zelle noch beherbergen. Diese Sporen keimen erst dann aus, wenn die Mutterzelle auf einen für sie günstigen Nährboden gelangt.

Durch Wasseraufnahme quillt sie, deformiert sich und platzt auf. Erst danach werden die in der Mutterzelle befindlichen Sporen frei.
Sie stellen neue, vegetative Hefezellen dar.
Hefesporen sind zwar widerstandsfähig gegenüber äußeren Umweltbedingungen, doch kann ihre Resistenz nicht mit der von Bakteriensporen verglichen werden. Sporen von Hefen werden im allgemeinen bei Temperaturen zwischen 75 °C und 85 °C abgetötet. Im trockenen Milieu ist ihre Widerstandsfähigkeit gegen hohe Temperaturen ausgeprägter.
Bedeutung der Hefen. Wie bereits erwähnt, zählen die Hefen zu den einzelligen Pilzen (Fungi). Pilze werden in 5 große Klassen unterteilt:
Klasse I: echte Schleimpilze *(Myxomycetes)*
Klasse II: niedere Pilze *(Phycomycetes)*
Klasse III: Schlauchpilze *(Ascomycetes)*
Klasse IV: Ständerpilze *(Basidiomycetes)*
Klasse V: imperfekte Pilze *(Fungi imperfecti)*
Gegenwärtig sind etwa 50000 Spezies von Pilzen bekannt, wobei ihre Zahl durch Neuentdeckungen noch ständig zunimmt.
In der Lebensmittelproduktion werden im allgemeinen diejenigen Mikroorganismen zu den echten Hefen gezählt, die vorrangig Kohlenhydrate aktiv vergären, aber Nitrat nicht als Stickstoffquelle verwerten. Hier ist besonders die Gattung *Saccharomyces* (Klasse: *Ascomycetes*) zu nennen, deren Spezies als Kulturhefen in der Back- und Brauindustrie sowie zur Weinherstellung erfolgreich eingesetzt werden. Auch Hefen der Gattung *Candida* (Klasse: *Fungi imperfecti*) erhalten immer größere praktische Bedeutung bei der Gewinnung eiweißreicher Futterhefen. Die Wertigkeit der Hefeeiweiße liegt zwischen der von pflanzlichen und tierischen Eiweißen.
Neben der Eiweißproduktion werden aber auch andere Gattungen von Hefen erfolgreich in verschiedenen industriellen Produktionsverfahren eingesetzt.
Hefen sind in der Natur sehr weit verbreitet. Sie kommen im Erdboden, auf Früchten und auf Pflanzen vor. In der Luft sind vor allem viele Sporen vorhanden.
Hefen ernähren sich von verschiedenartigen Substanzen, wobei es kaum ein Lebensmittel gibt, das nicht von ihnen befallen wird. Vor allem bevorzugen sie kohlenhydrathaltige Produkte. Diese dienen ihnen, da Hefen keine Assimilationsfarbstoffe enthalten und dadurch das Kohlendioxid nicht in den Stoffwechsel einbeziehen können, als Kohlenstoffquelle.
Für den Stoffwechsel benötigen sie reichlich Sauerstoff, den sie aus organischen Substanzen gewinnen. Hefen zählen zu den Aerobiern. Mit Hilfe eines umfangreichen zelleigenen Enzymkomplexes sind Hefezellen in der Lage, außerhalb ihres Organismus hochmolekulare Nährstoffe in ihre einfachsten chemischen Bausteine zu zerlegen, um sie danach in gelöster Form über die Poren ihrer Zellwand aufzunehmen. Im Bild 24 ist dieser Vorgang stark vereinfacht dargestellt.
Die Wirksamkeit der Hefen hängt sehr stark davon ab, welche Kulturbedingungen vorherrschen. Neben dem Nährstoffangebot und genügender Feuchtigkeit übt vor allem die einwirkende Temperatur auf die Zelle in bezug auf Stoffwechsel, Wachstum und Vermehrung einen großen Einfluß aus. Hefen zählen zu den mesophilen Mikroorganismen. Ihr Temperaturoptimum liegt bei 26...32 °C. Im Bild 25 werden die Wirkungen verschiedener Temperaturbereiche auf die Kulturhefen der Gattung *Saccharomyces* gezeigt.
Gelangen Hefen dieser Gattung in ein kohlenhydrathaltiges Substrat und herrschen dort optimale Kulturbedingungen vor, vergären sie die darin befindlichen Kohlenhydrate zu Ethylalkohol und Kohlendioxid; es kommt zur alkoholischen Gärung. Dieser Prozeß ist eine typische physiologische Eigenschaft der Hefen. Er dient ihnen zur Energiegewinnung. Die alkoholische Gärung verläuft nach folgendem Schema:

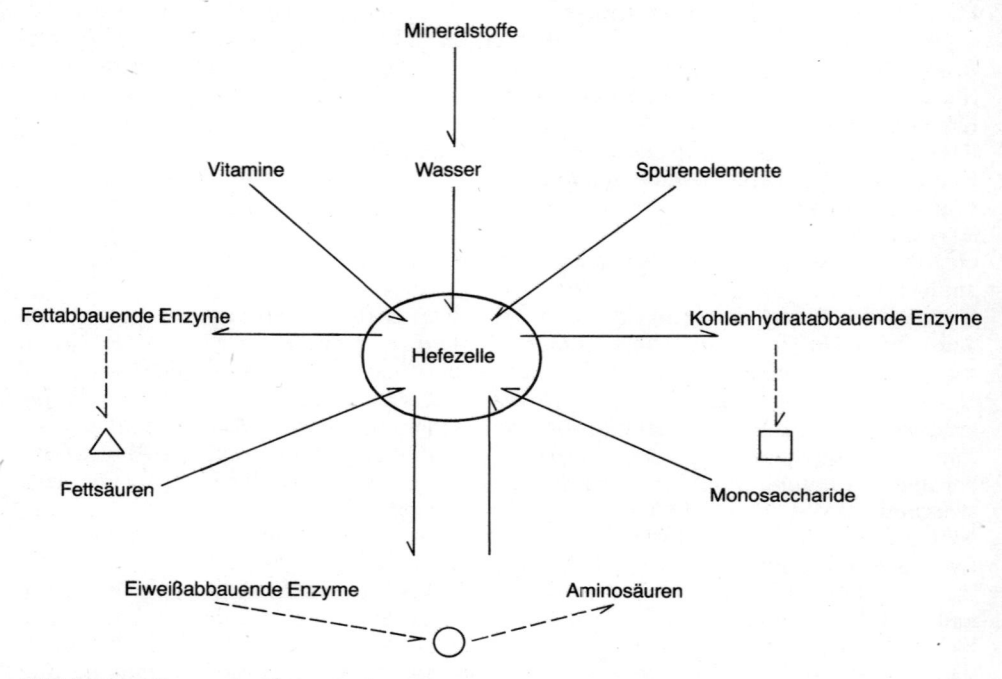

$$C_6H_{12}O_6 \xrightarrow{\text{Hefeenzym Zymase}} 2\,CO_2 + 2\,CH_3CH_2OH + 225\,kJ$$

Kohlenhydrat → Kohlendioxid   Ethanol   Energie

Bild 24. Ernährung der Hefezelle (schematisch)

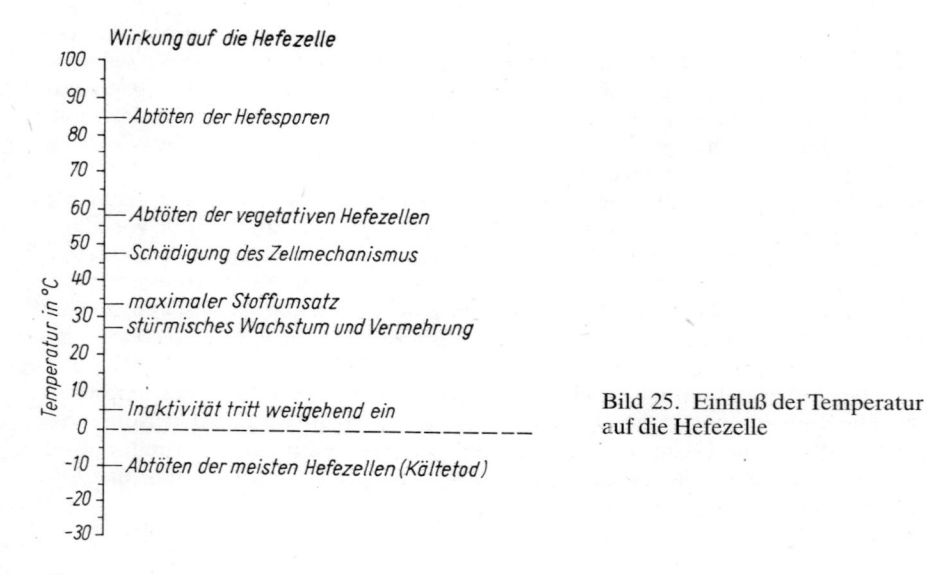

Wirkung auf die Hefezelle

- 80 °C — Abtöten der Hefesporen
- 60 °C — Abtöten der vegetativen Hefezellen
- 50 °C — Schädigung des Zellmechanismus
- 40 °C — maximaler Stoffumsatz
- 30 °C — stürmisches Wachstum und Vermehrung
- 10 °C — Inaktivität tritt weitgehend ein
- −10 °C — Abtöten der meisten Hefezellen (Kältetod)

Bild 25. Einfluß der Temperatur auf die Hefezelle

Die alkoholische Gärung wird von den Menschen schon seit Jahrtausenden zur Bier-, Wein-, Käse- und Backwarenherstellung genutzt. Während die alkoholische Gärung ursprünglich den aus der Luft in das Gärsubstrat eingedrungenen wilden Hefen überlassen wurde, erkannten die Menschen schon sehr früh, daß durch Zusatz von speziell gezüchteten Hefegattungen bessere Ergebnisse zu erreichen sind. So entwickelte sich im Lauf der Zeit die großtechnische Produktion von Hefekulturen für die verschiedensten Verwendungszwecke, wie Wein-, Bier- und Backhefen. Ohne den Einsatz dieser Kulturen wäre die industrielle Produktion von qualitativ hochwertigen Erzeugnissen in der Lebensmittelproduktion nicht mehr möglich. Selbst die Hausfrau nutzt diese Möglichkeit des Einsatzes von Backhefe zur Herstellung von Hefegebäcken aller Art. Ebenso werden auch noch im individuellen Bereich aus Obst mit Hilfe der verschiedenen Weinhefen diverse Weinsorten bereitet. Während zur Lockerung des Teiges das im Verlauf der Gärung anfallende Gas (CO_2) genutzt wird, ist bei der Weinbereitung besonders der Alkohol (Ethanol) gefragt.

Auch in der Fleischwirtschaft spielen die Hefen eine nicht zu unterschätzende Rolle. Gelangen beispielsweise in den warmen Sommermonaten Hefen in kohlenhydrathaltige Substanzen, finden sie alle Bedingungen vor, die sie für ihren Stoffwechsel benötigen. Besonders Fleischsalate mit Mayonnaise und Aspikerzeugnisse werden vorrangig von Hefen befallen und verdorben. Der von ihnen befallene Aspik wird milchigtrüb und verflüssigt sich sehr schnell. Neben den Hefen siedeln sich außerdem sehr schnell Schimmelpilze und viele Bakterienarten an, die dann gemeinsam die Zersetzung vornehmen. Der Genuß solcher Erzeugnisse ist abzulehnen; sie sind aus dem Verkehr zu ziehen und schadlos zu beseitigen. Auch Fleischsalat mit Mayonnaise ist sehr verderbgefährdet, wenn er zu lange und zu warm gelagert wird. Selbst bei niedrigen Temperaturen (etwa 10 °C) sind Hefen noch in der Lage, sich zu vermehren, da Mayonnaise nicht nur für Hefen, sondern auch für viele Bakteriengruppen einen idealen Nährboden darstellt. Die durch Hefen verdorbenen Fleischsalate sind daran zu erkennen, daß sie mit vielen feinsten Luftbläschen durchsetzt sind, stechend säuerlich riechen und beim Verzehr ein beißendes, prickelndes Gefühl auf der Zunge hinterlassen. Solche Erzeugnisse gelten als verdorben. Nur durch peinlichste Sauberkeit in der Produktion, intensive Kühlung und schnellsten Warenumschlag lassen sich solche Fehlproduktionen vermeiden.

Ein weiteres Zeichen des Befalls mit nichterwünschten Hefen ist die Hautbildung auf Flüssigkeiten. Gärende bzw. bereits vergorene Pökellaken oder auch andere Flüssigkeiten sind mit hellen, trockenen und faltigen Kahmhäuten überzogen. Diese Häute werden vorwiegend von Hefen (mitunter auch von Bakterien) gebildet. Die von Kahmhefen überzogenen Laken sind oft milchigtrüb und von unangenehmem üblem Geruch. Sie gelten als verdorben und müssen daher sofort weggegossen werden. Eine intensive Reinigung und Desinfektion der Gefäße ist unbedingt erforderlich. Die Genußtauglichkeit des Pökelgutes ist in diesem Falle besonders gründlich zu prüfen.

Zahlreiche Hefegattungen sind in der Lage, aus Kohlenhydraten neben Ethanol auch Milch-, Ameisen-, Bernstein-, Äpfel- und Brenztraubensäure sowie Glycerol und Isoalkohole bilden zu können. Auch Fette und Milchsäure werden von einigen Hefespezies abgebaut. Es ist weiterhin bekannt, daß bestimmte Hefen auch wesentlich an der Aromabildung, ohne daß es zur alkoholischen Gärung kommt, besonders bei Rohwurst und Rohwurst-Dauerwaren aktiv beteiligt sind. So konnten Hefen der verschiedenen Gattungen in diesen Erzeugnissen gefunden werden. Die Kontamination erfolgt ausschließlich im Verlauf der einzelnen Herstellungsphasen und ist bislang rein zufällig, spontan und unterliegt keiner planmäßigen Steuerung. Sie ist vielmehr von der Jahreszeit, der Wettersituation und den spezifischen Umweltbedingungen abhängig. Es handelt sich dabei um wilde Hefen. Aber auch Kulturhefen mit spezifischer aromabildender Wirkung werden bereits angeboten und verschiedenen Fleischerzeugnissen zugesetzt.

10.3. Schimmelpilze

Aufbau der Schimmelpilze. Schimmelpilze zählen im Gegensatz zu den Bakterien zu den Eukaryonten, da sie einen echten, von Membranen umgebenen Zellkern aufweisen. Mit den Pflanzen haben sie gemeinsam, daß sie über eine feste Zellwand verfügen, doch fehlt ihnen andererseits das Chlorophyll zur Photosynthese. Schimmelpilze sind gewöhnlich vielzellige, fadenförmige Mikroorganismen. Die häufig verzweigten Zellfäden werden als Hyphen und die Gesamtheit des Geflechts als Myzel bezeichnet.
Die Hyphen haben eine Zellwand und echte Zellkerne. Sie sind im allgemeinen farblos. Das Wachstum erfolgt an der Spitze der Zellen. Wegen ihrer unterschiedlichen Funktionen lassen sich die Hyphen und das Myzel in Luft- und Substrathyphen bzw. Luft- und Substratmyzel (Bild 26) unterscheiden. Das Substratmyzel wächst auf oder im Nährboden und ist für den Nährstoffaustausch verantwortlich. Das Luftmyzel bildet Fruchtkörper, die der Vermehrung der Pilze dienen. Sie sind sehr oft gefärbt, und zwar grau bis weiß, grün, rot oder gelb sowie braun bis schwarz.

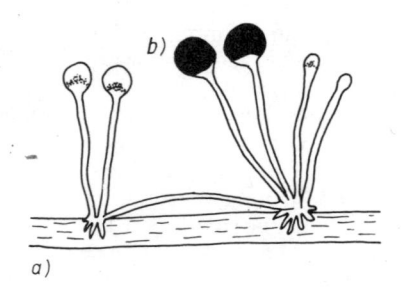

Bild 26. Substrat (a) und Luftmyzel (b)

Der Formenreichtum der Schimmelpilze reicht von der Rasenbildung auf befallenen Früchten bis hin zum einheitlichen, geschlossenen Kulturschimmelpilzbelag, z. B. auf Camembertkäse oder ungarischer Salami.
Vermehrung der Schimmelpilze. Die Vermehrung der Schimmelpilze geschieht sowohl sexuell als auch asexuell. Die vegetative Art der Fortpflanzung ist bei den Schimmelpilzen am wichtigsten. Dabei sind folgende Formen zu unterscheiden:

- Zerstückelung (Teilung) der Hyphen in viele Einzelteile. Diese einzelnen Hyphenzellstücke zeigen dasselbe Verhalten wie Sporen.
- Spaltung von Zellen durch Bildung von Querwänden in zwei Tochterzellen,
- Zellsprossung,
- Vermehrung durch Sporen.

Die sexuelle Vermehrung der Schimmelpilze schließt die Vereinigung von zwei Zellkernen ein. Dieser Vorgang geht bei den verschiedenen Arten in unterschiedlichen Phasen und Formen vor sich. Im Gegensatz zur asexuellen Fortpflanzung, die unzählige Nachkommen hervorbringt und unter normalen Bedingungen ständig stattfindet, müssen für die geschlechtliche Vermehrung ganz bestimmte Voraussetzungen erfüllt sein. Die Anzahl der auf diese Weise neu entstandenen Organismen ist bedeutend geringer als die der ungeschlechtlichen Fortpflanzung.
Bedeutung der Schimmelpilze. Schimmelpilze sind in der Natur sehr weit verbreitet. Sie sind ebenso wie die Bakterien in unvorstellbaren Größenordnungen fast überall anzutreffen. Ihr Stoffumsatz in der Natur erfolgt chemoanalytisch, d. h., sie zersetzen mit Hilfe ihres umfangreichen Enzymsystems hochmolekulare organische Substanzen in einfache anorganische Bausteine. Schimmelpilze können ohne organische Nährstoffe nicht leben, da sie kohlenstoffheterotroph sind. Im Gegensatz zu den Pflanzen nehmen die Schimmelpilze Sauerstoff auf und scheiden CO_2 aus. Durch Oxidation organischer Ver-

bindungen gewinnen sie die erforderliche Energie. Die Stoffwechselleistungen der meisten Schimmelpilze sind sehr groß, ebenso umfangreich ist die Anzahl ihrer Stoffwechselprodukte, die bei fast allen Pflanzen, Tieren und auch beim Menschen eine nützliche oder schädliche Rolle spielen können.

So haben einige Schimmelpilzarten eine wichtige Aufgabe in den verschieden Stoffkreisläufen der Natur zu erfüllen, indem sie hochmolekulare organische Substanzen mineralisieren und die dabei gewonnenen anorganischen Verbindungen den Pflanzen als Nährstoffe zur Verfügung stellen. Andererseits stellen viele Arten große Schädlinge der Pflanzen, Tiere und auch des Menschen dar. Ähnlich den Bakterien werden fast ausnahmslos alle in der Natur anzutreffenden organischen Verbindungen befallen, so auch pflanzliche und tierische Rohstoffe sowie die daraus hergestellten Produkte. Diese werden bis zur völligen Unbrauchbarkeit zersetzt, wenn nicht wirksame Konservierungsmaßnahmen erfolgen. Durch Schimmelpilzbefall entstehen unermeßliche volkswirtschaftliche Schäden. Vorsichtige Schätzungen besagen, daß etwa 20 % aller auf der Welt erzeugten landwirtschaftlichen Erzeugnisse allein durch Schimmelpilzbefall vernichtet werden und damit der menschlichen Ernährung verlorengehen. Hier liegt eine Reserve, die es noch zu erschließen gilt, um das Ernährungsproblem, vor allem in den Entwicklungsländern, schnellstens zu lösen. Verschiedene Schimmelpilze bilden Mykotoxine (Pilzgifte). Deshalb ist es gefährlich, befallene Lebens- bzw. Futtermittel aufzunehmen. Besonders giftig sind die sogenannten Aflatoxine, da sie die stärkste Toxizität aufweisen und außerdem krebserregend sind. Durch Pilze hervorgerufene Erkrankungen *(Mykosen)* sind äußerst schwierig zu behandeln.

Einige Schimmelpilzarten leben parasitär, andere dagegen saprophytisch. Schimmelpilze können aber auch symbiotisch leben, und zwar sowohl in Verbindung mit Pflanzen als auch mit Tieren. So erbringen beispielsweise einige Pilzarten Stoffwechselleistungen bei fast allen Orchideen, Waldbäumen, Erikagewächsen, Kreuzblütlern sowie Farnen und Moosen. Auch verschiedenen Insekten helfen sie beim Abbau hochmolekularer Verbindungen. Schimmelpilze bevorzugen Nährsubstrate mit einer sauren Reaktion. Der *p*H-Wert dieser Medien erstreckt sich von 1,5 bis etwa 8,5. Ihre optimale Wachstumstemperatur liegt etwas niedriger als die der Bakterien, etwa bei 20...25 °C. Temperaturen, die von diesem Optimum abweichen, wirken sofort hemmend auf Wachstum und Stoffwechselaktivität. So wird das Substratmyzel bei etwa 65 °C geschädigt oder abgetötet. Gegenüber trockener Hitze ist es etwas resistenter. Luftmyzel und Sporen sind sowohl gegenüber feuchter als auch trockener Hitze widerstandsfähiger. Aber auch sie werden bei Temperaturen von 75...85 °C abgetötet. Es gibt aber auch einige besonders hitzeresistente Formen von Sporen, die Temperaturen > 100 °C schadlos überdauern.

Bezüglich der Feuchtigkeit sind die Schimmelpilze anspruchsvoll. Ihr optimaler a_w-Wert liegt bei 0,98...0,99. Sinkt die Wasseraktivität unter 0,70, stellen sie ihre Lebensfunktionen ein.

Besonders gern siedeln sich die Schimmelpilze in feuchten und dunklen Räumen, wie Keller-, Pökel-, Lager- und Vorkühlräumen, an. Sie finden dort die erforderlichen Lebensbedingungen vor. Schimmelpilzbefall ist neben der sichtbaren farbigen Koloniebildung auch mit dem Auftreten eines typischen arteigenen Geruchs verbunden. Von Wildschimmelarten befallene Räume oder Gegenstände riechen muffig, moderig und dumpfig.

Kulturschimmelarten, oft auch als Edelschimmel bezeichnet, und Hefen spielen in der industriellen Nutzung eine immer größer werdende Rolle. Im folgenden werden einige Beispiele angeführt:

Milchwirtschaft. Beschimmelung verschiedener Käsesorten und dadurch Einleitung von Reifungsvorgängen, Herausbildung eines typischen Aromas. Herstellung von Kefir

Fleischwirtschaft. Beschimmelung von Salami (ungarische Art), Herausbildung eines arteigenen Aromas

Gärungs- und Getränkeindustrie. Durch Vergärung kohlenhydratreicher Rohstoffe Gewinnung alkoholischer Getränke
Chemische Industrie. Gewinnung von Citronensäure, Produktion von Futtereiweiß aus Melasse
Pharmazeutische Industrie. Gewinnung von Vitaminen und Enzymen. Herstellung verschiedener Antibiotika (z. B. Penizillin)

10.4. Bakterien

10.4.1. Aufbau der Bakterienzelle

Bakterien sind einzellige, chlorophyllfreie Organismen. Jede einzelne Bakterienzelle stellt ein selbständiges Individuum dar, in dem alle lebensnotwendigen Funktionen ablaufen. Die äußere Form sowie die Größe der Zellen der einzelnen Bakterienarten sind sehr verschieden und teilweise von den Kulturbedingungen abhängig. Allerdings gibt es charakteristische Grundformen, die als Klassifizierungsmerkmal mit herangezogen werden. Bakterien sind die zahlenmäßig größte Art von Mikroorganismen, die sich durch direkte Zellteilung (Spaltung) vermehren, aber in ihrer äußeren Form und in ihrer spezifischen Leistung voneinander unterscheiden. Entsprechend ihrer äußeren Gestalt werden sie in vier verschiedene Grundformen eingeteilt, und zwar in *kugelförmige, spiralförmige, kommaförmige* und *stäbchenförmige Bakterien* (Bild 27).
Die Bakterienzelle ist einfacher aufgebaut als die pflanzliche und die tierische Zelle (Bild 28). Bakterienzellen enthalten keine Mitochondrien, auch das endoplasmatische Retikulum fehlt, und die Zellkern und Zytoplasma trennende Membran ist nicht vor-

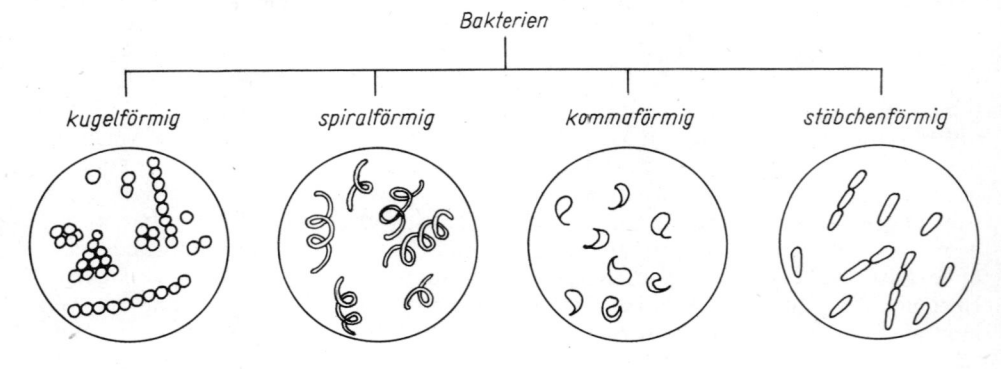

Bild 27. Grundformen der Bakterien

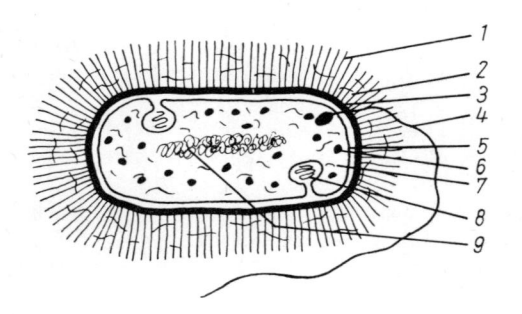

Bild 28. Feinbau der Bakterienzelle (schematisch)
(1) Fimbrien (2) Schleimschicht (3) Zellwand (4) Geißel (5) Zytoplasmamembran (6) Ribosomen (7) Grundplasma (8) Mesosom (9) Kernäquivalent

handen. Die wichtigsten Bauelemente der Bakterienzelle sind Protoplast und Zellwand.

Der *Protoplast* besteht aus dem Zytoplasma (mit verschiedenen Feinbausteinen) und dem Kernäquivalent.

Die *Zellwand* besteht aus einigen Schichten unterschiedlicher Art und Anhangsgebilden, wie Geißeln und Fimbrien.

Mit Hilfe der Geißeln ist es den Bakterien möglich, sich fortzubewegen. Diese Anhangsgebilde sind eine Art monomolekulare Muskeln aus Eiweißverbindungen, die in der Lage sind, sich sehr schnell zusammenzuziehen und auch wieder auszudehnen. Dieser Vorgang vollzieht sich mit hoher Geschwindigkeit. Er läuft etwa 30 – ...50mal in der Sekunde ab. Die Geschwindigkeit der Fortbewegung ist maßgeblich von der Beschaffenheit des Substrats, auf oder in dem sich die Bakterien befinden, abhängig. Vor allem in flüssigen und halbflüssigen Medien sind die Voraussetzungen dafür besonders günstig. Untersuchungen zeigten, daß beim Vorherrschen optimaler Kulturbedingungen Strecken von 100...200 μm innerhalb einer Sekunde zurückgelegt wurden. Das entspricht Geschwindigkeiten von etwa 0,7 m h^{-1}.

Im allgemeinen sind Geißeln länger als die Bakterienzelle. Stellung und Anzahl der Geißeln sind für die verschiedenen Bakterienarten charakteristisch und daher auch ein Klassifizierungsmerkmal. Im Bild 29 sind einige Formen der Begeißelung dargestellt.

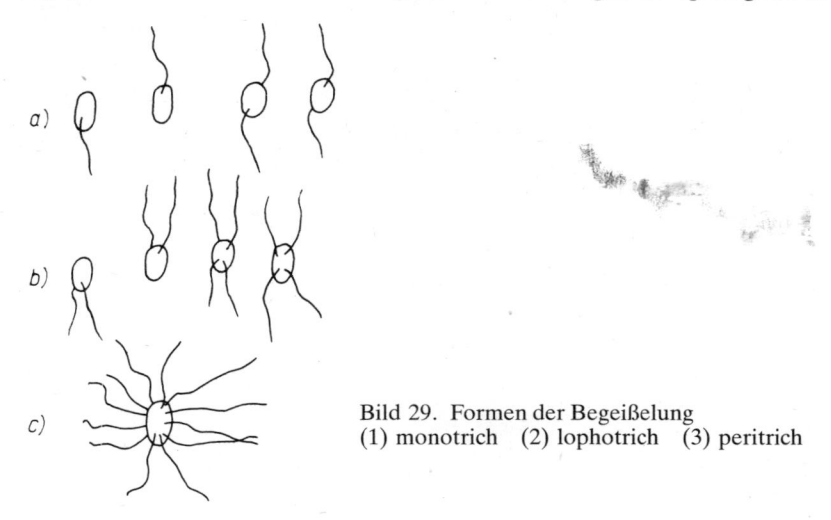

Bild 29. Formen der Begeißelung
(1) monotrich   (2) lophotrich   (3) peritrich

Die Fortbewegung der Zelle kann sowohl durch äußere Reizeinwirkung als auch ohne diese erfolgen. So führen beispielsweise für die Zelle positive Reize in ihrer Bewegungsrichtung zur Reizquelle hin. Dagegen bewirken negative Reize eine Fortbewegung in entgegengesetzter Richtung. Neben der freien Fortbewegung (Taxis) wird entsprechend der Reizquelle unterschieden zwischen:

- *Aerotaxis* (Sauerstoff wirkt als Reizquelle),
- *Chemotaxis* (chemische Substanzen wirken als Reizquelle) und
- *Phototaxis* (Sonnenlicht wirkt als Reizquelle).

Einige Bakterien haben neben den Geißeln auch noch Fimbrien als Anhangsgebilde. Das sind winzig kleine Fasern, die über die ganze Bakterienzelle verteilt vorkommen und den Bakterien als Haftorgane dienen.

Bakterien lassen sich aufgrund ihres unterschiedlichen Zellwandaufbaus in zwei Gruppen, in *grampositive* und *gramnegative* Bakterien, einteilen. Diese Tatsache wird zur bes-

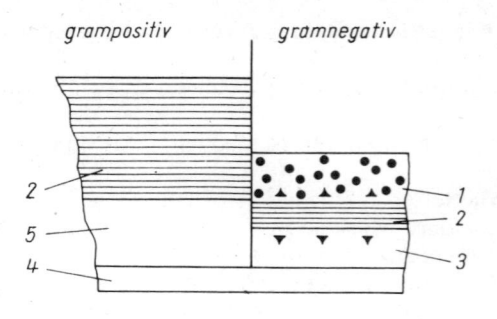

Bild 30. Zellwandstruktur der Bakterien (schematisch)
(1) Lipopolysaccharidschicht
(2) Mureinschicht (3) Lipoproteinbündel (4) Zellmembran
(5) Periplasma

seren Spezifizierung der Bakterien in der Diagnostik genutzt. Der Chemiker *Gram* entwickelte 1884 eine nach ihm benannte Färbemethode. Danach werden die Bakterienarten als *grampositiv* bezeichnet, die wegen ihrer speziellen Zellwandstruktur in der Lage sind, bestimmte Anilinfarben aufzunehmen und diese auch durch Auswaschung mit Ethanol nicht wieder abgeben. Dagegen handelt es sich um *gramnegative* Organismen, wenn sich der Farbstoff durch Ethanol wieder auswaschen läßt. Wie aus Bild 30 ersichtlich ist, haben gramnegative Bakterien einen komplizierteren Zellwandaufbau als grampositive.

Auch die chemische Zusammensetzung zeigt, daß die Zellwand gramnegativer Organismen einen viel höheren Lipid- und Kohlenhydratgehalt hat. Außerdem sind Art und Anzahl der am Aufbau beteiligten Aminosäuren zahlreicher als bei grampositiven Bakterien. In der Färbbarkeit nach *Gram* verhalten sich die Bakteriengruppen wie folgt:

grampositiv
Staphylokokken,
Streptokokken,
Milzbrandbazillen,
Tetanuserreger,
Schweinerotlaufbakterien,
Diphtheriebakterien,
Aktinomyzeten,
Milchsäurebakterien

gramnegativ
Koli-, Typhus-, Enteritis-, Ruhrbakterien,
Klebsiellen,
Proteusbakterien,
Pestbakterien,
Abortusbakterien,
Vibrionen,
Spirillen

10.4.2. Systematik der Bakterien

Es gibt bereits seit langem Bestrebungen, die Bakterien nach bestimmten Merkmalen zu systematisieren. Wegen ihrer geringen Größe, ihrer Vielzahl und anderer Besonderheiten ist das sehr schwierig, so daß eine absolut gültige und allumfassende Systematisierung bisher noch nicht möglich war. Wissenschaftler aus vielen Ländern arbeiten an der Lösung dieses Problems, um zu einer einheitlichen Systematik der Bakterien zu gelangen. Dem gegenwärtigen Stand der Erkenntnisse entsprechend werden die Bakterien wie folgt klassifiziert:

- Reich
- Abteilung
- Klasse
- Ordnung
- Familie
- Gattung
- Art (Spezies)

Aus dieser Systematik ist ersichtlich, daß einzelne Bakterien als *Spezies* bezeichnet werden. Spezies mit gleichen Merkmalen bilden eine *Art*. Bakterien verschiedener Arten, die eine Reihe gleicher Merkmale aufweisen, zählen zur nächsthöheren Einheit, zur *Gattung*. Danach folgen *Familie, Ordnung, Klasse, Abteilung* und *Reich*.
Bakterien werden entsprechend den internationalen Nomenklaturregeln mit einem lateinischen Artnamen bezeichnet, der aus zwei Wörtern besteht. Diese Form wird als »binäre Nomenklatur« bezeichnet. Das erste Wort wird groß geschrieben und bezeichnet die Gattung. Das zweite Wort wird klein geschrieben und ist vorwiegend ein Adjektiv. Es bezeichnet die Art. Häufig findet man bei wissenschaftlichen Arbeiten hinter dem Doppelnamen noch den Familiennamen des Wissenschaftlers, der die Art als erster näher beschrieben hat. Außerdem kann hinter den Namen des Wissenschaftlers noch die Jahreszahl stehen, in der er die Beschreibung veröffentlicht hat. So bedeutet beispielsweise *Eubacteriales* **BUCHANAN**, 1917, daß diese Mikroorganismen zur Kategorie Ordnung der internationalen Nomenklatur gehören und 1917 vom Wissenschaftler *Buchanan* erstmalig beschrieben wurde. Innerhalb dieser Ordnung gibt es unter anderem die Familie *Bacillaceae* **FISCHER**, 1895. Diese Familie wird weiterhin in Gattungen unterteilt, und zwar in die Gattungen *Bacillus* **CHON**, 1872, und *Clostridium* **PRAZMOWSKI**, 1880. Diese beiden Gattungen haben viele Arten (Spezies). Beispielsweise zählt dazu *Bacillus anthracis*, der Erreger des Milzbrandes, einer sehr gefährlichen Rinderseuche. Auch der Erreger des Botulismus *(Clostridium botulinum)*, einer fast immer tödlich verlaufenden Lebensmittelvergiftung, ist ein Vertreter dieser Art. Dagegen werden solche Spezies wie *Bacillus subtilis* in der mikrobiellen Verfahrenstechnik zur Gewinnung von Enzymen erfolgreich eingesetzt.
Nach der 8. Auflage von *Bergeys* »Manual of Determinative Bacteriology« (1974) beruht die Klassifizierung der Bakterien auf folgenden Kriterien:

- morphologische Merkmale,
- Verhalten in der *Gram*-Färbung und
- Sauerstoffbedarf.

Nach der zur Zeit gültigen Systematik werden die *Procaryotae* klassifiziert in:
Reich: *Procaryotae*

Abteilung I. Cyanobacteria
Abteilung II. *Bacteria*
        Part 1. Phototrophische Bakterien
        Part 2. Gleitende Bakterien
        Part 3. Scheidenbakterien
        Part 4. Verzweigte und »gestielte« Bakterien
        Part 5. Spirochäten
        Part 6. Gewundene und gebogene Bakterien
        Part 7. Gramnegative, aerobe Stäbchen und Kokken
        Part 8. Gramnegative, fakultativ anaerobe Stäbchen
        Part 9. Gramnegative, anaerobe Bakterien
        Part 10. Gramnegative Kokken und kokkoide Stäbchen (Aerobier)
        Part 11. Gramnegative Kokken (Anaerobier)

Übersicht 4. Die für die Lebensmittelindustrie bedeutungsvollen Familien und Gattungen der Bakterien (gekürzt)

Part	Familie	Gattung
Spirochäten	*Spirochaetaceae*	*Spirochaeta*
		Leptospira
Spiralförmige und gebogene Bakterien	*Spirillaceae*	*Spirillum*
Gramnegative aerobe Stäbchen und Kokken	*Pseudomonadaceae*	*Pseudomonas*
		Xanthomonas
		Gluconobacter
	Azotobacteriaceae	*Azotobacter*
		Azomonas
	Rhizobiaceae	*Rhizobium*
		Agrobacterium
	Methylomonadaceae	*Methylomonas*
		Methylococcus
	Halobacteriaceae	*Halobacterium*
		Halococcus
		Alcaligenes
		Acetobacter
		Brucella
Gramnegative fakultativ anaerobe Stäbchen	*Enterobacteriaceae*	*Escherichia*
		Edwardsiella
		Citrobacter
		Salmonella
		Shigella
		Klebsiella
		Enterobacter
		Hafnia
		Serratia
		Proteus
		Yersinia
		Erwinia
	Vibrionaceae	*Vibrio*
		Aeromonas
		Photobacterium
		Lucibacterium
		Flavobacterium
Grampositive Kokken	a) Aerob und/oder fakultativ anaerob	
	Micrococcaceae	*Micrococcus*
		Staphylococcus
	Streptococcaceae	*Streptococcus*
		Pediococcus
		Aerococcus
		Leuconostoc
		Gemella
	b) Anaerob	
	Peptococcaceae	*Peptococcus*
		Peptostreptococcus
		Ruminococcus
		Sarcina

Fortsetzung: Übersicht 4

Part	Familie	Gattung
Endosporenbildende Stäbchen und Kokken	Bacillaceae	Bacillus Sporolactobacillus Clostridium Desulfotomaculum Sporosarcina Oscillospira
Grampositive, asporogene, stäbchenartig gestaltete Bakterien	Lactobacillaceae	Lactobacillus
Aktinomyzeten und verwandte Organismen	Actinomycetaceae	Actinomyces
	Mycobacteriaceae Streptomycetaceae Propionibacteriaceae	Mycobacterium Streptomyces Propionibacterium Corynebacterium Arthrobacter

Part 12. Gramnegative, chemolithotrophische Bakterien
Part 13. Methanbildende Bakterien
Part 14. Grampositive Kokken
Part 15. Endosporenbildende Stäbchen und Kokken
Part 16. Grampositive, asporogene, stäbchenartig gestaltete Bakterien
Part 17. Aktinomyzeten und verwandte Organismen
Part 18. Rickettsien
Part 19. Mykoplasmen

Von diesen 19 Parts sind für die Lebensmittelindustrie folgende von besonderer Bedeutung: 5, 6, 7, 8, 14, 15, 16 und 17. Übersicht 4 enthält die für die Lebensmittelindustrie wichtigen Familien und Gattungen der Bakterien. Die verschiedenen Arten, Gattungen, Familien und Ordnungen dieser Parts können sowohl auf oder im Fleisch vorkommen, positiv oder negativ wirken und apathogen oder pathogen sein.

Bakterienzellen sind starr und unverzweigt. Ihre Formen sind kugelig, stäbchenförmig, spiralig oder gebogen. Es gibt sowohl begeißelte als auch nicht begeißelte und grampositive oder auch gramnegative Vertreter.

Einige Arten bilden Sporen (Bazillen).

10.4.3. Wachstum und Vermehrung der Bakterien

Wachstum und Vermehrung sind Eigenschaften aller Lebewesen. Der biologische Prozeß des Wachsens herrscht so lange vor, wie innerhalb der Mikrobenzelle die Plasmazunahme gegenüber dem Abbau des Zellplasmas überwiegt. Mit Hilfe eines umfangreichen Enzymsystems vollbringen die Zellen den komplizierten biochemischen Umwandlungsprozeß zellfremder in zelleigene Substanzen. Das Wachstum ist daher stets das Ergebnis der Wechselbeziehung zwischen einem Substrat mit optimalen Lebensbedingungen einerseits und der Fähigkeit der Zelle andererseits, diese Bedingungen für sich nutzbar zu machen. Solange diese Wechselbeziehung vom Zellorganismus gesteuert wird, lebt, wächst und vermehrt er sich.

Hat die Bakterienzelle ein bestimmtes Reife- bzw. Entwicklungsstadium erreicht und herrschen günstige Umweltbedingungen vor, dann sind die Voraussetzungen für die Vermehrung gegeben. Bakterien vermehren sich durch Zellteilung. Dabei bilden sich aus einer Mutterzelle zwei gleichartige Tochterzellen. Diese verfügen über alle Merkmale und Eigenschaften der Mutterzelle. Die Teilung erfolgt rasch aufeinander in Abständen von etwa 20...30 min. Gelangt beispielsweise eine Bakterienzelle auf oder in ein Schlacht- oder Fleischerzeugnis und erfolgen keinerlei konservierende Maßnahmen, kann unter optimalen Umweltbedingungen nach 8 h folgende Keimzahl erreicht werden (Tabelle 10):

Tabelle 10. Bakterienvermehrung innerhalb von 8 h

Zeitlicher Verlauf	Anzahl der Bakterien
Beginn der Vermehrung	1
20 min	2
40 min	4
60 min	8
2 h	64
3 h	512
4 h	4 096
5 h	32 768
6 h	262 144
7 h	2 097 152
8 h	16 777 216

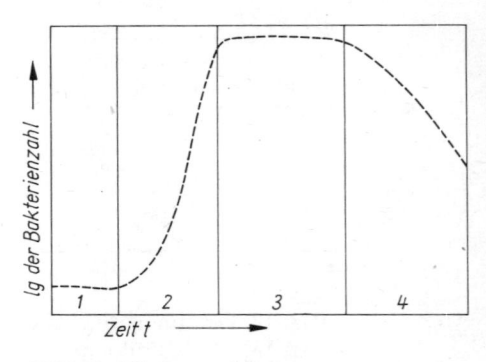

Bild 31. Wachstumskurve
(1) lag-Phase (2) logarithmische Phase
(3) stationäre Phase (4) Dezimierungsphase

Das äußere sichtbare Zeichen ist, daß die Zelle sich in der Längsachse etwas streckt. Im Inneren der Zelle erfolgt in dieser Phase eine Zweiteilung des Kernäquivalents. Nach Abschluß dieses Vorganges kommt es zur Bildung einer Querwand innerhalb des Zellorganismus, wobei vorher in jeden der beiden neugebildeten Zellteile ein Teil des Kernäquivalents gelangt. Im weiteren Verlauf der Vermehrung verdichtet sich die Querwand so, daß sie die beiden Zellteile vollkommen abschließt und diese dadurch zu selbständigen Tochterzellen werden läßt. Damit ist der vielschichtige und hochkomplizierte biochemische Prozeß der Spaltung der Bakterienzelle abgeschlossen.

Die Vermehrung der Mikroorganismen ist keine Zufälligkeit, sondern sie unterliegt ganz bestimmten biologischen Gesetzmäßigkeiten.

Werden den Bakterien in der Zeit des Wachstums und der Vermehrung keinerlei neue Nährstoffe zugeführt, keine Milieuveränderungen von außen her vorgenommen und die von den Bakterienzellen gebildeten Stoffwechselprodukte nicht abgeführt, kommt es zu einer charakteristischen Wachstumskurve. Wird das Wachstum graphisch dargestellt, indem der Logarithmus der Bakterienzahl gegen die Zeiteinheit in den Koordinaten aufgetragen wird, ergibt sich der im Bild 31 dargestellte Kurvenverlauf. Dieser läßt erkennen, daß zwischen verschiedenen Wachstumsphasen mit unterschiedlicher Vermehrungsgeschwindigkeit zu unterscheiden ist (Übersicht 5).

Die Vermehrung der Bakterien läuft beim Vorherrschen optimaler Bedingungen in vier charakteristischen Phasen ab.

Lag-Phase. Gelangen Bakterien auf ein neues Substrat, so kommt es zunächst noch

Übersicht 5. Vermehrungsgeschwindigkeit

Vermehrungsphase	Vermehrungsgeschwindigkeit
Lag-Phase	null bis negativ
Logarithmische Phase	konstant
Stationäre Phase	null
Dezimierungsphase	negativ

nicht zu einer Vermehrung. Im Gegenteil, oft sterben sogar viele Zellen in dieser Phase ab, da sie gegenüber den Abwehrkräften des neuen Mediums wenig resistent sind. Es ist eine Phase des Anpassens, des Gewöhnens. Die Zeitspanne dieser Phase hängt sehr stark von der Organismenart, dem Alter der Zelle sowie den Kulturbedingungen ab. In der lag-Phase weisen die Zellen noch keine bzw. nur eine sehr geringe Stoffwechselleistung auf. Folglich ist ihre Wirksamkeit noch nicht sehr ausgeprägt. Für die Praxis der Fleischwirtschaft bedeutet das, die auf bzw. in den verschiedenen Rohstoffen nicht erwünschten Bakterien in dieser Phase zu halten, damit es nicht zu einer Vermehrung kommt. Der Anfangskeimgehalt muß daher vor allem bei der Fleischgewinnung so gering wie möglich sein. Um dieser grundsätzlichen Hygieneforderung gerecht zu werden, ist in der gesamten Fleischwirtschaft durchgängig ein sehr strenges Hygieneregime zu sichern. Außerdem wird mit Hilfe verschiedener Methoden, wie Kältebehandlung, Trocknung, Salzen, Pökeln, Säuern, Räuchern und Hitzeeinwirkung, unerwünschten mikrobiellen Einflüssen und dem damit verbundenen Verderb von Fleisch und Fleischerzeugnissen Einhalt geboten. Im Gegensatz dazu sind bei erwünschten mikrobiellen Prozessen, wie Pökeln, Reifen der Rohwurst und Rohwurst-Dauerware und beim Einsatz von Starterkulturen, den aktiv beteiligten Mikroorganismen optimale Kulturbedingungen zu gestalten, damit sie sehr schnell diese Anpassungsphase überwinden, sich rasch vermehren und die gewünschten Stoffwechselleistungen erbringen.
Logarithmische Phase. In dieser Phase nimmt die Teilungsgeschwindigkeit laufend zu. Es ist eine Periode des stürmischen Wachstums, die mit einer Zunahme der Stoffwechselleistungen und einer höheren Resistenz der Zellen verbunden ist. Die Dauer dieser Phase hängt im wesentlichen von den gleichen Faktoren wie bei der lag-Phase ab. Besonderen Einfluß üben allerdings am Ende dieser Phase die von den Bakterien jetzt in verstärktem Maße gebildeten Stoffwechselprodukte aus. Sie werden zur »Bremse« ihrer eigenen Entwicklung, so daß es zu keiner weiteren Zunahme der Keimzahlen kommt.
Stationäre Phase. In dieser Phase halten sich die Zahl der neu hinzukommenden und die der absterbenden Zellen die Waage. Hohe Stoffwechselleistungen und eine ausgeprägte Widerstandsfähigkeit sind vorhanden. Reinkulturen erreichen in dem von ihnen besiedelten Substrat ihre höchste Wirksamkeit. Das zeigt sich beispielsweise bei den verschiedenen Pökelerzeugnissen in der verstärkten Anreicherung von Fleischmilchsäure, der Bildung der roten Pökelfarbe, der Konsistenzveränderung, der Aromabildung und in der Verlängerung der Haltbarkeit durch Ausschalten unerwünschter Mikroben.
Dezimierungsphase. Diese letzte Phase wird durch auftretenden Nahrungsmangel, sich anhäufende Stoffwechselprodukte und die damit sehr stark verbundene Veränderung der Kulturbedingungen für die Bakterien gekennzeichnet. Es sterben mehr Zellen ab, als neue hinzukommen. Die Stoffwechselleistungen der Zelle lassen dadurch zwangsläufig sehr stark nach. Mit dem Erreichen dieser Phase sind die erwünschten als auch die unerwünschten mikrobiologischen Prozesse und die damit verbundenen stofflichen Umsetzungen im wesentlichen abgeschlossen. Die widerstandsfähigsten Zellen versporen sich, bilden Dauerformen und stehen für einen neuen Vermehrungszyklus bei entsprechend neuen, günstigen Kulturbedingungen zur Verfügung.

10.4.4. Sporulation

Einige Bakterienarten sind in der Lage, Sporen zu bilden. Sporen sind Dauerformen, die über sehr lange Zeiträume das Leben ihrer Art erhalten. In diesem Zustand sind die Zellen völlig inaktiv, d. h., Wachstum, Vermehrung und Stoffwechsel ruhen. Ungünstige Umweltbedingungen sind die Ursache für die Sporenbildung (Sporulation). Bild 32 enthält die Faktoren, die zur Sporenbildung führen.

Der Sporulationsvorgang ist ein komplizierter biochemischer Prozeß, bei dem innerhalb der Organismen die Zellsubstanz sich stark konzentriert und diese von einer oder mehreren Sporenhüllen (Membranen) umgeben wird. So entsteht aus der vegetativen Mikrobenzelle ein Sporangium, in dem die gebildete Spore entweder in der Mitte oder endständig eingebettet liegt (Bild 33).

Je nach Lage der Spore weisen die Sporangien verschiedene Formen auf. Bild 34 zeigt einige charakteristische Sporenformen.

Sporen sind gegenüber extremen physikalischen oder chemischen Einflüssen sehr wider-

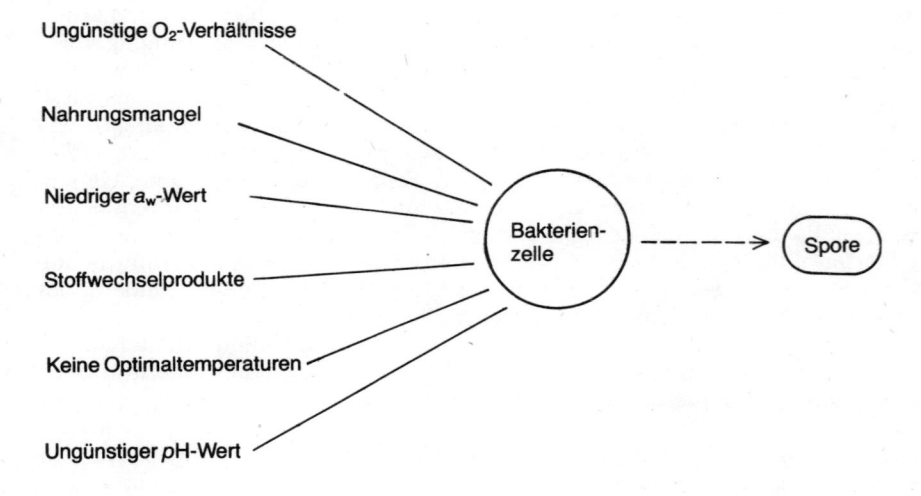

Bild 32. Ursachen der Sporulation

Bild 33. Sporenbildung (schematisch)

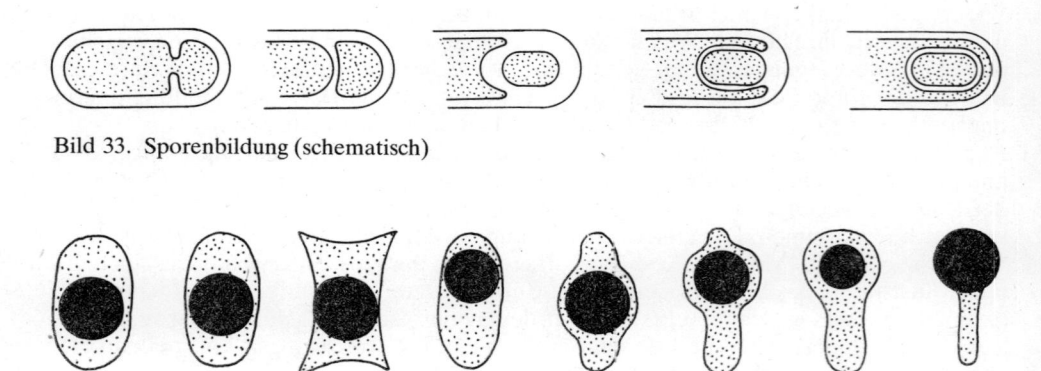

Bild 34. Sporenformen

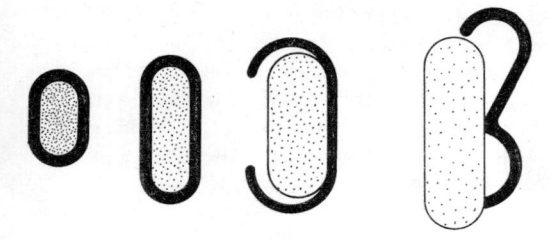

Bild 35. Auskeimen einer Spore (schematisch)

standsfähig. Sie zählen daher zu den resistentesten Formen des Lebens. Die Widerstandsfähigkeit des Sporangiums wird vor allem durch den chemischen Aufbau der mehrschichtigen Sporenumhüllungen bewirkt. Diese weisen eine von der Membran der vegetativen Zellen abweichende chemische Zusammensetzung auf. Sporen haben sowohl gegenüber sehr hohen als auch sehr niedrigen Temperaturen eine ausgeprägte Widerstandsfähigkeit. Sporen »überleben« die bei der Gefrierlagerung von Fleisch angewendeten Temperaturen von $-20 \ldots -45\,°C$ ebenso wie die Siedetemperatur des Garwassers von $100\,°C$, ohne geschädigt zu werden. Empfindlich reagieren sie allerdings gegenüber mehrmaligem Temperaturwechsel. Auch gegenüber Säuren, Basen, UV-Strahlen sowie Druck haben Sporen eine ausgeprägte Resistenz. Entscheidend ist jedoch auch beim Einwirken dieser Faktoren, unter welchen Milieubedingungen dies geschieht. So vertragen Sporen z. B. trockene Hitze viel besser als feuchte. Gelangen Sporen auf ein für sie günstiges Substrat bzw. stehen ihnen wieder optimale Temperaturen, genügend Feuchtigkeit, günstige O_2-Verhältnisse, ausreichend Nahrung und andere lebensnotwendige Faktoren zur Verfügung, quellen sie, keimen aus und bilden neue vegetative Zellen. Wachstum, Vermehrung und Stoffwechsel sind dann wieder kennzeichnende Merkmale dieser Organismen. Bild 35 veranschaulicht das Auskeimen der Sporen.

10.4.5. Bedeutung der Bakterien

Bakterien haben für den Kreislauf der verschiedenen Stoffe in der Natur sowie für Pflanzen, Tiere und Menschen in negativer und positiver Hinsicht eine große Bedeutung. Vor allem sind sie mit ihren Stoffwechselprozessen ausschlaggebend am Kreislauf des Kohlendioxids und des Stickstoffs in der Natur beteiligt. Bakterien sind *überall* auf der Erde in unvorstellbarer Arten- und Individuenzahl verbreitet. Durch ihre Fähigkeit zur rapiden Vermehrung, des Anpassens an extreme Umweltbedingungen und ihre außerordentliche physiologische Wirksamkeit und Vielseitigkeit eröffnen sich den Bakterien *alle* Lebensräume. Die bewußte Ausnutzung von Stoffwechselprozessen bestimmter Bakterienarten durch den Menschen ist für die Lösung einer Vielzahl volkswirtschaftlicher Aufgabenstellungen von besonderer Bedeutung. Das setzt jedoch die genaue Kenntnis und wissenschaftliche Durchdringung verfahrenstechnischer Prozesse voraus. In der Fleischwirtschaft wird die Wirkung von Bakterien schon seit Jahrhunderten genutzt, ohne daß die naturwissenschaftlichen Gesetzmäßigkeiten mikrobieller Prozesse bekannt waren. Auch heute werden sehr oft noch Fleischerzeugnisse nur auf der Basis von praktischen Erfahrungen produziert, verpackt und gelagert. Es kommt aber künftig immer mehr darauf an, herkömmliche Produktionsverfahren der Fleischverarbeitung, in denen mikrobielle Prozesse eine wichtige Rolle spielen, wissenschaftlich zu analysieren und mit Hilfe des neuesten Erkenntnisstandes weiterzuentwickeln. Dadurch ist es auch möglich, mit Hilfe mikrobieller Verfahrenstechnik Fleischerzeugnisse rationeller und effektiver herzustellen. Andererseits lassen sich mit Bakterienkulturen unter bestimmten definierten Bedingungen sehr viele Fleischerzeugnisse herstellen, die sich durch gleichbleibende hohe Gebrauchswerteigenschaften, wie Farbe, Aroma, Konsistenz, Haltbarkeit und Verdaulichkeit, auszeichnen.

Für den Facharbeiter ist es daher unbedingt erforderlich zu wissen, welche bakteriell-enzymatischen Prozesse den verschiedenen Verfahrensführungen bei optimalem Verlauf zugrunde liegen. Denn nur in dem Maße, wie es gelingt, die mikrobielle Prozeßsteuerung in der Praxis der Fleischverarbeitung bewußt zu realisieren, wird es möglich sein, die Produktion von Fleischerzeugnissen weiter zu rationalisieren und zu standardisieren. Auch die Häufigkeit von Fehlproduktionen wird dadurch gemindert.

Neben der positiven Bedeutung einiger Bakterienarten darf keinesfalls die schädigende Wirkung vieler Arten im Pflanzen- und Tierreich sowie gegenüber dem Menschen übersehen werden. Bakterien wirken in erheblichem Maße aber auch als Schadorganismen in der Fleischwirtschaft. Es ist vor allem den Arbeiten von *L. Pasteur* und *R. Koch* zu verdanken, daß die mikrobiell-enzymatischen Vorgänge des Verderbens von Lebensmitteln geklärt und seitdem in der Praxis durch gezielte Gegenmaßnahmen besser beachtet werden. So stellen fast alle Verfahren der Fleischverarbeitung gleichzeitig Maßnahmen gegen die Schadwirkung der Bakterien dar. Fleisch und Fleischerzeugnisse sind aufgrund ihrer chemischen Zusammensetzung ein idealer Nährboden für Bakterien und bieten beste Voraussetzungen für Wachstum, Vermehrung und Stoffwechsel. Gerade durch die Stoffwechselprozesse fleischverderbender Bakterienarten kommt es heute noch zu erheblichen Qualitätsminderungen und ökonomischen Verlusten in der Fleischwirtschaft. Auch die Gefahr des Vermehrens und Übertragens bestimmter Erreger von Infektionskrankheiten durch Fleisch und Fleischerzeugnisse ist bei Nichtbeachtung eines strengen und durchgängigen Hygieneregimes gegeben. Um der Schadwirkung der Bakterien gezielt entgegenzuwirken, sind folgende grundsätzliche Maßnahmen zu realisieren:

- Innerhalb der Produktionsstufe Fleischgewinnung (Schlachtung) sind generell alle Schlachterzeugnisse, wie Schlachtkörper, Därme, Blut, Innereien und Schlachtabschnitte, nur in bester Qualität und mit denkbar niedrigstem Bakterienbefall zu gewinnen.
- Im Bereich der Produktionsstufen Fleischbearbeitung und -verarbeitung ist dafür zu sorgen, daß mit Hilfe der verschiedenen chemischen und physikalischen Konservierungsverfahren dem Befall und der Entwicklung vor allem fleischverderbender Bakterien und anderer nichterwünschter Mikroorganismen auf und in Fleischerzeugnissen Einhalt geboten wird.
- Der im Rohwurstbrät und in Pökellaken von Natur aus vorhandenen und erwünschten Mikroflora sind gezielt optimale Kulturbedingungen in bezug auf a_w-Wert, pH-Wert, Temperatur, Nährstoffangebot und O_2-Verhältnisse zu schaffen.
- Durch Zusatz von Bakterienkulturen zu bestimmten Fleischerzeugnissen ist es möglich, bei exakt gesteuerten Kulturbedingungen Produkte in bester Qualität, mit hoher statistischer Sicherheit, bei gleichzeitiger Herabsetzung des Zeitaufwandes und mit erhöhter Materialökonomie herzustellen.
- Durch erzeugnisspezifische Lagerung und Verpackung sind die Fertigwaren vor Reinfektion zu schützen, frisch zu halten und so dem Verbraucher anzubieten.
- Reinigung und Desinfektion sind in die betriebliche Arbeitsorganisation zu integrieren, um dadurch die Infektionsgefährdung der Menschen und Tierbestände und die Qualitätsminderung der Erzeugnisse zu verhindern sowie den Arbeits- und Gesundheitsschutz der Werktätigen und die Funktion der Arbeitsmittel zu gewährleisten.

11. Mikrobiologie der Haltbarmachung von Fleisch

Der Begriff »Fleisch« ist in den folgenden Ausführungen im Sinne der Definition der Fleischuntersuchungsanordnung (FUAO) vom 5. 11. 1971 zu verstehen. Danach sind unter dem Begriff Fleisch alle Teile von geschlachteten Tieren zu verstehen, die sich für die menschliche Ernährung eignen. Als Fleisch gelten im Sinne dieser Anordnung Schlachtkörper, Innereien, Blut, Därme, Fette und Schlachtabschnitte.

11.1. Haltbarmachungsverfahren

Wie bereits erwähnt, bieten Fleisch und Fleischerzeugnisse sehr günstige Voraussetzungen für Wachstum, Vermehrung und Stoffwechsel der meisten Mikroorganismen (Tabelle 11). Allein schon aus der Zusammensetzung von Fleisch und Fleischerzeugnissen läßt sich erklären, daß sie fortwährend enzymatisch-autolytischen, mikrobiell-enzymatischen sowie physikalischen und chemischen Veränderungen unterworfen sind. Es muß

Tabelle 11. Chemisch-analytische Werte einiger Rohstoffe, Zwischenprodukte und Fertigerzeugnisse (in %)

Produkt	Fett	Eiweiß	Wasser
Schweinefleisch S 1	6	18	76
S 2	21	14	65
S 3	35	12	53
S 4	44	10	46
S-Kopffleisch	35	12	53
Eisbeinfleisch	26	16	58
Kammfleisch	28	15	57
Rindfleisch R 1	3	20	77
R 2	10	19	71
R 3	21	18	61
R 4	30	16	54
Herz	12	16	72
Nieren	4	15	81
Leber	4	20	71
Speck	90	2	8
Fettabschnitte	75	5	20
Blut	1	8	80
Schwarten	15	28	57
Schweinebauch	55	10	35
Teewurst, fein	43	12	45
Knacker	50	13	37
Salami	45	20	35
Zervelatwurst	47	18	35
Wiener Würstchen	30	10	60
Bockwurst	28	10	62
Rostbratwurst Thüringer Art	30	10	60
Bierschinken	18	14	68
Mortadella	26	11	63
Zungenblutwurst	50	13	37
Gutsleberwurst	38	13	49
Speckblutwurst	71	5	24
Preßkopf, weiß	23	14	63

Tabelle 12. Anfänglicher Mikrobengehalt verschiedener Substrate

Substrat	Durchschnittliche Ausgangskeimzahl je 1 g
Oberfläche schlachtfrischen Fleisches	$10^2 \ldots 10^3$ (je 1 cm²)
Fleischoberfläche nach der Zerlegung	$10^4 \ldots 10^5$
Fleisch im Kern, 24 h nach der Schlachtung	$10^1 \ldots 10^2$
Rohwurst vor dem Füllen	$10^4 \ldots 10^6$
Kochwurstbrät vor dem Füllen	$10^4 \ldots 10^5$
Hackfleisch	$10^4 \ldots 10^6$
Leber, roh und zerkleinert	$10^4 \ldots 10^5$
Därme nach der Reinigung	$10^4 \ldots 10^5$
Zwiebeln	$10^2 \ldots 10^3$
Kochwurst und Brühwurst nach dem Garen	$10^2 \ldots 10^4$

jedoch davon ausgegangen werden, daß nicht jede dieser Veränderungen von vornherein nur einen negativen Vorgang darstellt. Entscheidend dafür ist der Grad einer solchen Veränderung sowie dessen Ursache und der Zeitpunkt, zu dem sich diese Veränderung einstellt. So ist beispielsweise die »Reifung« bestimmter Fleischstücke, Rohwurst-Dauerwaren und Fleischdauerwaren ein auf der Basis enzymatischer Vorgänge beruhender, erwünschter Prozeß. Der mikrobielle Befall des Fleisches und der Fleischerzeugnisse (Tabelle 12) ist stets die Voraussetzung für nachteilige Veränderungen. Darum ist Fleisch mit niedrigem Mikrobenbefall zu gewinnen, da der mikrobielle Verderb die Hauptform des Fleischverderbs darstellt. Fleisch ist eine der wichtigsten Eiweißquellen in der täglichen Nahrung. Daher führt jeder mikrobielle Verderb von Fleisch zu einer Lücke bei der Versorgung der Menschen mit hochwertigen Eiweißen. Zum anderen stellt verdorbenes Fleisch eine Quelle für Vergiftungen dar. Um alle nichterwünschten Vorgänge und die damit verbundenen Gefahren und ökonomischen Verluste zu vermeiden, ist Fleisch unmittelbar nach der Gewinnung durchgängig bis hin zum Verbraucher so zu behandeln, daß es nicht verdirbt. Es muß haltbar gemacht werden. Das Ziel der Haltbarmachung besteht darin, mit Hilfe chemischer und physikalischer Verfahren *alle* Gebrauchswerteigenschaften des Fleisches über seine natürliche Haltbarkeitsgrenze hinaus für einen längeren Zeitraum zu erhalten. Zur Haltbarmachung von Fleisch gibt es verschiedene Verfahren (Bild 36), die einzeln oder in Kombination zur Anwendung gelangen.

Alle diese Verfahren sind besonders dann effektiv, wenn der Ausgangs- bzw. der Anfangskeimgehalt des Fleisches so niedrig wie möglich ist. Je niedriger er liegt,

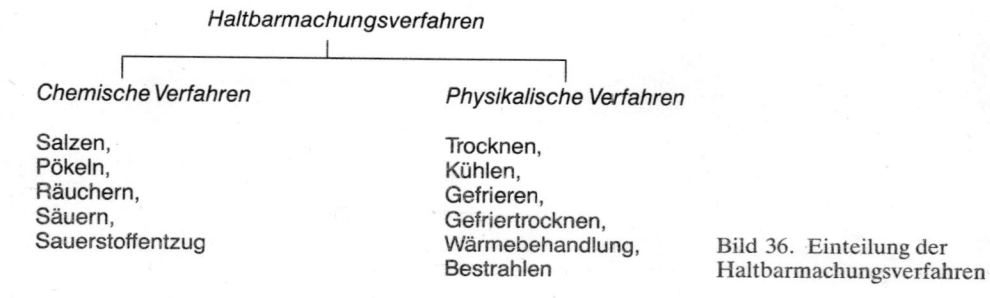

Haltbarmachungsverfahren

Chemische Verfahren

Salzen,
Pökeln,
Räuchern,
Säuern,
Sauerstoffentzug

Physikalische Verfahren

Trocknen,
Kühlen,
Gefrieren,
Gefriertrocknen,
Wärmebehandlung,
Bestrahlen

Bild 36. Einteilung der Haltbarmachungsverfahren

- um so länger ist die Haltbarkeit des Fleisches und der daraus hergestellten Fleischerzeugnisse,
- um so besser entwickeln sich Qualitätseigenschaften, wie Farbe, Aroma, Zartheit, Saftigkeit und Verdaulichkeit, und
- um so besser ist die Qualität der aus dem Fleisch hergestellten Erzeugnisse, wie Fleisch- und Wurstwaren, Konserven, Feinkostwaren und tierische Fette.

Der Anfangskeimgehalt auf der Oberfläche des Fleisches steht in einer direkten Beziehung zur Qualität und Haltbarkeit. Bei strikter Einhaltung eines strengen, durchgängigen Hygieneregimes in der gesamten Produktionsstufe Fleischgewinnung ist es möglich, Schlachtkörper mit einer Mikrobenzahl von 1000 und weniger je 1 cm^2 Oberfläche zu gewinnen. Auch Mikrobenzahlen von 1000 bis 10 000 je 1 cm^2 sind noch zu tolerieren, aber Werte, die darüber liegen, lassen Rückschlüsse auf eine hygienisch bedenkliche Fleischgewinnung zu. Bei den genannten Mikrobenzahlen darf es sich in keinem Fall um menschenpathogene und toxigene Bakterien sowie mykotoxinbildende Schimmelpilze handeln. Zur normalen Mikroflora frischen Fleisches können Vertreter folgender Gattungen gezählt werden:
Alcaligenes, Micrococcus, Streptococcus, Enterobacter, Pseudomonas, Proteus, Bacillus und *Clostridium*.
Der Anteil der einzelnen Gattungen ist sehr unterschiedlich und hängt von vielen Faktoren ab.

11.2. Kältekonservierung

Eines der ältesten, effektivsten und wichtigsten Verfahren zur Erhaltung aller natürlichen Eigenschaften des Fleisches ist zweifellos die Kältekonservierung. Im Gegensatz zu allen anderen Haltbarmachungsverfahren bleiben bei ihr die Eigenschaften des Fleisches, wie Farbe, Geruch, Geschmack, Konsistenz sowie der Nährstoff- und Wirkstoffgehalt, fast unverändert erhalten. Voraussetzung dafür ist jedoch, daß es sich um Fleisch mit einem sehr niedrigen Anfangsmikrobengehalt handelt.
Mit Hilfe moderner kältetechnischer Anlagen wird dem Fleisch so rasch wie möglich die Wärme entzogen. Damit wird die Wirksamkeit fleischeigener und mikrobieller Enzyme, je nach Tiefe der Temperatur, inaktiviert und die Reaktionsgeschwindigkeit deutlich vermindert. Mit dem Wärmeentzug steht den sehr wärmeabhängigen Enzymen nicht mehr das für sie erforderliche Temperaturoptimum zur Verfügung. Schon bei einer Temperatursenkung um 10 K wird die Reaktionsgeschwindigkeit enzymatischer Vorgänge bereits auf ein Viertel bzw. auf die Hälfte reduziert. Die meisten Mikroorganismen stellen bei Temperaturen unter ± 0 °C Vermehrung und Wachstum ein. Ausgenommen sind einige Arten, die auch bei relativ niedrigen Temperaturen noch Aktivitäten entwickeln. Als unterste Wachstumsgrenze können −7 ... −10 °C angenommen werden. Ähnlich verhält es sich mit der Wirksamkeit der meisten mikrobiellen Enzyme. Auch diese wird mit zunehmender Senkung der Temperatur immer geringer, kommt aber erst im Bereich von −30 ... −40 °C fast völlig zum Erliegen. So kann beispielsweise die Wirksamkeit eiweißabbauender Enzyme (Proteasen) und fettabbauender Enzyme (Lipasen) noch bei −18 °C bzw. −30 °C nachgewiesen werden. Die Kälteresistenz der einzelnen Mikrobenarten ist sehr unterschiedlich. Ihr Absterben unter dem Kälteeinfluß hängt von vielen Umständen ab. Vorwiegend junge Zellen, die sich in der lag-Phase befinden, erleiden beim Absenken der Temperatur nicht reparable Kälteschäden im Zellmechanismus, die zum Absterben führen. Die Sterberate ist jedoch gering und wird in der Praxis oft überschätzt. Die meisten Mikrobenarten sind kälteresistent und daher auch relativ tiefen Temperaturen gegenüber unempfindlich. Ganz besonders trifft das auf Bakteriensporen zu. Schnelles Gefrieren vertragen die Zellen besser als langsames. Ebenso verhält

es sich beim Auftauen von Gefrierfleisch. Einfluß auf die Kälteresistenz üben ferner die chemische Zusammensetzung sowie der pH- und der a_w-Wert des von ihnen besiedelten Substrats aus. So nimmt die Widerstandsfähigkeit in einem konzentrierten Substrat zu, während dagegen hohe Feuchtigkeit schneller zu Kälteschäden führt. Der Kältetod der Mikrobenzelle ist auf Störungen des Stoffwechselgleichgewichts zurückzuführen. Ebenfalls führen die sich beim Gefrieren bildenden Eiskristalle und die damit verbundene Volumenvergrößerung zu einer mechanischen Schädigung der Zelle.

Die verschiedenen Mikrobenarten werden durch die Kälteeinwirkung unterschiedlich beeinflußt. Thermophile und mesophile Arten werden stärker als die psychrophilen betroffen. Deren Widerstandsfähigkeit ist ausgeprägter, ihre Absterberate ist daher sehr gering. Sie verbleiben als lebende Mikroflora auf der Oberfläche des gekühlten oder gefrorenen Fleisches mit dem Kennzeichen minimaler Aktivität vorhanden. Psychrophile Arten unterdrücken aufgrund der für sie günstigeren Kulturbedingungen Hefen und Schimmelpilze und lassen diese sich nur dort entwickeln, wo für sie selbst ungünstige Bedingungen (z. B. trockene Stellen) vorherrschen. Daraus läßt sich auch erklären, daß auf der Oberfläche der Schlachtkörper und des Fleisches verschiedene Mikrobenarten an verschiedenen Stellen anzutreffen sind. Unter den kälteliebenden Bakterien ist die Gattung *Pseudomonas* von besonderer Bedeutung. Diese Bakterien sind anfänglich auf dem schlachtwarmen Fleisch nur in ganz geringer Anzahl, etwa 4 % aller Keime, vorhanden. Unter normalen Kühllagerbedingungen von 4...6 °C entwickeln sie sich jedoch gut, so daß schon nach wenigen Tagen der Kühllagerung die meisten der vorhandenen Mikroben (etwa 70...80 %) dieser Gattung angehören. Die besondere Wirkung dieser Gattung liegt darin, daß sie verstärkt eiweißabbauende Enzyme (Proteasen) bildet und damit wesentlich die Haltbarkeit und Qualität des Fleisches und auch der daraus hergestellten Erzeugnisse beeinflußt. Schon aus diesem Grunde ergibt sich die Forderung, daß nur Fleisch mit geringstem Mikrobenbefall zu gewinnen ist.

In direktem Zusammenhang damit steht die Bakterienzahl auf der Oberfläche schlachtfrischen Fleisches und die Zeit der Haltbarkeit bei gleichen Kühllagerbedingungen.

Die positive Bedeutung des niedrigen Anfangsmikrobengehalts wird sofort wieder aufgehoben, wenn im weiteren Verlauf der Fleischbearbeitung und -verarbeitung eine Rekontamination des Fleisches durch Kontakt mit den verschiedensten Handwerkszeugen, Maschinen, Geräten, der Arbeitskleidung sowie mit den Händen erfolgt. Beim Zerlegen der Schlachtkörper wird mit jedem Messerschnitt eine Vergrößerung der Fleischoberfläche geschaffen, und damit ist die Möglichkeit der Ansiedlung von Mikroorganismen verstärkt gegeben. Wird diese Arbeit in warmen Räumen ausgeführt, kommt es auf der Oberfläche des kühlen Fleisches umgehend zur Bildung von Kondenswasser. Dieses freie, ungebundene Wasser ist wiederum Grundlage für Wachstum, Vermehrung und Stoffwechsel der Mikroben. Daraus läßt sich die Forderung nach ununterbrochener Kühlkette ableiten. Aus Gründen der erschwerten Arbeitsbedingungen in Kühlräumen läßt sich das kaum oder gar nicht realisieren. Daher muß das zerlegte, zerkleinerte und dadurch wieder etwas erwärmte Fleisch erneut schnell abgekühlt oder umgehend verarbeitet werden. Besonders Fleisch für die Rohwurstproduktion muß nach der Zerlegung sofort einer intensiven und zügigen Abkühlung unterzogen werden. Die kurzfristige Erwärmung genügt bereits, um enzymatische Aktivitäten anzuregen und zu beschleunigen. Handelsfleisch, das durch den Transport erhöhten Temperaturschwankungen ausgesetzt ist, verliert dadurch sehr schnell an Frische und Qualität. Auch die Haltbarkeit ist herabgesetzt, wenn nicht schnell für eine kurzfristige, fachgerechte Zwischenkühlung, hygienische Verpackung und einen zügigen Warenumschlag gesorgt wird. Allein von der kältetechnischen Behandlung her betrachtet, trägt das Verkaufspersonal bei der Bereitstellung qualitativ einwandfreien Fleisches und einwandfreier Fleischerzeugnisse eine große Verantwortung gegenüber den Verbrauchern. Aus mikrobiologischer Sicht lassen sich für die Frischhaltung des Handelsfleisches folgende Forderungen ableiten:

- Das Fleisch ist sofort nach Anlieferung zu wiegen, aus den Transportbehältnissen zu entnehmen, kontaktfrei aufzuhängen und rasch auf 0 ... 4 °C abzukühlen.
- Das Verbrauchersortiment darf nur unmittelbar vor dem Verkauf zurechtgeschnitten werden.
- Die »Anordnung über den Verkehr mit Hackfleisch« vom 1. 9. 1973 ist strikt einzuhalten.
- In Fleischkühlräumen dürfen nur Fleisch und Fleischerzeugnisse gelagert werden.
- Für hygienische Bedingungen sowie für optimale kältetechnische Parameter in den Kühlräumen ist zu sorgen.
- Die durchgängige Einhaltung der Kühlkette ist zu gewährleisten, und mehrfacher Temperaturwechsel ist zu vermeiden.
- Alle Kontaktgegenstände, wie Messer, Hackbeile, Schnittbretter, Schüsseln und Tabletts, sind täglich zu reinigen und je nach Erfordernis, mindestens aber einmal wöchentlich, zu desinfizieren.
- Das Berühren des Fleisches mit den Händen ist auf ein Mindestmaß einzuschränken.
- Das Verkaufspersonal muß sich durch eine vorbildliche persönliche Hygiene auszeichnen.
- Preisschilder dürfen nicht in das Fleisch gestochen werden.
- Nach Ladenschluß ist nicht verkauftes Fleisch umgehend in den Kühlraum zu hängen und erneut intensiv zu kühlen.
- Der hygienischen Verpackung ist besondere Aufmerksamkeit zu schenken.
- Fleisch und Fleischerzeugnisse sind durch einen schnellen Warenumschlag so frisch wie möglich an den Verbraucher abzugeben.
- Die Kühlanlage ist ständig zu warten, zu pflegen und auf ihre Funktionstüchtigkeit zu prüfen.
- Im Kühlraum müssen ein Thermometer und ein Hygrometer vorhanden sein.
- Lufttemperatur, relative Luftfeuchte und Luftbewegung sollen folgende optimale Werte aufweisen:
  Lufttemperatur des Kühlraumes 0 ... 4 °C
  Relative Luftfeuchte   90 ... 95 %
  Luftbewegung   1 ... 0,2 m s^{-1}

Die kältetechnischen Verfahren (Bild 37) werden nach Temperatur, relativer Luftfeuchte und Luftbewegung, die auf das Kühlgut einwirken, unterschieden.

Abkühlen. Soll Fleisch für kürzere Zeiträume frisch gehalten werden, wird es rasch auf Kerntemperaturen von 0 ... 4 °C abgekühlt. Das Abkühlen ist ein komplizierter thermischer Prozeß, der sowohl die Abführung der Wärme aus dem Fleisch als auch die Verdampfung der Feuchtigkeit von der Fleischoberfläche umfaßt. Als die effektivste kältetechnische Form der Abkühlung von warmen Schlachtkörpern hat sich das Verfahren

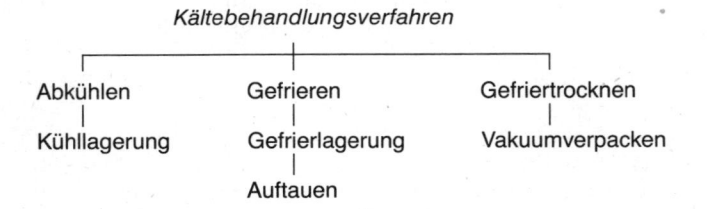

```
                    Kältebehandlungsverfahren
         ┌──────────────────┼──────────────────┐
    Abkühlen            Gefrieren         Gefriertrocknen
       │                    │                    │
   Kühllagerung        Gefrierlagerung      Vakuumverpacken
                            │
                        Auftauen
```

Bild 37. Einteilung der Kältebehandlungsverfahren

61

Tabelle 13. Technologische Parameter für die abgebrochene Schnellabkühlung

Schweinehälften			
Intensivkühlung	Dauer		2 h
	Lufttemperatur		$-8°C$
	Luftgeschwindigkeit		$2\ldots3\,ms^{-1}$
Nachkühlung	Dauer		$12\ldots14\,h$
	Lufttemperatur		$0\ldots-1°C$
	Luftgeschwindigkeit		$0{,}1\ldots0{,}2\,ms^{-1}$
Rinderhälften bzw. -viertel			
Intensivkühlung	Dauer		bis 5 h
	Lufttemperatur	– 1. Phase	$-5°C\,(2\,h)$
		– 2. Phase	$-3°C\,(3\,h)$
	Luftgeschwindigkeit in Keulenhöhe	– 1. Phase	$2\ldots3\,ms^{-1}\,(2\,h)$
		– 2. Phase	$1\,ms^{-1}\,(3\,h)$
Nachkühlung	Dauer		$14\ldots15\,h$
	Lufttemperatur		$0\ldots-1°C$
	Luftgeschwindigkeit		$0{,}1\ldots0{,}2\,ms^{-1}$

der Durchlaufkühlung nach dem Prinzip der *abgebrochenen Schnellabkühlung* in der Fleischwirtschaft bewährt und durchgesetzt. Für die abgebrochene Schnellabkühlung sind die in Tabelle 13 genannten Parameter verbindlich.

Auch beim Abkühlen von schlachtwarmem Blut, Innereien, Blutplasma, Schlachtabschnitten und einigen Schlachterzeugnissen, die für die industrielle Weiterverarbeitung bestimmt sind, muß die Wärme sehr schnell entzogen werden, da diese Rohstoffe teilweise noch günstigere Voraussetzungen für den mikrobiellen Verderb bieten als Fleisch im engeren Sinne.

Das kältetechnische Verfahren des Abkühlens spielt besonders im Bereich der Produktionsstufe Fleischgewinnung eine zentrale Rolle als Konservierungsverfahren, aber auch in den Nachfolgebereichen der Fleischwirtschaft wird der Wärmeentzug vielseitig genutzt, um Fleisch und Fleischerzeugnisse frisch zu halten und vor dem mikrobiellen Verderb zu schützen.

Kühllagerung. Für die kurzfristige Aufbewahrung von abgekühlten Erzeugnissen macht sich die Kühllagerung bei bestimmten klimatischen Verhältnissen erforderlich. Würde das nicht getan, wäre der Effekt des Abkühlens in relativ kürzester Zeit wieder aufgehoben, da das Kühlgut sehr schnell einem Wärmeaustausch mit der Umgebungstemperatur ausgesetzt wäre und sich dadurch wieder erwärmen würde. Optimale kältetechnische Parameter sind besonders beim Kühllagern von Fleisch und Fleischerzeugnissen unbedingt erforderlich. Schon geringe Schwankungen lösen sofort enzymatische Aktivitäten aus. Es kommt also bei der Kühllagerung darauf an, die durch hygienische Gewinnung, Be- und Verarbeitung sowie durch schnelles Abkühlen erreichte niedrige Mikrobenzahl zu halten bzw. zu senken. Aus Tabelle 14 sind die für eine fachgerechte Kühllagerung erforderlichen klimatischen Bedingungen zu entnehmen.

Die niedrigen Werte für die relative Luftfeuchte werden damit begründet, daß eine zu hohe Luftfeuchte mikrobielle Vorgänge begünstigt. Als Wachstumsgrenze gelten für

- Bakterien 91 %,
- Hefen 88 % und
- Schimmelpilze 80 %

relative Luftfeuchte. Andererseits bewirkt eine sehr niedrige relative Luftfeuchte, daß aus dem Kühllagergut viel Wasser verdunstet und in die Luft des Lagerraumes übergeht.

Tabelle 14. Klimatische Bedingungen für die Kühllagerung von Fleisch und Fleischerzeugnissen

Erzeugnis	Temperatur in °C	Relative Luftfeuchte in %
Rinderviertel	0...5	90
Schweinehälften	0...5	90...95
Kalbfleisch	0...5	90
Schaffleisch	0...5	90...95
Innereien	0...5	85...90
Wild	0...5	85
Geflügel	0...5	80...85
Rohfette	0...5	80...85
Kochwurst		
geräucherte Sorten	0...6	75...85
ungeräucherte Sorten	0...6	75...85
Touristenblutwurst	0...15	70...80
Brühwurst		
Rostbratwürste, roh	0...5	75...85
Rostbratwürste, gebrüht	0...5	75...85
Weißwürstchen	0...5	75...85
Aufschnittsorten	0...5	75...85
Halbdauerware	8...12	75...80
Dauerware	8...12	70...80
Rohwurst		
Frische Rohwurst	10...18	75...85
Halbdauerware	10...18	75...80
Dauerware	10...18	70...80
Aspikwaren	4...6	75...85
Fleischsalate	4...6	75...85
Luftgeschwindigkeit		$0,1...0,2\,\mathrm{ms^{-1}}$

Damit sind zwangsläufig hohe ökonomische Verluste (Kühllagerverluste) verbunden. Die Haltbarkeit des Fleisches während der Kühllagerung wird neben der Kühlraumtemperatur vorrangig vom Wassergehalt der Kühlraumluft beeinträchtigt. Der Wassergehalt der Luft entscheidet oft über den Erfolg der Kühllagerung und ist daher genauso zu beachten wie die Einhaltung optimaler Kühlraumtemperaturen.

Luft enthält in Abhängigkeit von der Temperatur und dem Luftdruck eine bestimmte Menge Wasser in Form von Dampf. Dieses auch als Sättigungsmenge bezeichnete Wasser wird in Gramm Wasserdampf je 1 m³ Luft gemessen und stellt gleichzeitig die maximale Luftfeuchte dar. Es entspricht einer 100%igen relativen Luftfeuchte sowie einer 100%igen absoluten Luftfeuchte. Aus Tabelle 15 sind die Werte des maximalen Wassergehalts der Luft zwischen $-24\,°C$ und $26\,°C$ zu entnehmen. Wie aus dieser Tabelle ersichtlich ist, besteht zwischen Temperatur und Luftfeuchte ein gesetzmäßiger Zusammenhang: Je höher die Temperatur, um so mehr Wasserdampf kann die Luft aufnehmen. Die Menge des maximalen Wasserdampfes in der Luft wird in der Praxis jedoch nicht direkt bestimmt, sondern es wird vorwiegend die relative Luftfeuchte gemessen. Kühlraumluft ist normalerweise nie restlos mit Wasserdampf gesättigt, sondern die Werte liegen fast immer unter der möglichen Höchstmenge. Die tatsächlich enthaltene Wasserdampfmenge in 1 m³ Kühlraumluft wird als absolute Luftfeuchte bezeichnet. Aus dem

Tabelle 15. Maximaler Wassergehalt in gesättigter Luft (Sättigungsmenge = 100 %ige absolute Luftfeuchte = 100 %ige relative Luftfeuchte = 100 %ige Luftfeuchte)

Temperatur in °C	Wassergehalt der Luft in g m^{-3}	Temperatur in °C	Wassergehalt der Luft in g m^{-3}
−24	0,63	+ 4	6,36
−22	0,76	+ 6	7,27
−20	0,91	+ 8	8,28
−18	1,07	+10	9,41
−16	1,27	+12	10,67
−14	1,25	+14	12,08
−12	1,81	+16	13,65
−10	2,15	+18	15,39
− 8	2,53	+20	17,32
− 6	2,99	+22	19,44
− 4	3,53	+24	21,81
− 2	4,14	+26	24,40
± 0	4,84		
+ 2	5,57		

Verhältnis der absoluten Luftfeuchte zur maximalen Luftfeuchte wird mit Hilfe der folgenden Formel die relative Luftfeuchte berechnet:

$$\text{Relative Luftfeuchte in \%} = \frac{\text{absolute Luftfeuchte in g H}_2\text{O m}^{-3} \text{ Luft}}{\text{maximale Luftfeuchte in g H}_2\text{O m}^{-3} \text{ Luft}} \times 100\,\%$$

Die relative Luftfeuchte wird in den Kühllagerräumen mit dem Hygrometer gemessen und in % ausgedrückt. Die Meßskale des Hygrometers gibt an, wieviel Prozent der in der Luft vorhandene Wasserdampf von der Sättigungsmenge ausmacht, die die Luft bei gleicher Temperatur enthalten könnte.
Für die berufliche Praxis ist es in diesem Zusammenhang von besonderer Bedeutung, die Ursache der Kondenswasserbildung zu kennen.
Kondensat bildet sich dann, wenn die Sättigungsgrenze für die maximale Wasserdampfmenge in der Luft überschritten wird oder wenn bei der bereits gesättigten Luft durch Senkung der Temperatur (Abkühlung) der sogenannte *Taupunkt* unterschritten wird. Der Taupunkt ist die Sättigungsgrenze für die maximale Wasserdampfmenge in der Luft bei normalem barometrischem Luftdruck und bei bestimmter Temperatur. Wird der Luft jedoch darüber hinaus mehr Feuchtigkeit zugeführt oder die Sättigungsgrenze (Taupunkttemperatur) durch Abkühlung der Luft unterschritten, bildet sich schlagartig Kondenswasser. In der Praxis ist das der Fall, wenn abgekühlte Erzeugnisse in wärmere Räume oder noch warme Erzeugnisse in Kühlräume gebracht werden. Im ersten Fall beschlagen z. B. die kalten Oberflächen der Schlachtkörper, des zerlegten Fleisches oder der Würste sofort, wenn diese Erzeugnisse zur weiteren Be- oder Verarbeitung oder zum Verkauf aus den Kühllagerräumen in wärmere Räume transportiert werden. Andererseits ist es ebenso verderbnisfördernd, wenn noch warme Schlachtkörper, Innereien, Blut und Fleischerzeugnisse in Kühlräume gebracht werden, in denen bereits schon stark abgekühlte Produkte hängen. Das noch warme Kühlgut gibt sofort Feuchtigkeit ab, wodurch die relative Luftfeuchte der Kühlraumluft ansteigt. Wird der Taupunkt

durch Übersättigung der Luft mit Feuchtigkeit erreicht, bildet sich Kondenswasser auf dem bereits abgekühlten Kühlgut. Es setzt umgehend die Aktivität der Mikroorganismen bzw. deren Enzyme selbst bei niedrigen Temperaturen ein, und als Folge der Stoffwechselvorgänge treten vielfältige Qualitätsminderungen auf. Deshalb ist die Bildung von Kondenswasser auf Fleisch und Fleischerzeugnissen unbedingt zu vermeiden. Durch exaktes Messen der Temperatur und der relativen Luftfeuchte in den Kühl-, Reife- und Arbeitsräumen sowie durch Einleitung der Maßnahmen, die der Senkung oder Erhöhung dieser beiden Einflußfaktoren dienen, kann der Kondenswasserbildung entgegengewirkt werden. Die Gegenmaßnahmen werden von drei Faktoren bestimmt:

- Oberflächentemperatur des zu kühlenden oder gekühlten Erzeugnisses,
- Temperatur der Umgebungsluft (Raumluft) und
- relative Luftfeuchte der Umgebungsluft (Raumluft).

Tabelle 16. Taupunkt-Tabelle (nach Belica)

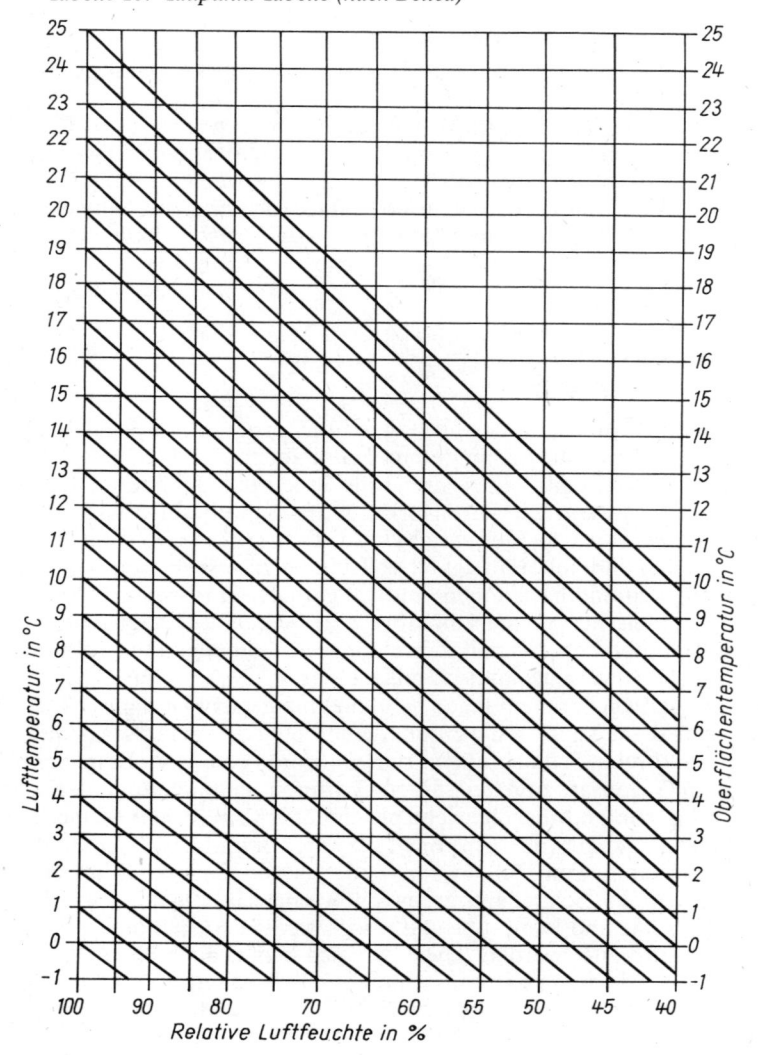

Ausgehend von diesen drei Faktoren können schnell und einfach mit Hilfe der »Taupunkt-Tabelle« der Taupunkt und die Kondensation des Wasserdampfes ermittelt werden (Tabelle 16). An zwei Übungsbeispielen soll die Arbeit mit der Taupunkt-Tabelle verdeutlicht werden:

Beispiel 1: Schweinehälften mit einer Oberflächentemperatur von 6°C werden zur weiteren Bearbeitung in den Zerlegeraum (18°C) transportiert. Welche relative Luftfeuchte darf im Zerlegeraum keinesfalls überschritten werden, damit es nicht zur Kondenswasserbildung auf den Hälften und den zerlegten Fleischstücken kommt?

Ableseübung: Ausgehend vom Schnittpunkt der beiden gegebenen Werte kann auf der Senkrechten oben der angenäherte Wert der relativen Luftfeuchte abgelesen werden.

Lösung: Die relative Luftfeuchte im Zerlegeraum darf höchstens 47 % betragen.

Beispiel 2: Brühwurst-Aufschnittware mit einer Oberflächentemperatur von 8°C wird aus dem Kühlraum in den Verkaufsraum gebracht. Dort zeigt das Hygrometer 51 % relative Luftfeuchte an. Bei welcher Temperatur bildet sich sofort Kondenswasser auf der Brühwurst?

Ableseübung: Ausgehend vom Schnittpunkt der beiden gegebenen Werte kann auf der Schrägen nach links oben der angenäherte Wert der Lufttemperatur des Verkaufsraumes abgelesen werden.

Lösung: Die Raumtemperatur des Verkaufsraumes darf höchstens 19°C betragen.

Gefrieren. Soll Fleisch für einen längeren Zeitraum haltbar gemacht werden, ist es zu gefrieren. Als effektivste Methode wurde das schlachtwarme Gefrieren (»Einphasen-Gefrieren«) von Schlachtkörpern entwickelt. Dabei werden die Schlachtkörper kontinuierlich durch einen Gefriertunnel befördert, in dem folgende klimatischen Bedingungen herrschen:

- Lufttemperatur $\quad -25 \ldots -35°C$,
- Luftgeschwindigkeit $\quad 2 \ldots 3 \text{ m s}^{-1}$,
- Einwirkungszeit $\quad 14 \ldots 22 \text{ h}$,
- Kerntemperatur $\quad -8°C$

Die früher praktizierte Methode des langsamen Gefrierens hatte zur Folge, daß einerseits große Abkühlverluste entstanden und zum anderen sich während des Wärmeentzugs zwischen den Muskelbündeln sehr große Eiskristalle bildeten. Diese dehnten sich aus und führten zu starken Zerstörungen des Muskelgewebes. Dadurch traten beim Auftauen große Dripverluste an Fleischsaft auf, da das zerstörte Gewebe nicht mehr in der Lage war, die sich bildende Flüssigkeit vollständig zu resorbieren. Dieses Fleisch war strohig und trocken und hatte einen deutlich geringeren Eiweißgehalt. Auch die Haltbarkeit solchen Fleisches war stark herabgesetzt. Wegen des hohen Anteils an ungebundenem Wasser traten sehr schnell Zersetzungserscheinungen auf, die durch enzymatisch-autolytische sowie enzymatisch-mikrobielle Prozesse verursacht werden. Heute treten diese negativen Erscheinungen nicht mehr in diesem Umfang auf, da die warmen Schlachtkörper schnell gefroren werden. Außerdem dürfen nur Schlachtkörper aus hygienisch einwandfreien Schlachtungen zum Gefrieren gelangen. Beim Schnellgefrieren bilden sich, im Gegensatz zum langsamen Gefrieren, bedingt durch den schnellen Wärmeentzug, im gesamten Muskelgewebe gleichmäßig verteilt sehr kleine, feinste Eiskristalle, und das Muskelgewebe wird nicht zerstört. Beim fachgerechten Auftauen wird der Zellsaft vollständig vom Zellgewebe wieder aufgenommen. Gefrorenes Fleisch, das nach dem Prinzip des Schnellgefrierens kältetechnisch behandelt wurde, ist von einwandfreier Qualität und kann – bis auf einige wenige Ausnahmen – zu allen Fleischerzeugnissen verarbeitet werden. Dieses Fleisch bedarf auch einer standardgerechten Gefrierlagerung, z. B. unter Lichtausschluß, um Fettoxidation zu vermeiden.

Während des Gefrierprozesses wird dem Fleisch und den Mikroben soviel Wärme entzogen, daß das Zellwasser in Eis überführt wird. Die Menge des gefrorenen Wassers ist von

Tabelle 17. Beziehung zwischen Temperatur und Eismenge

Temperatur in °C	−1,5	−2,5	−5,0	−10,0	−20,0	−32,5	−65,0
Menge des gefrorenen Zellwassers im Fleisch in % (abgerundeter Wert)	19	64	75	84	90	91	100

der Tiefe der Temperatur abhängig. Daher nimmt mit sinkender Temperatur auch die Eismenge im Fleisch zu (Tabelle 17).

Das gefrorene Zellwasser steht den Mikroben nicht mehr zur Aufrechterhaltung ihrer Lebensprozesse zur Verfügung. Der Vorgang des Ausgefrierens des Zellwassers stellt eine Senkung des a_w-Wertes dar, die sich hemmend auf die Stoffwechselleistungen der Mikroben auswirkt. Bei bestimmten Temperaturen noch nicht vollständig gefrorene Zellflüssigkeit ist dadurch gekennzeichnet, daß sich in ihr, je tiefer die Temperatur sinkt, immer mehr Mineralstoffe konzentrieren. Dadurch wirkt die Zellflüssigkeit neben dem Wärmeentzug auf die Mikroben ebenfalls stoffwechselhemmend.

Untersuchungen ergaben, daß der Stoffwechsel von Bakterien im allgemeinen bei $< -10\,°C$, von Hefen bei $< -12\,°C$ und von Schimmelpilzen bei $< -18\,°C$ fast völlig inaktiviert wird. Diese Erscheinung ist jedoch nicht allein auf die durch die Kälte ausgelöste Hemmung, sondern vielmehr auf die Senkung des a_w-Wertes durch das Ausfrieren des Wassers zurückzuführen. Mit zunehmender Kälte im Gefrierbereich sinkt der a_w-Wert des Fleisches. Die antimikrobielle Wirkung im Gefrierbereich des Fleisches geht folglich von den tiefen Temperaturen und dem niedrigen a_w-Wert etwa gleichstark aus.

Aus den genannten Gründen wird Gefrierfleisch aus mikrobiologischer Sicht bei $-18\ldots-25\,°C$ und darunter gelagert.

Gefrierlagerung. Sofort nach dem Überführen des schlachtwarmen Fleisches in den gefrorenen Zustand muß sich die Aufbewahrung in besonderen Gefrierlagerräumen anschließen. Dazu sind nur spezielle Gefrierlagerräume geeignet, die eine optimale Klimakonstanz gewährleisten. Für die Gefrierlagerung sind folgende klimatische Bedingungen verbindlich:

- Lufttemperatur $-18\ldots-25\,°C$,
- relative Luftfeuchte $95\ldots98\,\%$,
- Luftbewegung $< 0,1\ \mathrm{m\ s^{-1}}$

Die zulässigen Lagerzeiten sind Tabelle 18 zu entnehmen.

Haltbarkeit und Qualität stehen auch bei der Gefrierlagerung in direktem Zusammenhang mit der Art der Mikroflora und der Anzahl der Mikroben, die das Gefriergut besiedeln, sowie den vorhandenen klimatischen Lagerbedingungen.

Tabelle 18. Gefrierlagerzeiten für Schlachtkörper und Schlachtkörperteile

Gefrierlagergut	Lagerdauer in Monaten, höchstens
Rinderhälften und -viertel 1	9 bis 12
Rinderhälften und -viertel 2	7 bis 8
Rinderhälften und -viertel 1, schlachtwarm gefroren	12
Schweinehälften 1, 2 und 3	9 bis 12
Schaf 1	6 bis 9
Schaf 2	6 bis 7

So ist es während der Gefrierlagerung nur möglich, mit Hilfe sehr tiefer Temperaturen, mit einer niedrigen relativen Luftfeuchte und bei Einhaltung strenger hygienischer Zustände das Gefrierlagergut über Wochen und Monate dem mikrobiellen Verderb zu entziehen. Die Wirkung der Kälte gegenüber den Mikroben, mikrobiellen Enzymen und fleischeigenen Enzymen ist allerdings sehr unterschiedlich. Die Wirkung tiefer Temperaturen auf die von den Mikroben ausgeschiedenen Enzyme ist nicht so intensiv wie gegen die Mikroben selbst und die fleischeigenen Enzyme. Vor allem sind es die von den Mikroben ausgeschiedenen Proteasen und Lipasen, die auch bei einer einwandfreien Gefrierlagerung bei Temperaturen bis zu $-30\,°C$ Eiweiße und Fette, wenn auch langsam, noch abbauen. Ebenso kommt es während der Gefrierlagerung manchmal zur Vermehrung einiger Schimmelpilzarten auf der Oberfläche des Gefriergutes. Die Folgen der enzymatischen Aktivitäten machen sich durch sensorische Veränderungen, wie Gelbfärbung und Ranzigkeit des Fettes sowie dumpfig-muffigen Geruch und Geschmack des Gefrierfleisches, bemerkbar. Aus mikrobiologischer Sicht hat die Gefrierlagerung unter ständiger Kontrolle der klimatischen und hygienischen Bedingungen zu erfolgen. Die vorgegebenen Lagerzeiten dürfen keinesfalls überschritten werden.

Wird Gefrierfleisch nicht fachgerecht aufgetaut, werden die Vorteile einer hygienisch einwandfreien Schlachtung sowie der standardgerechten kältetechnischen Behandlung, wie Schnellgefrieren und Gefrierlagerung, zu einem großen Teil wieder aufgehoben. Je vollkommener der Vorgang des Auftauens gesteuert wird, um so besser ist die Qualität des Fleisches. Das Auftauen des Gefrierfleisches muß so langsam vor sich gehen, daß der aufgetaute Fleischsaft vollständig von den Zellen des Muskelgewebes wieder resorbiert wird. Dadurch bleiben dem Fleisch wertvolle Mineral- und Eiweißstoffe erhalten, treten keine Dripverluste auf und um so weniger freies, ungebundenes Wasser steht für enzymatisch-mikrobielle Aktivitäten zur Verfügung. Während des Transportes des Gefrierfleisches vom Gefrierlagerraum in den Auftauraum beschlägt bzw. bereift es an der Oberfläche, es bildet sich dabei freies Wasser. Ursache dafür ist, daß die Oberflächentemperatur des Gefrierfleisches unter dem Taupunkt der wärmeren Umgebungsluft liegt.

Wird beispielsweise Gefrierfleisch mit einer Oberflächentemperatur von $-10\,°C$ in einen Auftauraum eingebracht, ist die Raumluft ebenfalls zunächst auf $-10\,°C$ oder niedriger zu temperieren, damit es nicht zur Kondensatbildung kommt. Danach muß die Raumluft mit Hilfe von Heizgeräten langsam erwärmt werden, damit der Taupunkt verändert wird. Durch das Erwärmen bleibt zwar die absolute Luftfeuchte konstant, aber die relative Luftfeuchte und damit der Taupunkt verändern sich, und es kommt nicht mehr zum Beschlagen des Fleisches.

Durch umfangreiche Versuche wurden die klimatischen Bedingungen für einen optimalen Auftauvorgang ermittelt (Bild 38).

Das Auftauen ist aus mikrobiologischer Sicht eine Wiederherstellung günstiger Lebensbedingungen für die Mikroben.

Sind zum Zeitpunkt des Auftauens der Mikrobenbefall und die Menge des freien Wassers sehr hoch, entwickeln sich in der Folgezeit rasch und intensiv mikrobielle Stoffwechselvorgänge. Daher muß nach dem standardisierten Auftauen das Fleisch ebenso wie Frischfleisch kühl gelagert und umgehend be- und verarbeitet werden. Fachgerecht behandeltes Gefrierfleisch steht dem Frischfleisch in bezug auf Qualität und Verwendbarkeit in nichts nach.

In einigen Ländern ist es üblich, Frischfleisch auszulösen, nach Fleischwertsorten zu sortieren und in Blöcken zu gefrieren. Diese Variante hat den ökonomischen Vorteil, daß die zur Verfügung stehenden Gefrierlagerkapazitäten viel intensiver genutzt werden und der Fleischverarbeitung jederzeit abrufbereit ausgelöstes und sortiertes Fleisch zur Verfügung steht. Das gefrorene Blockfleisch wird mit Hilfe des Gefrierfleischschneiders vorzerkleinert und im gefrorenen Zustand im Schneidmischer zu Rohwurstmasse oder

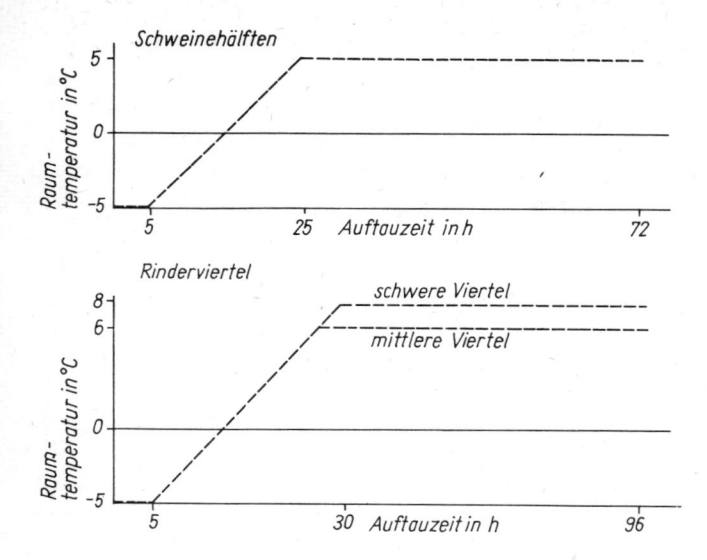

Bild 38. Auftauzeitpläne

zu Brühwurstbrät weiterverarbeitet. Der Auftauvorgang wird dann in die verschiedenen Phasen der Wurstherstellung verlagert. In der Brühwurst verbleibt das aufgetaute Wasser. Es wird vom Salz und den anderen Zusatzstoffen gebunden. Im Gegensatz dazu verdunstet bzw. sublimiert ein Teil des Eises aus der Rohwurstmasse während der Stabilisierungs- und Reifungsvorgänge. Doch auch bei der Verarbeitung von Gefrierfleisch kommt es darauf an, den klimatischen und hygienischen Bedingungen größte Aufmerksamkeit zu schenken, damit es nicht zu Rekontaminationen kommt.

11.3. Hitzekonservierung

Die Haltbarmachung mit Hilfe hoher Temperaturen ist in der Fleischwirtschaft sehr verbreitet. Das Einwirkenlassen von hohen Temperaturen auf Fleisch dient jedoch nicht ausschließlich der Haltbarmachung, sondern auch gleichzeitig der Verbesserung des Genußwertes. Durch die Hitzeeinwirkung wird das Fleisch »gar«, d. h., es verändern und verbessern sich Aroma, Saftigkeit, Konsistenz, Kaubarkeit und Verdaulichkeit.
Beim Garen erfolgen sowohl erwünschte als auch unerwünschte Stoffumwandlungsprozesse, die dem Fleisch, je nach Garverfahren, neue, sensorische Merkmale verleihen. Die »Gare« des Fleisches ist bisher objektiv noch nicht meßbar, sondern sie wird in der Fleischwirtschaft vorwiegend nur sensorisch anhand der Farbe im Fleischkern sowie nach Konsistenz und Kaubarkeit gemessen. Objektiv meßbar dagegen ist die durch das Garen erreichte Temperatur im Kern des Gargutes, die Auskunft über den Grad der Eiweißdenaturierung gibt. Die Einwirkungszeit einer ganz bestimmten Temperatur zum Erreichen der Gare ist sehr verschieden und hängt von vielen Faktoren ab.
Beispielsweise ist sie abhängig vom Anteil an Binde- und Fettgewebe sowie Wasser und von der Größe und Form des zu garenden Fleischstückes sowie vom Garverfahren. Die Garverfahren werden nach dem zur Wärmeübertragung genutzten Medium unterteilt (Bild 39a).
Allen Garverfahren ist gemeinsam, daß durch den Einfluß hoher Temperaturen Eiweiß denaturiert, Blut- und Muskelfarbstoff zerstört, Kollagen abgebaut und in Gelatine überführt, Fette geschmolzen, Vitamine zerstört und die Gewebestruktur vollkommen

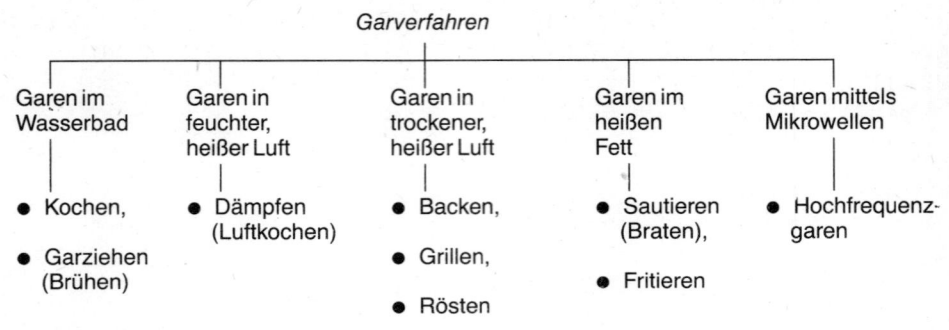

```
                              Garverfahren
    ┌──────────────┬──────────────┬──────────────┬──────────────┬──────────────┐
Garen im        Garen in        Garen in       Garen im       Garen mittels
Wasserbad       feuchter,       trockener,     heißen         Mikrowellen
                heißer Luft     heißer Luft    Fett
```

- Kochen,
- Garziehen (Brühen)

- Dämpfen (Luftkochen)

- Backen,
- Grillen,
- Rösten

- Sautieren (Braten),
- Fritieren

- Hochfrequenzgaren

Bild 39a. Einteilung der Garverfahren

verändert wird. Diese Veränderungen stellen einen sehr komplizierten biochemischen Prozeß mit komplexem Charakter dar.

Der Grad der Veränderungen, der durch die Hitzeeinwirkung hervorgerufen wird, ist vorwiegend bedingt durch die Höhe der Temperatur, die Einwirkungszeit, die Art des Wärmeübertragungsmediums, die Wärmeübergangszahl (ruhendes oder strömendes Medium) und durch die Menge der im Fleisch vorhandenen Flüssigkeit.

Alle sogenannten »feuchten« Garverfahren, wie Garziehen, Kochen oder Dämpfen, lösen im Gargut bedeutend bessere Genußwerteigenschaften aus als die »trockenen« Verfahren. So ist z. B. eine Brühwurst, die bei 75...78°C gegart wird, ernährungsphysiologisch wertvoller als ein Stück Fleisch, das in trockener, heißer Luft oder heißem Fett Temperaturen von 180...200°C ausgesetzt wurde. Das längere Einwirkenlassen von Temperaturen >85°C führt zu einer Verschlechterung der Verdaulichkeit der Eiweiße und auch der Fette. Mit zunehmender Temperatur des Wärmeübertragungsmediums (>100°C) und längerem Einwirken hoher Temperaturen verschlechtert sich der Genußwert des Garguts. Besonders die Verdaulichkeit und der Ausnutzungsgrad der Nährstoffe werden verringert. Außerdem wird durch den hohen Wasserverlust die Ausbeute gesenkt. Daher stellt gegenwärtig das Garen in feuchter, heißer Luft (Luftkochen) im Luftkochschrank bzw. Uni-Garschrank das effektivste und wirkungsvollste Garverfahren für Fleisch und Fleischerzeugnisse dar. Die Höhe des Anteils an denaturierten Eiweißen, vor allem Bindegewebseiweiße, kann als Gradmesser der Gare betrachtet werden. Je mehr dieser Eiweiße denaturiert sind, um so mehr wird der Zustand der Gare erreicht. Aus Tabelle 19 ist ersichtlich, wie hoch der Eiweißdenaturierungsgrad im Fleisch bei verschiedenen Temperaturen ist.

Wenn Temperaturen von etwa 65...70°C im Kern des Garguts erreicht worden sind, kann das Garen als abgeschlossen gelten. Im Temperaturbereich von 62...65°C verän-

Tabelle 19. Denaturierungsgrad der Fleischeiweiße (angenäherte Werte)

Temperatur in °C	Grad der Eiweißdenaturierung in %
40...50	55
50...60	96
60...70	98
70...90	99

dert sich die Struktur des Bindegewebseiweißes Kollagen völlig. Es wird in Gelatine überführt. Das hat zur Folge, daß im Muskelgewebe eine spürbare Konsistenzveränderung eintritt; das Fleisch wird weich, locker und saftig. Die Kaubarkeit und Verdaulichkeit werden dadurch in erheblichem Maße verbessert. Überhaupt wird der optimale Genußwert des Fleisches erst durch die Gare erreicht.

Die Wärmeeinwirkung hat aber auch zur Folge, daß sowohl die fleischeigenen als auch die mikrobiellen Enzyme in ihrer Wirksamkeit gehemmt bzw. fast vollständig ausgeschaltet werden. Der Grad dieser Inaktivierung hängt jedoch neben der Höhe der Gartemperatur auch vom pH-Wert, dem Reifegrad, dem Wassergehalt sowie dem Salz- und Nitritgehalt des Fleisches ab. Im allgemeinen werden die Enzyme im Temperaturbereich von 60...75 °C inaktiviert, wobei das für jedes Enzym verschieden ist. Beim Garen ist deshalb auch dafür zu sorgen, daß entsprechend hohe Kerntemperaturen erreicht werden. Die Ursache für das Unwirksamwerden der Enzyme liegt in der Eiweißdenaturierung begründet. Die Hitzeeinwirkung löst aber auch gleichzeitig eine Schädigung der Gene (DNS) der Mikrobenzelle aus, wodurch die Wirksamkeit des Zellorganismus geschwächt bzw. völlig aufgehoben wird. Alle Lebensprozesse der Zelle, wie Wachstum, Vermehrung und Stoffwechsel, sind jedoch stets an die Enzymwirksamkeit gebunden. Diese wiederum ist sehr stark abhängig vom Temperaturoptimum. Vegetative Bakterien, Hefen und Schimmelpilze sterben beim Überschreiten dieses Temperaturoptimums innerhalb bestimmter Einwirkungszeiten ab. Dagegen weisen Bakteriensporen eine ausgeprägte Hitzeresistenz auf, da sie in der Sporenwand über einen besonderen Schutzmechanismus gegen Wärmeeinwirkungen verfügen.

Es sterben jedoch nicht alle Mikrobenzellen beim Erreichen einer für sie tödlichen (letalen) Temperatur gleichzeitig ab, sondern die Abtötung ist ein von der Zeitdauer der Erhitzung abhängiger Vorgang. Das heißt, daß beim Einwirken einer konstanten letalen Temperatur innerhalb einer bestimmten Einwirkungszeit immer nur eine bestimmte Menge an Mikrobenzellen überlebt bzw. abstirbt. Daraus läßt sich ableiten, daß das Abtöten der Mikroben während der Hitzebehandlung einer ganz bestimmten logarithmischen Absterbeordnung unterliegt. An Hand der Tabelle 20 soll diese Gesetzmäßigkeit vereinfacht und anschaulich dargestellt werden. Wird D (Destruktionszeit) als Zeiteinheit (z. B. 5 min) während der Einwirkung einer konstanten letalen Temperatur betrachtet, so nimmt die Anzahl der Mikroben bei einem Anfangsgehalt von beispielsweise 10^5 wie angegeben ab.

Aus der logarithmischen Absterbeordnung läßt sich die Überlebenswahrscheinlichkeit einiger Mikroben mit sehr hoher statistischer Genauigkeit ableiten. Für die Praxis in der

Tabelle 20. Überlebensrate (Überlebenswahrscheinlichkeit) in Abhängigkeit von der Erhitzungsdauer

Erhitzungsdauer in min ($D = 5$ min)	Zahl der überlebenden Mikroben (Überlebenswahrscheinlichkeit)
0. $D = 0$	100 000
1. $D = 5$	10 000
2. $D = 10$	1 000
3. $D = 15$	100
4. $D = 20$	10
5. $D = 25$	1
6. $D = 30$	0,1
7. $D = 35$	0,01
8. $D = 40$	0,001

Fleischwirtschaft heißt das, daß die zum Erreichen eines sterilen Erzeugnisses notwendige Erhitzungszeit von der Anfangs- bzw. Ausgangsmikrobenzahl abhängig ist. So muß ein Erzeugnis mit hohem Keimgehalt länger einer konstanten letalen Temperatur unterzogen werden als Erzeugnisse, die aus einer hygienisch einwandfreien Produktion stammen. Wird beispielsweise eine Abtötungsquote von 99% bei unterschiedlichem Anfangskeimgehalt, aber gleicher Hitzeeinwirkung angenommen, ergeben sich folgende Restkeimzahlen (Bild 39b):

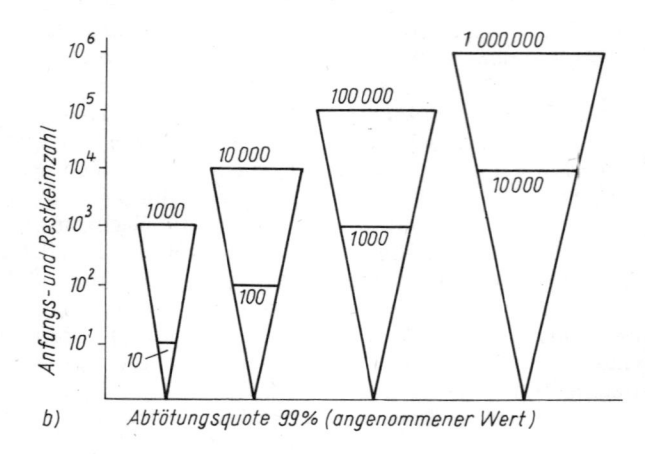

Bild 39b. Überlebensquote von Mikroorganismen in Abhängigkeit vom Anfangskeimgehalt

Andererseits läßt die logarithmische Absterbeordnung den Schluß zu, daß es unter normalen praktischen Bedingungen nicht ohne weiteres möglich ist, ein völlig mikroorganismenfreies, also steriles Erzeugnis durch Hitzeeinwirkung zu gewinnen. Die Absterberate wird jedoch nicht ausschließlich von der Dauer des Einwirkens letaler Temperaturen bestimmt, sondern es spielen auch noch einige andere Faktoren eine Rolle, die es bei der Hitzekonservierung zu beachten gilt. So ist beispielsweise das Alter der Mikrobenzelle ein Faktor, der die Hitzeresistenz beeinflußt. Junge Zellen und auch junge Sporen sind viel hitzeempfindlicher als ältere Organismenzellen und Sporen. Im Gegensatz zu den vegetativen Mikroben enthält die Zellwand älterer, ausgereifter Sporen einen hohen Gehalt an Dipikolinsäure und Calcium, was sie gegen hohe Temperaturen resistent macht.

In starkem Maße wirkt sich auch die chemische Zusammensetzung des Substrats, auf oder in dem sich die Mikroben befinden und entwickelt haben, auf die Widerstandsfähigkeit aus. Nährstoff- und Wassergehalt, Art und Menge der Mineralstoffe, pH-Wert und nicht zuletzt die von den Mikroben abgesonderten Stoffwechselprodukte beeinflussen die Hitzeresistenz. Feuchte Hitze vertragen die Mikroben viel schlechter als trockene. Sie sterben bei der Einwirkung von heißem Dampf und bei niedrigeren Temperaturen viel rascher als bei trockener Heißluftsterilisation.

Der pH-Wert des Substrats übt ebenfalls einen oft unterschätzten Einfluß auf die Hitzeresistenz aus. Fleischerzeugnisse mit pH-Werten von 6 bis 7 bieten den Mikroben die höchste Widerstandsfähigkeit. Beispielsweise sterben Bakteriensporen bei 120°C und pH 6,1 erst nach 18 min Einwirkungszeit ab. Wird der pH-Wert auf 5,0 gesenkt, sterben dieselben Spezies ebenfalls bei 120°C bereits schon nach etwa 7 min Einwirkungszeit ab. Daraus läßt sich ableiten, daß sich Fleischerzeugnisse mit pH-Werten unter 6 in kürzerer Zeit sterilisieren lassen als die mit höheren Werten.

Auch der Gehalt an Speisesalz (NaCl) beeinflußt die Hitzeresistenz. Salzzugaben bis zu 3 % zum Rohstoffeinsatz, wie sie in der Fleischwirtschaft üblich und auch standardisiert

sind, bewirken allerdings meist eine Zunahme der Widerstandsfähigkeit gegenüber hohen Temperaturen, vor allem bei den Sporen. Höhere Salzkonzentrationen lösen eine Verringerung der Widerstandsfähigkeit aus. Schutz gegen hohe Temperaturen bieten den Mikroben besonders starke Konzentrationen von Kohlenhydraten, Fetten und Eiweißen. Substrate mit geringen Anteilen dieser Nährstoffe bewirken dagegen immer eine Schwächung der Widerstandsfähigkeit und Erhöhung der Absterbegeschwindigkeit.
Beim Abtöten der Mikroben spielen nicht nur die genannten Faktoren eine Rolle, sondern auch die spezifische Hitzeresistenz der Mikroorganismen ist sehr verschieden. Vegetative Bakterienzellen sterben bei Temperaturen von 65...75°C und Einwirkungszeiten von etwa 10 min ab. Schimmelpilze vertragen Temperaturen bis zu 90°C, ehe sie absterben. Dagegen sind Hefen etwas hitzeempfindlicher. Sie sterben schon bei 50...60°C ab.
Gegenüber vegetativen Zellen sind Sporen erheblich hitzeresistenter. Dazu zählen besonders die Sporen der Gattungen *Bacillus* und *Clostridium*. Sie verursachen in der Konservenindustrie großen ökonomischen Schaden. Bei nicht vollständiger Vernichtung dieser Sporen kann es zum mikrobiellen Verderb der Konserven kommen. Ganz besonders gefährlich ist *Clostridium botulinum*, dessen Toxine tödlich wirken können. Daher ist auf seine Abtötung während der Hitzekonservierung von Konserven streng zu achten.
In der Fleischwirtschaft werden als praktische Verfahren der Hitzebehandlung vorwiegend das *Sterilisieren* und das *Pasteurisieren* angewendet.
Beim *Sterilisieren* kommt es darauf an, im Konserveninhalt Kerntemperaturen $> 120\,°C$ zu erreichen. Bei Anwendung so hoher Temperaturen werden alle vegetativen und der überwiegende Teil der widerstandsfähigen Sporen abgetötet. Einige Sporenarten vertragen allerdings selbst mehrstündiges Kochen. Erst bei Temperaturen $> 180\,°C$ und Normaldruck oder Temperaturen $> 120\,°C$ und Überdruck von 0,1...0,2 MPa sowie standardisierten Einwirkungszeiten werden die Sporen vernichtet. Aus diesem Grunde werden Konserven in sogenannten Autoklaven, das sind druckfeste Stahlbehälter, hitzebehandelt, in denen Überdruck und hohe Temperaturen eine ganz bestimmte Zeit auf den Konserveninhalt einwirken müssen, damit sterile und damit lange haltbare Erzeugnisse (Konserven) entstehen. Diese Art der Hitzebehandlung unter Überdruck wird als *Autoklavieren* bezeichnet. Einige sensorische Veränderungen des Konserveninhalts müssen dabei allerdings in Kauf genommen werden.
Beim *Pasteurisieren* werden Temperaturen $< 100\,°C$ angewendet, so daß die vegetativen Mikroorganismen abgetötet werden, aber die Sporen unbeschadet bleiben. Das Pasteurisieren wird in der Praxis der Fleischwirtschaft zum Garen und Konservieren der meisten thermisch behandelten Fleischerzeugnisse angewendet. Es ist ein schonendes Hitzebehandlungsverfahren. Brühwurst, Kochwurst oder Garfleischwaren werden dabei im Wasserkessel, Garschrank oder im Heißrauch Temperaturen von 75...85°C ausgesetzt, so daß im Gargut Kerntemperaturen von 65°C (besser jedoch 75°C) erreicht werden. Diese Temperaturbereiche sind erforderlich, um das Garwerden und eine kurzzeitige Haltbarkeit der Erzeugnisse zu erlangen. Unmittelbar nach der Hitzekonservierung sind die Erzeugnisse weiteren Konservierungsmaßnahmen, wie Räuchern und Kühllagerung, zu unterziehen. Pasteurisierte Erzeugnisse sind wegen ihres mikrobiellen Status für den alsbaldigen Verbrauch bestimmt. Durch die Anwendung relativ niedriger Temperaturen treten auch nur geringe Garverluste auf. Dadurch bleiben dem Gargut wichtige, wertbestimmende Inhaltsstoffe erhalten, und die Ausbeuteergebnisse werden positiv beeinflußt.
Tyndallisieren. Das Tyndallisieren ist im eigentlichen Sinne ein zweimaliges Pasteurisieren. Es wird deshalb auch als »Fraktioniertes Sterilisieren« bezeichnet. Das Besondere dieses Verfahrens besteht darin, daß Konserven zunächst Temperaturen $< 100\,°C$ ausgesetzt werden. Die Auswirkungen sind: es sterben die vegetativen Mikroben ab, die hitze-

beständigen Sporen bleiben jedoch erhalten. Um diese Sporen zum Auskeimen zu bringen, werden die Konserven auf 20...25 °C abgekühlt und bei dieser Temperatur ein bis zwei Tage gelagert. Danach erfolgt eine zweite Pasteurisierung. Die ausgekeimten Sporen, die nun als vegetative Mikroben vorhanden sind, werden dadurch abgetötet.
In der Praxis zeigte sich allerdings, daß nicht alle Sporen auskeimen, sondern viele noch in der Konserve zurückbleiben. Ursache dafür ist, daß Sporengemische vorhanden sind, die nicht einheitlich auskeimen. Fehlproduktionen bleiben daher nicht aus. Aus diesem Grunde konnte sich das Tyndallisieren in der Konservenproduktion nicht völlig durchsetzen. Als nachteilig erweist sich ferner, daß bei diesem Konservierungsverfahren ein hoher Zeitaufwand und viel Energie erforderlich sind.
Aus Tabelle 21 ist ersichtlich, welche Wirkungen die verschiedenen Temperaturen auf die Mikroorganismen ausüben.

Tabelle 21. Einfluß der Temperatur auf die Mikroorganismen

Temperatur in °C	Wirkung auf die Mikroorganismen
> 130	Abtöten aller vegetativen Mikroben und der Sporen thermophiler Sporenbildner
121...130	Abtöten aller vegetativen Mikroben und der Sporen mesophiler Sporenbildner
85...100	Abtöten der vegetativen Zellen der Bakterien und Schimmelpilze sowie einiger Arten von Sporen mesophiler Mikroben und der Askosporen der Hefen, aber auch von psychrophilen Sporenbildnern
65... 75	Abtöten der meisten vegetativen Bakterienzellen, Sporen bleiben vorwiegend erhalten
50... 60	Abtöten der vegetativen Hefezellen
15... 65	Temperaturoptimum der Mikroben
5...−5	Deutliche Hemmung der meisten mikrobiellen Vorgänge
−10	Bakterien stellen weitgehend ihre Aktivitäten ein
−12	Hefen stellen weitgehend ihre Aktivitäten ein
−18	Schimmelpilze stellen weitgehend ihre Aktivitäten ein
< −21	Mikrobiell-enzymatische Stoffwechselprozessse werden in sehr starkem Maße verlangsamt
−60	Bei optimalen Umweltbedingungen treten keine mikrobiell-enzymatischen Stoffwechselvorgänge im Fleisch mehr auf

Die Wirkung der verschiedenen Temperaturen auf die Mikroorganismenzelle ist stets von folgenden Faktoren abhängig:

- Höhe der Temperatur,
- Einwirkungszeit (bei Temperaturen über 100 °C die Druckverhältnisse),
- Art und Anzahl sowie Alter der vegetativen Organismenzellen und der Sporen,
- chemische Beschaffenheit des Substrates.

Aus dieser Aufzählung ist ersichtlich, daß ein und dieselbe Temperatur in ihrer mikrobiologischen Wirksamkeit sehr unterschiedlich sein kann.

11.4. Salzkonservierung

Speisesalz (NaCl) spielt als Würz- und Konservierungsmittel im Leben des Menschen seit Jahrtausenden eine große Rolle. Es ist das wichtigste Würzmittel, das in aller Welt für fast alle Speisen verwendet wird. Neben der geschmacklichen Beeinflussung der Speisen hat es auch physiologische Wirkungen bei Mensch und Tier. Es muß mit der täglichen Nahrung dem Organismus in ausreichender Menge zugeführt werden, da es im Körper eine Reihe wichtiger Funktionen zu erfüllen hat.
Auch zum Konservieren von Fleisch, Fisch und Gemüse wird es seit jeher mit Erfolg angewendet. In der Fleischwirtschaft ist Speisesalz zweifellos das wichtigste chemische Konservierungsmittel. Die meisten Fleischerzeugnisse werden mit Hilfe von Speisesalz konserviert. Die Methoden des Salzens sind verschieden. Wurstwaren wird Salz in einer Konzentration von 2,0...2,6% direkt zugesetzt. Im Gegensatz dazu wird beispielsweise Speck entweder direkt in eine Salzpackung (Trockensalzung) oder in eine Salzlake (Naßsalzung) eingelegt. In beiden Fällen gelangen höhere Salzkonzentrationen als bei Wurstwaren zur Anwendung, wodurch sich auch ein größerer Konservierungseffekt ergibt.
Mit steigender Salzkonzentration wird zunächst die Inaktivierung salzempfindlicher Mikroorganismen erreicht, und erst bei Konzentrationen > 15 % wird die gesamte Mikroflora des Salzgutes unterdrückt oder völlig ausgeschaltet. Niedrige Salzzugaben (2...3%) können auf bestimmte Gruppen von Mikroorganismen sogar stimulierend wirken. Am stärksten werden durch das Salz gramnegative, stäbchenförmige Bakterien gehemmt. Das trifft vor allem auf viele Gattungen der Familie *Enterobacteriaceae* zu. Mikroorganismen der Familien *Micrococcaceae* und *Lactobacillaceae* werden durch das Salz nur wenig betroffen. Generell kann eine Hemmung des Wachstums von Mikrobenzellen ab einer Konzentration von 5...8% und das Absterben bei 15...18% beobachtet werden. Nur einige Spezies vertragen noch höhere Salzkonzentrationen. Diese *halophilen* Bakterien können großen Schaden bei mit Salz behandelten Erzeugnissen, wie Speck, Därmen, Rohhäuten und Fleischerzeugnissen, anrichten, da sie eine ausgeprägte Salzresistenz entwickeln. Im allgemeinen sind Bakterien gegen Natriumchlorid empfindlicher als Hefen und Schimmelpilze.
Die Wirkung des Salzes auf Mikroorganismen ist komplexer Natur. In erster Linie bindet es eine beachtliche Menge an freiem Wasser, was eine Veränderung des a_w-Wertes zur Folge hat (Tabelle 22). Die Veränderung der Wasseraktivität wirkt sich wiederum nega-

Tabelle 22. Kochsalzlaken und deren Wasseraktivität (a_w-Wert)

Salzkonzentration in Masse-%	a_w-Wert
0,9	0,995
1,7	0,99
3,5	0,98
5,0	0,97
6,0	0,96
7,0	0,95
8,0	0,94
10,0	0,92
13,0	0,90
16,0	0,88
19,0	0,86

tiv auf die Aktivitäten der Mikroorganismen aus. Salz entzieht aber nicht nur dem Fleisch, sondern auch der Mikrobenzelle Wasser. Das wirkt sich in gleichem Maße nachteilig auf die autolytisch wirkenden Enzyme des Fleisches und die mikrobiellen Enzyme aus. Somit wird der Verderb des mit Salz behandelten Produkts durch die Störung des Enzymsystems verzögert. Werden Produkte in eine Salzlake gelegt, kommt es zur Herausbildung eines osmotischen Druckgefälles zwischen der Salzkonzentration der Lake und des Fleisches. Im Laufe der Zeit gleichen sich diese annähernd aus, d. h., die Salzkonzentration im Fleisch nimmt zu, und die in der Lake nimmt ab. Damit verbunden läßt die Wirkung der Lake nach und die des Salzes kommt im Innern des Gutes verstärkt zur Geltung.

Die Wirkung des Salzes gegenüber Mikroorganismen liegt insbesondere in der Toxizität der Natrium- und vor allem der Chlorionen begründet. Die Ionen des Chlors und des Natriums diffundieren in die Zellen der Mikroorganismen und stören damit empfindlich den Zellmechanismus. Gleichzeitig gehen gelöste Eiweiß-, Extraktiv- und Mineralstoffe sowie andere für den Organismus lebenswichtige Verbindungen in die Lake über. Diese Vorgänge führen dazu, daß deren Funktionen bei niedrigen Salzkonzentrationen erheblich gestört und bei Konzentrationen > 15 % fast völlig zum Erliegen kommen. Sie führen in der Regel zum Absterben der Zelle.

Ein weiterer Konservierungseffekt besteht darin, daß die in Salzlaken vorhandenen Vertreter der Gattungen *Micrococcus* und *Lactobacillus* besonders intensiv das Wachstum und den Stoffwechsel fäulniserregender Bakterien unterdrücken.

Die Wirksamkeit der Salzkonservierung hängt aber nicht nur allein von der Konzentration des Salzes ab, sondern auch vom pH-Wert des Salzgutes, der Temperatur und vor allem dem Anfangskeimgehalt.

Nur Salzgut, das aus einer hygienisch einwandfreien Schlachtung stammt und einen niedrigen Anfangskeimgehalt hat, bei Temperaturen < 5 °C gelagert und in eine Salzpackung oder in eine hochprozentige Lake eingelegt wird, weist einen ausgeprägten Konservierungseffekt auf.

Das Salz löst im Salzgut aber auch einige Nebenwirkungen aus, die nicht in jedem Falle erwünscht sind. Vor allem fördert es die Oxidation des roten Muskelfarbstoffes Myoglobin zum graubraunen Metmyoglobin (Bild 40). Dieser Effekt ist wegen der unschönen Färbung des Fleisches nicht erwünscht. Deshalb verwendet man Stein- oder Siedesalz in der Fleischwirtschaft vorrangig nur zum Konservieren von Erzeugnissen, wie Speck, Därme und Rohhäute, bei denen das Myoglobin fehlt oder nur in ganz geringer Menge vorkommt, so daß es deshalb nicht zur Bildung des graubraunen Metmyoglobins kommen kann. Eine andere Nebenwirkung des Salzes im Gut äußert sich darin, daß zwar höhere Salzzugaben den Konservierungseffekt erhöhen, aber die Erzeugnisse bis zur Genußuntauglichkeit »versalzen« können. Daher müssen Erzeugnisse, wie Speck und Därme, die mit sehr hohen Salzkonzentrationen konserviert wurden, vor der weiteren

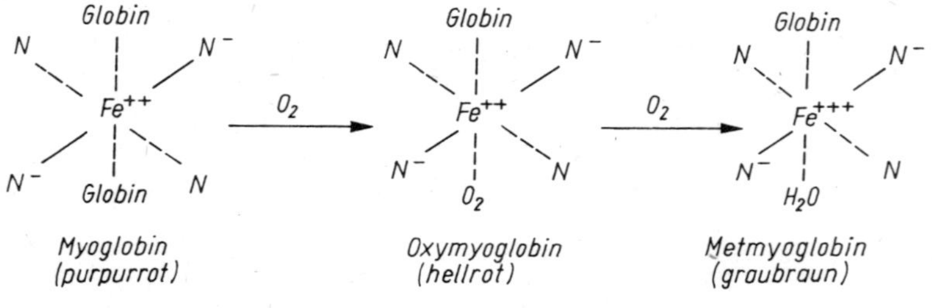

Bild 40. Bildung des Metmyoglobins

Verarbeitung gewässert werden. Das erfolgt einige Stunden unter fließendem kaltem Wasser. Anders verhält es sich bei den Fleischerzeugnissen, denen relativ geringe Salzmengen zugesetzt wurden und die während der verschiedenen Herstellungsphasen oder durch längere Lagerung große Mengen an Wasser abgegeben haben. Der Salzgehalt ist dadurch in den Erzeugnissen angestiegen. Das hat zur Folge, daß der Konservierungseffekt steigt, aber auch der Salzgeschmack kräftiger wird. Bei den meisten Erzeugnissen läßt sich der Salzgehalt auch durch Wässern nicht mehr senken.

11.5. Konservierung mit Nitritpökelsalz

Das Pökeln von Fleischerzeugnissen ist ein in der Fleischwirtschaft praktiziertes Haltbarmachungsverfahren, das zur Herstellung von Fleischerzeugnissen mit einem arteigenen Pökelaroma, einer roten, kochfesten Pökelfarbe, der charakteristischen Pökelreifung, einer erzeugnisspezifischen Konsistenz und je nach Pökelverfahren unterschiedlicher Haltbarkeit dient. Beim Pökeln wird im Gegensatz zum Salzen das Nitritpökelsalz zum Erreichen eines hohen Pökeleffekts verwendet. Nitritpökelsalz ist ein Gemisch aus Stein- oder Siedesalz, dem 0,4...0,5% Natriumnitrit ($NaNO_2$) zugesetzt sind. Gewinnung, Kennzeichnung, Lagerung und Verwendung von Nitritpökelsalz unterliegen strengen gesetzlichen Regelungen (AO über Nitritpökelsalz).

Neben dem Pökelsalz gelangen sehr oft noch Zusatzstoffe, wie Zucker, Zuckerstoffe, Gewürze, Ascorbinsäure sowie fertige Mischungen aus diesen Stoffen, zur Anwendung.

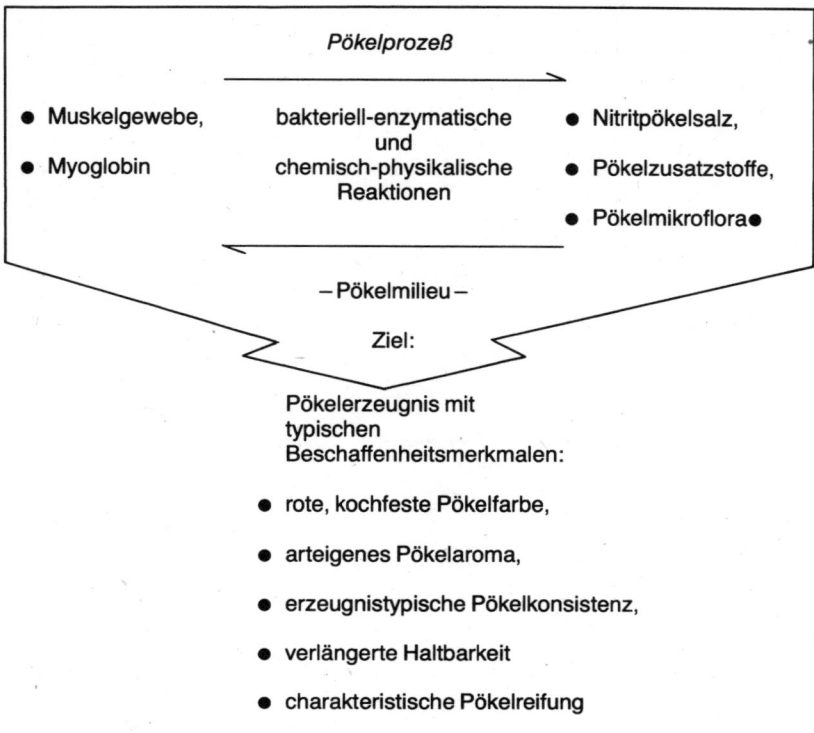

Bild 41. Schematische Darstellung des Pökelns

Auch Mikroorganismenkulturen werden in jüngster Zeit verstärkt eingesetzt. Alle diese Pökelzusatzstoffe dienen fast ausschließlich dem Zweck, den Pökelprozeß zu beschleunigen und die dabei erzielten positiven Veränderungen zu stabilisieren. Außerdem sollen mit Hilfe der Zusatzstoffe diese Veränderungen durch eine *gezielte* Prozeßsteuerung erreicht und damit Fehlproduktionen vermieden werden.

Das Pökeln von Fleischerzeugnissen ist ein komplexer physikalischer, chemischer und mikrobiologischer Prozeß, bei dem es zu Wechselwirkungen zwischen dem Fleisch einerseits und dem Pökelsalz, den Pökelzusatzstoffen und der Pökelmikroflora andererseits kommt. Im Ergebnis des Pökelprozesses werden im Fleisch eine Reihe von erwünschten Wirkungen und Veränderungen erzielt, die dem Fertigerzeugnis ein arteigenes Gepräge verleihen (Bild 41).

Während beim Salzen die Veränderungen im wesentlichen allein vom Salz und dessen Einwirken auf das Salzgut ausgelöst werden, wirken beim Pökeln weitere Faktoren zusätzlich auf das Pökelgut ein. Der konservierende Einfluß des Nitritpökelsalzes, nämlich die bakteriostatische und bakterizide Wirkung, geht auch beim Pökeln vorwiegend von den Natrium- und Chloridionen aus. Salz ruft zunächst, unabhängig von der Art der Pökelmethode, den typischen Salzgeschmack im Pökelgut hervor. Die Intensität dieses Geschmacks kann je nach Erzeugnis mild oder mäßig salzbetont bis salzscharf sein. Die Salzkonzentration in den Fertigerzeugnissen ist sehr unterschiedlich; sie ist für jedes Erzeugnis standardisiert. Der Pökeleffekt ist jedoch nicht nur von der Menge des zugesetzten Pökelsalzes abhängig, sondern auch von den Faktoren Lakekonzentration, Verhältnis von Pökellake : Pökelgut, Art des Pökelgutes, Pökeldauer, Reifezustand des Pökelgutes und Pökeltemperatur.

Salzgehalt der Lake. Pökellaken sind Lösungen, die aus Wasser, Pökelsalz und evtl. verschiedenen Pökelzusatzstoffen bestehen. Ihre Salzkonzentration kann entweder mit Hilfe von Tabellenwerten oder Lakespindeln (Aräometer), die nach Baumégraden (°Bé) eingeteilt sind, ermittelt werden. Pökellaken werden in der Praxis entweder auf der Berechnungsbasis Masseprozent (Masse-%) oder Baumégrade (°Bé) hergestellt und eingesetzt. Gebrauchte Laken können schnell mit dem Aräometer auf ihren Salzgehalt hin überprüft werden. Der Nitritgehalt ist allerdings damit nicht zu ermitteln. Zwischen den Pökelsalzmengen, die für die Herstellung sehr starker Laken erforderlich sind, bestehen zwischen °Bé und Vol.-% Unterschiede. Diese sind in der Praxis zu beachten, da sie sich sonst im Fertigerzeugnis geschmacklich stark auswirken. Aus den Tabellen 23 und 24 ist ersichtlich, welche Mengen an Pökelsalz erforderlich sind, um Pökellake nach vorgegebenen Baumégraden oder Masse-% herzustellen.

Tabelle 23. Die zur Herstellung einer bestimmten Lakekonzentration in °Bé erforderliche Pökelsalzmenge

°Bé	Pökelsalzmenge in kg je Liter Wasser
8	0,086
10	0,112
12	0,138
14	0,166
16	0,198
18	0,231
20	0,265
22	0,302
24	0,341

Tabelle 24. Die zur Herstellung einer bestimmten Lakestärke in Masseprozent (Masse-%) erforderliche Pökelsalzmenge

Masse-%	Pökelsalzmenge in kg je Liter Wasser
8	0,087
10	0,111
12	0,136
14	0,163
16	0,191
18	0,220
20	0,250
22	0,282
24	0,316

Tabelle 25. Umrechnung der Masseprozente einer Pökelsalzlake in Baumégrade und umgekehrt

Masseprozente	Baumégrade	Baumégrade	Masseprozente
10	9,9	10	10,1
12	11,8	12	12,2
14	13,7	14	14,3
16	15,5	16	16,5
18	17,4	18	18,7
20	19,2	20	20,9
22	20,9	22	23,2
24	22,7	24	25,5

Unter Verwendung der Tabelle 25 ist es möglich, schnell und einfach Masseprozente einer Pökellake in Baumégrade und umgekehrt umzurechnen.

Wie beim Salzen, so wird auch beim Pökeln dem Fleisch Wasser entzogen. Dadurch wird der a_w-Wert des Pökelgutes so gesenkt, daß salzempfindliche Mikroorganismen ihr Wachstum einstellen, an Wirksamkeit verlieren oder sogar absterben. Werden Pökelrohlinge in Lake eingelegt oder spritzt man diese mit Druck in das Gewebe ein, nimmt zunächst das Muskelgewebe Wasser auf. Dieser Vorgang ist zeitlich begrenzt und hängt von der Salzkonzentration der Pökellake ab, denn danach wird das aufgenommene Wasser wieder abgestoßen. Die Aufnahme und Abgabe von Wasser hängt mit dem Wasserbindevermögen und den Quellungseigenschaften der Muskelfasern zusammen, die salzabhängig sind. Das Wasserbindevermögen (WBV) und die Quellung nehmen bis zu einer Salzkonzentration von etwa 5...10% im Pökelrohling zu. Bei diesen Salzkonzentrationen erreicht dann das WBV sein Maximum, und es tritt eine umgekehrte Reaktion ein, indem Wasser von den Muskeleiweißen abgestoßen wird. Damit ist eine Entquellung der Muskelfasern verbunden (Bild 42).

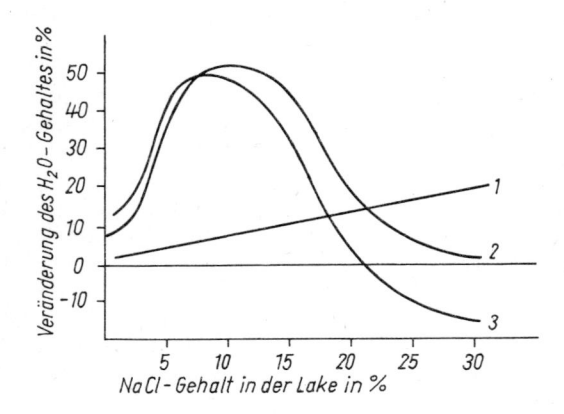

Bild 42. Änderung des Wassergehalts im Pökelgut in Abhängigkeit von der Pökelsalzkonzentration in der Pökellake (nach *Callow*)
(1) Kochsalzgehalt im Fleisch   (2) Massezunahme   (3) Wasseraufnahme

Die Ursachen für diese chemisch-physikalischen Vorgänge liegen in den Reaktionen, die sich zwischen den Salzionen und den Muskeleiweißen abspielen, begründet. Infolge dieser Reaktionen kommt es auch zu Eiweißdenaturierungsprozessen der Muskeleiweiße, wodurch das Wasserbindevermögen nachläßt. Für die Praxis bedeutet das, daß Pökelsalzkonzentrationen von etwa 5...10% quellend und damit wasserbindend wirken. Höhere Salzkonzentrationen lösen dagegen eine Entquellung des Pökelgutes aus, was mit einer Wasserabgabe und damit höheren Verlusten verbunden ist.

Verhältnis Pökellake : Pökelgut. Für die Erzielung eines guten Pökeleffekts ist das Verhältnis Pökellake : Pökelgut von praktischer Bedeutung. Ist der Masseanteil Pökellake im Verhältnis zu dem des Pökelgutes zu hoch und die Lake außerdem noch konzentriert, kann das Pökelerzeugnis zu salzscharf schmecken. Ist dagegen der Masseanteil Lake zu niedrig, besteht die Gefahr, daß das Pökelgut nicht vollständig durchpökelt. Die eingesetzte Pökelsalzmenge reicht dann nicht aus, um eine vollständige Umrötung und Konservierung zu gewährleisten. Außerdem schmeckt ein solches Erzeugnis fade. Fehlprodukte sind in diesem Falle dann oft die Folge. Gerade bei Pökelerzeugnissen ist das mit erheblichen ökonomischen Verlusten verbunden. Als optimales Verhältnis von Pökellake : Pökelgut kann 1 : 1...1 : 2 angesehen werden. Das bedeutet, daß auf einen Teil Pökellake ein bis höchstens zwei Teile Pökelgut zu rechnen sind. Die Massezunahme der Pökelrohlinge sollte durch das Einspritzen von Lake je nach Art des Erzeugnisses zwischen 10...20 % betragen.

Pökeldauer. Die Pökeldauer hängt maßgeblich vom Pökelverfahren ab. Grundsätzlich wird zwischen *Trocken-* und *Naßpökelung* unterschieden, wobei es innerhalb dieser Verfahren viele Varianten gibt.

Die *Trockenpökelung*, bei der die Pökelrohlinge direkt in eine Pökelsalzpackung eingelegt werden und wo es ganz besonders auf einen großen Konservierungseffekt ankommt, dauert 14 bis 30 Tage und länger. Im Gegensatz dazu verfolgen alle Varianten der *Naßpökelung* das Ziel, den Pökelprozeß schneller ablaufen zu lassen und mit einer hohen Ausbeute abzuschließen. Die Pökeldauer reicht je nach Variante von einigen Stunden bis zu etwa 10 Tagen. Ziel ist dabei nicht so sehr der Konservierungseffekt, sondern viel mehr die Bildung der roten Pökelfarbe. Bei schnell gepökelten Erzeugnissen läßt das Pökelaroma oft zu wünschen übrig, es ist zu wenig ausgeprägt.

Die Pökelzeiträume werden beim Trocken- und auch Naßpökeln von Größe und Art des Pökelrohlings beeinflußt. Daher sind für eine Pökelcharge möglichst immer gleichgroße Pökelrohlinge einer Art zu verwenden.

Pökeltemperatur. Einfluß auf die Pökeldauer nehmen die in den Pökelräumen vorherrschenden Temperaturen. Optimale Pökeltemperaturen liegen zwischen 5 °C und 9 °C, da sich in diesem Temperaturbereich die für den Pökelprozeß unbedingt erforderlichen Mikroorganismen am günstigsten entwickeln und ihre größte Wirksamkeit erreichen. Die am Pökelprozeß aktiv beteiligten Mikroorganismen zählen zu den Psychrophilen.

Wird zu warme Pökellake verwendet und herrschen in den Pökelräumen höhere Temperaturen vor, wie sie beispielsweise für mesophile Mikroorganismen günstig sind, werden Wachstum und Wirksamkeit der Pökelbakterien gestört und die unerwünschte Mikroflora gefördert. Pökellaken schlagen dann sehr oft um, d. h., sie verderben. Verdorbene Laken riechen muffig bis faulig, sind trübe und haben eine schleimige und schlierige Beschaffenheit. Auf der Oberfläche schwimmt Schaum oder Kahmhaut. Die Verwendung solcher Laken führt in jedem Fall zu Fehlprodukten und damit zu großen ökonomischen Verlusten. Der Verzehr verdorbener Pökelerzeugnisse kann zu schweren Erkrankungen führen und lebensgefährlich sein

Pökelgut. Zum Pökeln gelangen vorwiegend Fleischteile vom Schwein. Allerdings eignen sich auch Teile von Rind, Kalb und Schaf sowie Geflügel für Pökelerzeugnisse. Im allgemeinen sollte Fleisch junger Masttiere Verwendung finden. Besonders die Pökelrohlinge für Fleischdauerwaren müssen von Schlachttieren stammen, denen vor der Schlachtung ausreichende Ruhezeiten gewährt wurden. Die Ruhephase dient dem Organismus zur Resynthese des Glycogens im Muskelgewebe. Für einen optimalen Verlauf des Pökelns ist eine große Glycogenreserve im Pökelrohling unbedingt erforderlich, damit sich während des Pökelprozesses genügend Milchsäure bilden kann. Auch die zugesetzten Kohlenhydrate werden mit Hilfe mikrobieller Enzyme beim Pökeln in Milchsäure abgebaut und gewährleisten den erforderlichen *p*H-Wert von 5,3...5,8. In diesem *p*H-Bereich laufen auch diejenigen biochemischen Reaktionen optimal ab, die zu den erwünschten Veränderungen im Pökelgut führen. Die Milchsäurebildung ist nur einer von vielen mikrobiellen Vorgängen, die Bestandteil des Pökelprozesses sind. Um die Milchsäurebildung zu steuern und zu beschleunigen, setzt man neuerdings den Pökelerzeugnissen und den Pökellaken verstärkt Mikroorganismenkulturen zu. Es handelt sich dabei um Kulturen, die mit Hilfe ihres Enzymsystems sowohl fleischeigene als auch zugesetzte Kohlenhydrate zu Milchsäure abbauen. Damit verhindern sie gleichzeitig, daß nichterwünschte biochemische Reaktionen im Pökelgut ablaufen. Die Milchsäure trägt aber auch wesentlich dazu bei, daß es im Pökelgut zu einer Verschiebung des pH-Wertes nach der sauren Seite hin kommt. Diese Milieuveränderung im Pökelgut hat wiederum zur Folge, daß es zur Herausbildung einer spezifischen und erwünschten Mikroflora sowohl in der Lake als auch im Pökelgut kommt. Der Mikrobengehalt bewegt sich in normalen Pökellaken zwischen 10^6 bis 10^8 Organismen je 1 cm^3 Lake. Dabei handelt es sich um Mischkulturen, wobei folgende Gattungen häufig vorkommen: *Micrococcus, Lactobacillus, Achromobacter, Pseudomonas* und *Alcaligenes*. Durch die Zugabe von Mikroorganismenkulturen verschiebt sich der Anteil der verschiedenen Gattungen zugunsten der Laktobakterien.

Von besonderer praktischer Bedeutung ist, daß die Säurebildung zu Beginn des Pökelns nicht zu intensiv vor sich geht, da dann die für die Bildung der roten Pökelfarbe bzw. für die Reduktion des Nitrits verantwortlichen Bakterien in ihrer Wirksamkeit gehemmt werden. Unterhalb von pH 6 sinkt die Umsatzgeschwindigkeit der nitritreduzierenden Bakterien sehr schnell ab. Sie kommt dann bei pH 5 fast völlig zum Erliegen. Das bedeutet, daß das zu diesem Zeitpunkt noch nicht reduzierte Nitrit als sogenanntes Restnitrit im Pökelerzeugnis verbleibt. Je schneller also die Milchsäurebildung im Pökelgut verläuft, um so größer muß auch die Reduktionsgeschwindigkeit des Nitrits sein, damit bei Erreichung der erforderlichen Säurestufe der Restgehalt an Nitrit so gering wie möglich bleibt. Es ist bekannt, daß Reste von Nitrit in Fertigerzeugnissen im Magen des Menschen Reaktionen mit dem sauren Magensaft eingehen, die stark krebsfördernd sind. Andererseits ist auch bekannt, daß nicht alle Nitrosamine kanzerogen sind. Die Gefährlichkeit einiger N-Nitrosoverbindungen führte schließlich auch dazu, daß es seit 1.1.1984 in der DDR verboten ist, Salpeter (Nitrat) als Pökelstoff zu verwenden. Ebenso wird der Einsatz von Nitritpökelsalz weltweit besonders vom medizinischen Standpunkt aus kritisch betrachtet. Aus diesem Grunde wurde in einigen Ländern die Verwendung des Nitrits völlig verboten, oder es darf nur noch in geringsten Dosierungen eingesetzt werden. Auch in der DDR wurde der Nitritanteil im Pökelsalz auf 0,4 bis 0,5 % gesenkt, da diese Menge völlig ausreicht, um den gewünschten Farbeffekt im Pökelerzeugnis zu erzielen.

Einige spezielle Wirkungen während des Pökelvorganges gehen vom Natriumnitrit ($NaNO_2$), das wie bereits erwähnt Bestandteil des Pökelsalzes ist, aus. Natriumnitrit ist eine chemische Verbindung, die in organischen Substraten sehr stark reagiert und sowohl oxidierend als auch reduzierend wirkt. Außerdem ist es sehr stark hygroskopisch, d. h. wasseranziehend. Die Nitritwirkung ist den Mikroorganismen gegenüber sehr differenziert, indem manche Arten gehemmt, andere getötet und wieder andere völlig unbeschadet bleiben. Aus Untersuchungen ist bekannt, daß die erwünschten Wirkungen nicht nur allein auf das Nitrit direkt, sondern vielmehr auf eine Reihe der im Verlauf des Pökelprozesses entstehenden Reaktionsprodukte zurückzuführen ist. Die Nitritwirkung gegenüber den Mikroorganismen ist besonders vom pH-Wert abhängig. So wird beispielsweise die Wirkung des Nitrits um das 10fache gesteigert, wenn der pH-Wert des Substrats von 7,0 auf 6,0 gesenkt wird. In diesem pH-Bereich werden unter anderem die gefährlichen Erreger von Fleischvergiftungen, wie *Clostridium botulinum*, geschwächt oder völlig unwirksam gemacht. Nitritpökelsalz wird gegenwärtig weniger der Haltbarmachung wegen, sondern vielmehr aus Gründen der Umrötung des Pökelrohlings eingesetzt. Die Bildung der roten, ansprechenden Pökelfarbe im Pökelerzeugnis ist ein kom-

Übersicht 6. Bildung der roten Pökelfarbe

1. $2\ NaNO_2$ — Reduktion durch Bakterien, saures Milieu — $2\ HNO_2$

2. $2\ HNO_2$ — spontane Reduktion — $N_2O_3 + H_2O$

3. N_2O_3 — spontane Reduktion — $NO_2 + NO$

4. NO_2 — Reduktion chemisch und/oder bakteriell — $NO + \frac{1}{2}O_2$

5. NO + Myoglobin — Stickoxidmyoglobin (rote Pökelfarbe = Pökelrot)

---

plizierter biochemischer Prozeß, der von vielen Faktoren abhängt. Für die Farbbildung ist die Anwesenheit von Bakterien mit einem Nitrit-Reduktase-Enzymsystem unbedingt erforderlich. Zu ihnen zählen Spezies der Gattungen *Micrococcus, Vibrio, Alcaligenes, Spirillum, Streptococcus* und *Pseudomonas*. Diese Bakterien haben bei Temperaturen von etwa 5...9 °C und einem langsam abfallenden *p*H-Wert einen aktiven Stoffwechsel. Die Bildung der roten Pökelfarbe im Pökelerzeugnis ist in Übersicht 6 dargestellt.

Beim Zusatz von Ascorbinsäure ($C_6H_8O_6$) wird Stickstoffmonoxid nach folgender Gleichung gebildet:

$$(C_6H_8O_6) + 2\ HNO_2 \rightarrow 2\ NO + 2\ H_2O + C_6H_6O_6$$

Ascorbinsäure hat eine stark reduzierende Wirkung. Sie dient zur Beschleunigung der Umrötung, da relativ schnell Stickstoffmonoxid gebildet wird. Außerdem wird durch sie die Menge an NO um ein Vielfaches erhöht und überschüssiges, freies Nitrit gebunden. Dadurch wird der Restnitritgehalt im Pökelerzeugnis gemindert. Der Zusatz von Ascorbinsäure trägt darüber hinaus wesentlich zur Farbstabilisierung bei. Je schneller und je mehr Stickstoffmonoxid gebildet wird, um so ausgeprägter ist die rote Pökelfarbe.

Beim Einsatz von Ascorbinsäure ist in der Praxis folgendes zu beachten.

Wird sie Brüh- und Rohwurst zugesetzt, bei denen es ebenfalls auf die Bildung und Stabilisierung der roten Pökelfarbe ankommt, ist sie in trockenem Zustand dem Pökelsalz und den Gewürzen beizumischen und dem Brät bzw. der Masse zuzusetzen. Häufig ist Ascorbinsäure schon Bestandteil der Pökelzusatzstoffe bzw. Schnellrötungsmittel. In diesem Fall darf sie nicht noch zusätzlich verwendet werden. Vorsichtig muß man bei der Zugabe von Ascorbinsäure zu Pökellaken sein. Wird sie Laken zugesetzt, in die Pökelrohlinge eingelegt werden und darin längere Zeit liegenbleiben sollen, kommt es schnell zu Reaktionen zwischen dem Nitrit und der Ascorbinsäure, wodurch die Wirkung der Lake stark gemindert oder sogar völlig aufgehoben werden kann. Dabei kommt es zur Freisetzung von giftigen braunen und ätzenden Gasen. Auch Spritzpökellaken, denen Ascorbinsäure zugesetzt wird, müssen aus diesem Grunde schnell in die Pökelrohlinge eingespritzt werden, damit im Inneren des Fleisches die gewünschten chemisch-physikalischen und biochemischen Umsetzungen beschleunigt ablaufen. Beim Einsatz von Ascorbinsäure ist in der Praxis darauf zu achten, daß sie nicht mit Kupfer, Eisen und Nickel in Berührung kommt, da bereits Spuren dieser Metalle die Ascorbinsäure katalytisch

zerstören. Ebenso üben die Temperaturen einen Einfluß auf die Reaktionsfähigkeit aus. Schon bei Temperaturen > 10 °C wird der Zerfall der Ascorbinsäure stark beschleunigt.
Pökelaroma. Neben der Umrötung trägt der Pökelprozeß auch zur Herausbildung eines charakteristischen Pökelaromas bei. Unter dem Einfluß der erwünschten Pökelflora vollziehen sich während des Pökelns eine Reihe von biochemischen Veränderungen im Pökelgut, die zur Herausbildung eines arteigenen Pökelgeruchs und -geschmacks beitragen. Es handelt sich dabei um eine Vielzahl chemischer Verbindungen, die an der Aromabildung beteiligt sind. Das Aroma wird vorwiegend aus flüchtigen Komponenten gebildet, die hauptsächlich bei den chemischen Veränderungen der Kohlenhydrate, Fette und Eiweißstoffe entstehen. Auch die Bildung des Stickoxidmyoglobins trägt entscheidend zur Aromatisierung des Pökelerzeugnisses bei. An der Bildung von Geruchs- und Geschmacksstoffen in den Pökelerzeugnissen sind maßgeblich Mikroorganismen beteiligt, deren Enzymsysteme aus den Nährstoffen Reaktionsprodukte gewinnen. Diese sind im Komplex die typischen Träger des charakteristischen Pökelaromas. Im einzelnen zählen dazu: Milchsäure, Alkohol und freie Aminosäuren, wie Glutaminsäure, Serin, Asparaginsäure, Arginin, Histidin und Tyrosin. Weitere Aromaträger sind freie, flüchtige Fettsäuren und Carbonylverbindungen.
An der Aromabildung ist eine Vielzahl von Mikroorganismen beteiligt. Vorrangig sind es *Micrococcus, Lactobacillus, Escherichia, Pseudomonas, Spirillum, Alcaligenes, Vibrio, Microbacterium* und *Enterobacter.* Ebenso sind bestimmte Hefen an der Aromabildung im Pökelgut aktiv beteiligt. Insgesamt sind etwa 250 bis 300 chemische Verbindungen nachzuweisen, die in ihrer Gesamtheit das typische, volle Pökelaroma ergeben. Zur Herausbildung des Aromas sind entsprechend lange Pökelzeiten erforderlich. Während das beim herkömmlichen Trockenpökeln der Fall ist, reichen bei den sogenannten schnellen Naßpökelverfahren die zur Ausbildung des Pökelaromas erforderlichen Zeiten (10 bis 14 Tage) dafür nicht aus. In der Praxis hat sich der Einsatz von Starterkulturen sowohl bei der Verkürzung der Pökelzeiten als auch bei der Stabilisierung der roten Farbe und der Bildung des Aromas inzwischen mit bestem Erfolg bewährt.
Pökellaken. Der Erfolg einer Naßpökelung hängt besonders von der Qualität der Pökellake ab. In frisch angesetzten Laken ist der Gehalt an Mikroorganismen relativ gering. Er beträgt nur etwa $10^2 \ldots 10^4$ Organismen je 1 ml Lake. Die meisten dieser Mikroben werden mit dem Pökelgut in die Lake eingebracht. Es handelt sich dabei um eine Vielzahl von Gattungen, die auch für den Pökelprozeß von positiver Bedeutung sind und beim Vorherrschen optimaler Kulturbedingungen nach Überbrückung der lag-Phase ihre volle Stoffwechselleistung entfalten. Im Laufe der Zeit ändert sich die Pökelmikroflora in Abhängigkeit von den verschiedenen Einflußfaktoren, wie Temperatur, pH-Wert, Lakekonzentration, Lakemenge sowie Art und Menge der zugesetzten Pökelzusatzstoffe, in qualitativer und quantitativer Hinsicht. Sie ist einer ständigen Dynamik unterworfen, bis sie sich im Verlauf des Pökelvorganges stabilisiert hat. Am Ende dieses Vorganges hat sich eine »reife Pökellake« herausgebildet, in der dann vor allem verschiedene Mikrokokken und Laktobakterien vorherrschend sind. Von ihrem zahlenmäßigen Vorhandensein und ihrer Stoffwechselwirksamkeit wird die Qualität der Lake und der Pökelerzeugnisse geprägt. Damit es schnell zum Einpegeln der erwünschten Mikroflora in der Pökellake kommt, ist den Umweltbedingungen besondere Aufmerksamkeit zu widmen. Daneben ist es auch möglich, den frisch angesetzten Laken geringe Mengen an gebrauchten, hygienisch einwandfreien Pökellaken zuzusetzen (Bild 43). Bei einer einwandfreien Pflege und Kontrolle ist es möglich, Pökellaken über lange Zeiträume immer wieder zu benutzen. Bei Dauerpökelerzeugnissen ist das über Monate hindurch möglich. Die Qualität einer Pökellake wird kontinuierlich gesteigert. Je länger sie benutzt wird, desto stabiler ist dann die erwünschte Mikroflora und um so höher sind der Eiweiß- und Mineralstoffgehalt. Voraussetzung dafür ist allerdings, daß in den Pökelräumen durchgängig eine strenge Hygiene herrscht, nur Pökelrohlinge mit niedrigem

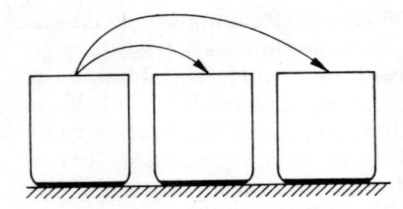

Bild 43. Beimpfen neu angesetzter Pökellake mit gebrauchter, hygienisch einwandfreier Lake

Mikrobengehalt verwendet werden und die Pökellake ständig fachmännisch gepflegt und auf ihre Wiederverwendbarkeit hin überprüft wird.
Bei der Qualitätsprüfung der Pökellake sind folgende Kriterien zu bewerten:

- Sensorische Beschaffenheit,
- pH-Wert,
- Pökelsalzgehalt der Lake und
- Mikrobenarten bzw. -anzahl.

Für die Weiterbenutzung vorgesehene Pökellake muß von klarer Farbe sein, darf keinerlei Trübung aufweisen und muß über ein reines, arteigenes Pökelaroma verfügen. Auf keinen Fall dürfen sich weiße Kahmhäute und Blasen bilden. Auch nur geringste Abweichungen von diesen Forderungen deuten auf verdorbene Laken hin, die nicht mehr verwendet werden dürfen.
Die optimalen pH-Werte einer reifen, stabilisierten Lake bewegen sich zwischen 5,5 und 6,2. Pökellaken mit höheren pH-Werten sollten nicht mehr verwendet werden, da dann die Gefahr von Fehlproduktionen besonders groß ist. Weiterhin ist mit Hilfe des Aräometers der Pökelsalzgehalt zu messen. Zeigen sich dabei starke Abweichungen von den Sollwerten, ist durch Zusatz von Pökelsalz die gewünschte Lakestärke wieder herzustellen. Qualitative und quantitative Aussagen zu Art und Anzahl der vorhandenen Mikroben sind unter praktischen Bedingungen nicht ohne weiteres möglich und sollten nur von geschulten Fachkräften im Betriebslabor vorgenommen werden. Ist das jedoch nicht möglich, hat die weitere Verwendung bzw. das Beimpfen von frischen Laken mit gebrauchten Laken im Interesse der Vermeidung von Pökelfehlprodukten und den damit verbundenen ökonomischen Verlusten zu unterbleiben.

11.6. Rauchkonservierung

Das Räuchern von Fleisch- und Wurstwaren ist eines der ältesten Konservierungsverfahren. Heute werden Fleischerzeugnisse vorwiegend in Kombination mit anderen Konservierungs- und Verarbeitungsverfahren, wie Trocknen, Salzen, Pökeln und Garen, einer mehr oder weniger intensiven Rauchbeaufschlagung unterzogen. Dadurch erhalten die geräucherten Erzeugnisse erst ihr eigentliches Gepräge. Nur sehr wenige Erzeugnisse werden nicht geräuchert, da es für sie nicht erzeugnistypisch ist. Dazu zählen unter anderem Rostbratwurst, Weißwürstchen, »grüner« Speck und Kernsaftschinken.
Räuchern ist das Einwirkenlassen von frisch entwickeltem Rauch aus naturbelassenen Hölzern und Zweigen, auch unter teilweiser Mitverwendung von Gewürzen, auf die Oberfläche der verschiedenen Fleischerzeugnisse. Das Ziel des Räucherns besteht nicht allein in der Haltbarmachung, sondern heute vielmehr in der Verleihung eines charakteristischen Aromas und einer ansprechenden Farbe. Räucherrauch entsteht durch eine unvollständige Verbrennung naturbelassener Hölzer bzw. Zweige. Vorrangig eignet sich dafür das Holz der verschiedenen Buchenarten, aber auch andere einheimische Laub- und Nadelbaumarten, wie Eiche, Ahorn, Birke, Erle, Fichte und Kiefer, werden je nach Tradition und örtlichen Verzehrsgewohnheiten zur Räucherraucherzeugung verwendet.

Übersicht 7. Rauchbestandteile

Bestandteile des Rauches bei einer	
vollständigen Verbrennung von Holz	unvollständigen Verbrennung von Holz
Wärme, Wasserdampf, CO_2, Asche (Mineralstoffe)	Wärme, Wasserdampf, CO und CO_2, Phenole, Carbonyle, Aldehyde, Säuren, Alkohole, Ester, Lactone, polycyclische, aromatische Kohlenwasserstoffe, Asche (Mineralstoffe)

Ebenso können Samenstände (Zapfen), Wacholderzweige und -beeren sowie verschiedene Gewürze und auch sogenanntes Räucherpulver mit verschwelt werden. Keinesfalls eignen sich Kohle, Torf und chemisch behandelte Hölzer dafür. Fehlprodukte wären dann die Folge. Aus Übersicht 7 ist zu entnehmen, welche wichtigen Bestandteile der Rauch einer vollständigen und unvollständigen Verbrennung enthält. Daraus ist ersichtlich, daß der Rauch einer vollständigen Verbrennung keine oder nur sehr wenig wirksame Substanzen enthält, die haltbarmachend sowie farb- und aromagebend sind. Lediglich die bei jeder Verbrennung freiwerdende Wärme würde konservierend wirken, indem sie dem Räuchergut Feuchtigkeit entzieht und den a_w-Wert senkt. Ebenso würden die einwirkenden hohen Temperaturen zur Eiweißgerinnung des Räuchergutes, der Enzyme und der Mikroorganismen beitragen. Der Grad der Eiweißgerinnung ist dann allerdings davon abhängig, wie hoch die Temperatur des einwirkenden heißen Rauches ist. Die Qualität des Räucherrauches wird jedoch nicht nur von der unvollständigen Verbrennung, sondern auch von einer Reihe anderer chemisch-physikalischer Faktoren beeinflußt. Übersicht 8 enthält die wichtigsten Faktoren, die den Räucherrauch in qualitativer Hinsicht und damit in seiner Wirksamkeit gegenüber dem Räuchergut beeinflussen. Die für das Räuchern von Fleischerzeugnissen wichtigen Rauchbestandteile entstehen durch den thermischen Abbau (Pyrolyse) der drei wichtigsten Bestandteile des Räu-

Übersicht 8. Faktoren, die die Qualität des Räucherrauches beeinflussen

	Einflußfaktoren
Qualität des Räucherrauches	● Holzart ● innerhalb einer bestimmten Zeit verbrannte Holzmenge, ● Rauchentstehungstemperatur, ● Rauchbeaufschlagungstemperatur, ● Luftzufuhr, ● Feuchtigkeitsgehalt des Holzes und des Rauches, ● Rauchströmungsverhältnisse, ● Räucherzeit

cherholzes. Das zum Räuchern verwendete luftgetrocknete Holz enthält etwa 30 % Wasser. Die Holztrockenmasse setzt sich zusammen aus:
- 50 % Cellulose,
- 20 % Hemicellulose und
- 30 % Lignin.

Im Verlauf der Pyrolyse, die bei einer gesteuerten Raucherzeugung im Temperaturbereich von 300...400 °C erfolgen sollte, entsteht eine Vielzahl von chemischen Verbindungen, die in ihrer Gesamtheit den Räucherrauch ergeben. Analysen ergaben, daß es sich dabei um mehr als 300 Rauchbestandteile handelt. Diese chemischen Verbindungen können sowohl im festen als auch im flüssigen und gasförmigen Aggregatzustand im Rauch enthalten sein. Demnach kann der Räucherrauch als ein Gemisch betrachtet werden, das sich aus einer Gaskomponente (Gasphase) und einer Teilchen- oder Partikelkomponente (Teilchen- oder Partikelphase) zusammensetzt. Beide Phasen befinden sich im Rauch in einem labilen Gleichgewichtszustand, der sich allerdings durch Änderung der Temperatur oder der Luftzufuhr zugunsten der einen oder anderen Phase ändern kann.

Durch die bei der Pyrolyse des Holzes freiwerdende und in der Anlage mit direkter Raucherzeugung nach oben strömende Wärme werden die verschiedenen Rauchbestandteile (gasförmige oder partikelförmige) mitgerissen und auf das Räuchergut übertragen. Dort bewirken die verschiedenen chemischen Verbindungen erwünschte und auch unerwünschte Veränderungen des Räuchergutes. Zu den erwünschten Veränderungen zählen die Bildung der Rauchfarbe und des Raucharomas sowie die Verlängerung der Haltbarkeit. Unerwünscht sind die teilweise Zerstörung der Aminosäuren und das Ablagern toxischer Verbindungen auf der Oberfläche des Räuchergutes. Diese Veränderungen bzw. Wirkungen stellen vielschichtige chemisch-physikalische bzw. auch biochemische Prozesse dar und bedürfen teilweise noch der weiteren wissenschaftlichen Aufklärung.

Rauchfarbe des Räuchergutes. Aus der Praxis ist bekannt, daß die einzelnen Holzarten die Rauchfarbe unterschiedlich beeinflussen. So verleihen Buche, Linde und Ahorn dem Räuchergut eine goldgelbe, Eiche eine gelbbraune sowie Fichte und Kiefer eine braune bis dunkelbraune Farbe. Die dunkle Rauchfarbe bei Fichte und Kiefer resultiert aus dem hohen Harzgehalt dieser Hölzer, wodurch auch der Rußanteil des Räucherrauches erhöht wird. Die Farbunterschiede sind jedoch zum größten Teil davon abhängig, welchen Anteil die Hölzer an Cellulose, Hemicellulose und Lignin haben. An der Ausbildung der Rauchfarbe auf dem Räuchergut sind vorrangig Phenol- und Carbonylverbindungen beteiligt. Während die Phenole von Natur aus eine dunkle Farbe haben, bilden die Carbonyle in Verbindung mit bestimmten Aminogruppen des Räuchergutes dunkelfarbige Reaktionsprodukte. Es bilden sich sogenannte Melanoide. Ebenso trägt die Karamelisierung einiger Holzbestandteile zu Bräunungsreaktionen bei. Die Intensität der Farbbildung hängt aber auch sehr stark von der Art und Beschaffenheit der Oberfläche des Räuchergutes ab. So wird beispielsweise die Oberfläche des Fettes (z. B. Räucherspeck) relativ wenig mit farbgebenden Rauchbestandteilen beaufschlagt. Die Ursachen dafür dürften in den Besonderheiten des chemischen Aufbaus der Fette und deren Oberflächenspannung zu suchen sein. Dagegen reagieren Oberflächen mit hohem Eiweißanteil viel intensiver mit den Rauchbestandteilen, die zur Bildung der ansprechenden Rauchfarbe beitragen. Ein oft in der Praxis nicht beachteter Faktor ist, daß die Intensität der Farbbildung auf feuchten Oberflächen größer ist als auf trockenen. Diese Erkenntnis wird bei Anwendung des Schwitzrauchverfahrens bei der Rohwurstherstellung weitgehend genutzt. Auch gepökelte Erzeugnisse weisen eine kräftigere Rauchfärbung auf als nicht gepökelte Erzeugnisse. Die Ursachen dafür liegen darin begründet, daß verschiedene Rauchbestandteile Reaktionen mit Eiweißverbindungen eingehen, in deren Folge die rote Pökelfarbe an der Oberfläche des Räuchergutes besonders intensiviert wird. Auch höhere Rauchtemperaturen sowie längere Räucherzeiten intensivieren die Ausbildung der Rauchfarbe, da sich dadurch mehr farbgebende Substanzen auf dem Räuchergut niederschlagen können.

Raucharoma des Räuchergutes. Geruch und Geschmack eines Lebensmittels ergeben in ihrer Gesamtheit das Aroma. An der Entwicklung des typischen Raucharomas während des Räucherns sind ähnlich wie bei der Bildung der Farbe die meisten Bestandteile des Räucherrauches beteiligt. Aus der Gesamtheit ihrer Reaktionen heraus entwickelt sich das bei einer geräucherten Ware erwünschte Aroma, ein angenehm würziger, aromatischer Rauchgeruch und -geschmack.

Vor allem die Eiweißverbindungen des Räuchergutes sind die Aromaträger. Die aktiven Gruppen der Proteine gehen chemische Verbindungen mit den im Räucherrauch vorhandenen Phenolen und Carbonylen ein. Auch die einzelnen Säuren, wie Essig-, Ameisen-, Propion- und Benzoesäure, kondensieren auf dem Räuchergut und bilden dort Aromastoffe. Nicht allein die einzelnen Rauchbestandteile bilden das Aroma, sondern Reaktionsprodukte sind an der eigentlichen Bildung des charakteristischen Raucharomas beteiligt.

Konservierung des Räuchergutes. Die antimikrobielle und antioxidative Wirkung des Räucherns beruht auf:

- Senkung des a_w-Wertes,
- Anstieg des Salzgehaltes,
- Wirkung der mikrobenhemmenden und mikrobenabtötenden sowie antioxidativen Bestandteile des Räucherrauches.

Der beim Räuchern der verschiedensten Fleischerzeugnisse eintretende Konservierungseffekt ist jedoch vorwiegend auf die Oberfläche und die unmittelbar darunter liegenden Randschichten beschränkt. Bis in das Innere des Räuchergutes dringen die konservierend wirkenden Rauchbestandteile nicht vor. Der Konservierungseffekt des Räucherns darf keinesfalls überschätzt werden, da neben der sehr geringen Tiefenwirkung auch auf der Oberfläche des Räuchergutes die Beaufschlagung mit konservierenden Rauchsubstanzen nur in sehr geringem Umfang erfolgt.

Die Senkung des Wassergehalts und damit des a_w-Wertes wird durch die auf das Räuchergut einwirkende Wärme ausgelöst. Konservierend im Sinne eines »Trocknungsprozesses« wirkt auch die sich in der Rauchanlage herausbildende Wasserdampfpartialdruck-Differenz zwischen dem Räuchergut und der Luft. Je nach Höhe der Temperatur und Dauer des Wärmeeinflusses kommt es zu Masseverlusten zwischen 10 % und 40 %. Mit der Abgabe an Feuchtigkeit ist auch eine Senkung des a_w-Wertes im Räuchergut verbunden. Während sich die a_w-Werte im ungeräucherten Erzeugnis bei 0,98 ... 0,94 bewegen, sinken sie im Verlauf des Räuchervorganges bis auf 0,92 ... 0,85 ab. Die Folge ist ein rapides Nachlassen der enzymatisch-autolytischen sowie mikrobiell-enzymatischen Reaktionen im Räuchergut. Der Einfluß der Wärme während des Räucherns muß aber einer kritischen Betrachtung unterworfen werden, denn sie bewirkt nicht nur die Abgabe von Wasser, sondern sie begünstigt auch bis zu einem bestimmten Temperaturbereich das Wachstum und damit die Stoffwechselaktivitäten der Mikroorganismen. Bei der vorhandenen Mikroflora des Räuchergutes handelt es sich nicht nur um erwünschte Arten, sondern auch fleischverderbende Bakterien, Hefen und Schimmelpilze sind anzutreffen. So ist es durchaus möglich, daß bei stark mikrobenangereichertem Ausgangsmaterial, besonders in den tieferen Schichten, eine verstärkte Zunahme der Mikrobenzahl und der Stoffwechselaktivitäten während des Räucherns eintritt. Da es sich dabei vorwiegend um Anaerobier handelt, ist die Gefahr von Fehlproduktionen besonders groß. Dem Ausgangsmaterial und seiner hygienischen Beschaffenheit sowie den Rauchtemperaturen ist besondere Aufmerksamkeit zu widmen, damit Dauerwaren hergestellt werden können. Der Einsatz von Mikroorganismenkulturen hat sich auch in diesem Zusammenhang als

Tabelle 26. Einteilung der Raucharten nach der Höhe der Rauchtemperatur

Rauchart	Rauchtemperatur in °C
Kaltrauch	15 ... 21
Schwitzrauch	22 ... 28
Warmrauch	22 ... 45
Heißrauch	45 ... 100

positiv erwiesen, da er zu einer Erhöhung der statistischen Sicherheit, d.h. zur Vermeidung von Fehlprodukten, besonders in der Phase des Räucherns, beiträgt.
Räucheranlagen teilt man entsprechend der Temperatur, mit der der Räucherrauch auf das Räuchergut wirkt, ein (Tabelle 26).
Beim *Heißrauch* wirken vor allem die hohen Temperaturen konservierend, indem sie die meisten vegetativen Organismenzellen durch Eiweißdenaturierung ausschalten. Außerdem wird mit steigender Temperatur dem Räuchergut mehr Feuchtigkeit entzogen, was mit erhöhten Masseverlusten verbunden ist. Ebenso nehmen mit steigenden Temperaturen die erwünschten und damit wertvollen Rauchbestandteile rapide ab. Daher darf die konservierende Wirkung des Heißrauches nicht überschätzt werden.
Im *Warm- und Schwitzrauch* herrschen für die meisten Mikroorganismenarten optimale Temperaturen vor. Das gilt auch für Saprophyten und andere nicht erwünschte Mikroben. Wegen des hohen mikrobiologischen Risikos konnten sich diese Raucharten in der Vergangenheit nicht durchsetzen. Fehlproduktionen waren besonders in den warmen Jahreszeiten meist die Folge. Durch den Einsatz von Mikroorganismenkulturen gewann der Schwitzrauch wieder an Aktualität, da nur mit den dort vorherrschenden Parametern optimale Reifungs-, Stabilisierungs- und Rauchbeaufschlagungsergebnisse erreicht werden können.
Im *Kaltrauch,* wo die Rauchbeaufschlagung mit niedrigen Temperaturen ($<21\,°C$) erfolgt, werden bei der traditionellen Herstellungsweise zweifellos die besten Ergebnisse in bezug auf die konservierende Wirkung erreicht. Die Qualität des Räucherrauches und des Räuchergutes ist um so besser und die Haltbarkeit um so ausgeprägter, je niedriger die Rauchtemperatur ist.
Bei der haltbarmachenden Wirkung einiger Bestandteile des Räucherrauches, die für die Lagerfähigkeit besonders bei Rohwurst-Dauerware sowie Pökeldauerwaren von besonderer Bedeutung ist, wird zwischen der *antimikrobiellen* und der *antioxidativen* Wirksamkeit unterschieden.
Als *antimikrobiell* wirkende Bestandteile des Räucherrauches, die eine Verlängerung der Haltbarkeit des Räuchergutes hervorrufen, sind neben der Ameisen-, Essig-, Propion- und Benzoesäure verschiedene Aldehyde, besonders das Formaldehyd, sowie eine Reihe von Phenolverbindungen, Kresole und Guajakol zu nennen. Die Wirkung dieser Rauchbestandteile gegenüber den verschiedenen Mikrobenarten ist sehr differenziert. Während einige Substanzen des Räucherrauches eine hemmende oder gar abtötende Wirkung gegenüber der einen oder anderen Mikrobenart haben, bleiben dieselben Substanzen gegenüber anderen Arten völlig wirkungslos. Verschiedene Milchsäurebakterien-, Hefe- und Schimmelpilzarten erweisen sich gegenüber dem Räucherrauch als sehr widerstandsfähig, d. h., sie erwerben im Laufe des länger anhaltenden Räuchervorganges durch Mutation diese Widerstandsfähigkeit.
Die Ursache für die geringe Wirksamkeit vieler Rauchbestandteile gegenüber den Mikroorganismen liegt darin begründet, daß diese Substanzen am Ort ihrer Entstehung (Holzverbrennung) zwar mikrobenabtötende Eigenschaften aufweisen, aber auf dem Wege zum Räuchergut oder mit dem Räuchergut Reaktionen eingehen und damit an

Wirksamkeit verlieren. Außerdem reichen die heute üblichen kurzen Räucherzeiten nicht aus, um das Räuchergut mit dem für eine lange Haltbarkeit erforderlichen Konzentrat an konservierenden Rauchsubstanzen lückenlos zu überziehen. Nur relativ wenige Rauchbestandteile, die sich auf der Oberfläche des Räuchergutes ablagern und in die oberen Schichten eindringen, dabei weitgehend unverändert biochemisch aktiv bleiben und keine Reaktionen mit anderen Stoffen eingehen, lösen einen haltbarmachenden Effekt aus. Einige diese Bestandteile haben eine ausgeprägte antimikrobielle Wirksamkeit. Sie vernichten bei entsprechender Konzentration die Mikrobenzellen durch Störung ihres Energie- und Stoffwechselhaushaltes. Wegen der sehr oft geringen Konzentration und des begrenzten Eindringungsvermögens in das Räuchergut dominieren die bakteriostatischen und fungistatischen gegenüber den bakteriziden und fungiziden Effekten der Bestandteile des Räucherrauches.

Die *antioxidative* Wirkung des Räucherns beruht darauf, daß es im Räucherrauch auch einige Substanzen gibt, die das oxidative Ranzigwerden des am oder im Räuchergut befindlichen Fettes sehr stark verhindern oder aber verzögern. Diese antioxidativ wirksamen Substanzen werden als *Antioxidantien* bezeichnet. Es sind vorwiegend phenolische Verbindungen, die neben ihrer aroma- und farbgebenden Wirkung auch antioxidativ wirksam sind und die Fette vor unerwünschten oxidativen Prozessen schützen. Daraus resultiert, daß geräucherte Fleischerzeugnisse im allgemeinen viel länger haltbar sind als ungeräucherte. Indirekt wirken auch die im Räucherrauch enthaltenen antimikrobiellen Substanzen antioxidativ. Sie üben eine Schutzwirkung auf die Fettstabilität aus, indem sie die fettzersetzenden oder fettoxidierenden Mikroorganismen in ihrer schädigenden Stoffwechselwirksamkeit hemmen oder völlig ausschalten.

Gesundheitsschädliche Verbindungen im Räucherrauch. Der Anteil an gesundheitsschädlichen Substanzen im Räucherrauch wird dagegen fast ausschließlich von der Höhe der Rauchentstehungstemperatur beeinflußt. Der thermische Abbau der Holzbestandteile beginnt im Temperaturbereich von 200...250 °C. Bei etwa 270 °C wird die Hemicellulose und bei etwa 300 °C die Cellulose thermisch abgebaut. Dabei entstehen die verschiedenen für die Räucherung erwünschten wirksamen chemischen Verbindungen. Es ist in qualitativer und quantitativer Hinsicht der wertvollste Räucherrauch, weil von ihm die größte Wirksamkeit ausgeht und in ihm die wenigsten gesundheitsschädlichen Substanzen enthalten sind. Erst bei Temperaturen um 400 °C unterliegt das Lignin der Pyrolyse. Damit gelangen in immer größerem Maße unerwünschte Substanzen, wie Holzteer, Kohlenmonoxid, Wasserstoff und vor allem polycyclische aromatische Kohlenwasserstoffe, in den Räucherrauch. Wird die Holzverbrennungstemperatur auf über 500 °C erhöht, verringert sich der Anteil an antimikrobiellen und antioxidativen Bestandteilen beträchtlich. Der Anteil an gesundheitsschädlichen Substanzen steigt jedoch weiter an. Besonders der Gehalt an 3,4-Benzpyren, einer kanzerogenen (krebserregenden) Substanz, nimmt im Rauch zu. Diese und einige andere gesundheitsschädliche chemische Verbindungen entstehen hauptsächlich beim thermischen Abbau des Lignins. Daher sind die Holzverbrennungstemperaturen <400 °C zu halten. Werden besonders harzreiche Hölzer, wie Fichte und Kiefer, bei Temperaturen >400 °C verschwelt, kommt es außerdem noch zur Bildung von gefährlichen, kanzerogen wirkenden Teerstoffen im Rauch.

Niedrige Verbrennungstemperaturen sowie kurze Räucherzeiten sind daher aus gesundheitlichen sowie ernährungsphysiologischen Gründen geboten. Mit dem Dampfraucherzeugungsverfahren wird diesen Forderungen entsprochen.

11.7. Strahlenkonservierung

Die Behandlung von Fleisch mit energiereichen Strahlen zählt zu den jüngsten physikalischen Konservierungsverfahren. Schon sehr früh hatten die Menschen die keimtötende Wirkung des ultravioletten Anteils der Sonnenstrahlen beobachtet, ohne daß es für diese Tatsache eine wissenschaftliche Erklärung gab. Erst seit den fünfziger Jahren beschäftigen sich die Wissenschaftler intensiv mit der Strahlenwirkung auf Lebensmittel. Nachdem zwischenzeitlich eine Klärung der mit der Strahlenkonservierung verbundenen Fragen erfolgte, begann man in einigen Ländern in größerem Umfange, die verschiedensten Lebensmittel mit Hilfe energiereicher Strahlen zu konservieren.

Mit der Anordnung über die Behandlung von Lebensmitteln und Bedarfsgegenständen mit ionisierenden Strahlen vom 21. 3. 1984 erhielt dieses physikalische Konservierungsverfahren in der DDR eine gesetzliche Regelung. Nach Genehmigung durch das Ministerium für Gesundheitswesen dürfen in der DDR Lebensmittel und Bedarfsgegenstände mit Strahlendosen von 0,56 Gy bis 50 kGy mit einer Photonenenergie bis 5 MeV (Röntgen- oder Gammastrahlen) oder mit beschleunigten Elektronen bis 10 MeV behandelt werden. Die Anwendung von Neutronenstrahlung zur Lebensmittelkonservierung ist nicht gestattet.

Die früher gehegten Befürchtungen, daß bei Anwendung energiereicher Strahlen im Lebensmittel radioaktive Stoffe gebildet werden, sind unbegründet. Jahrelange Untersuchungen ergaben, daß bei der Einwirkung von Strahlendosen, wie sie die gesetzliche Regelung vorsieht, im Fleisch keine toxischen oder kanzerogenen Stoffe gebildet werden.

Für die Strahlenkonservierung von Fleisch werden elektromagnetische Strahlen (Röntgen- und Gammastrahlen) und Elektronen- oder Betastrahlen genutzt. Diese Strahlen sind in der Lage, Stoffteilchen des Fleisches oder der Mikroorganismenzelle, auf die sie treffen, zu ionisieren. Sie werden deshalb als *ionisierende Strahlen* bezeichnet.

Das Gray (Gy) ist die Einheit für die Strahlung. Nach dem Internationalen Einheitensystem (SI) gilt für die Energiedosis die Einheit Gray, d. h.

$$1 \text{ Gy} = 1 \text{ J kg}^{-1} = 1 \text{ m}^2 \text{ s}^{-2},$$

und für die Energiedosisleistung gilt die Einheit Gray je Sekunde, d. h.

$$1 \text{ Gy s}^{-1} = 1 \text{ W kg}^{-1} = 1 \text{ m}^2 \text{ s}^{-3}.$$

Dabei wird die Energiedosis als die absorbierte Strahlenenergie je Mengeneinheit und die Energiedosisleistung als die Strahlenenergie je Zeiteinheit definiert.

Beim Durchdringen des Fleisches geben die energiereichen Strahlen Energie ab und lösen dadurch eine Ionisierung aus. Der Grad der Ionisierung ist von der absorbierten Strahlenenergie abhängig. Die in den Zellen des Fleisches und der Mikroorganismen gebildeten ionisierten Stoffteilchen lösen dort eine Reihe von chemisch-physikalischen Reaktionen aus, in deren Folge zahlreiche Zellsubstanzen zerstört werden. Vorwiegend sind es lebenswichtige Enzyme, die irreversibel geschädigt werden. Infolgedessen wird der Zellmechanismus derartig gestört, daß viele Mikroorganismen absterben. Auch bestimmte Inhaltsstoffe des Fleisches, wie Fette und Eiweiße, können chemischen Veränderungen unterliegen. Durch Strahleneinwirkung kann es wie bei jeder anderen energiereichen Behandlung von Lebensmitteln zu Veränderungen der sensorischen Eigenschaften kommen. Bei Anwendung der zulässigen Energiedosen sind diese jedoch minimal.

Auch bei der Strahlenkonservierung ist eine völlige Sterilisation des Fleisches nicht zu erreichen, da viele Faktoren die Stahlenwirkung beeinflussen. So erfordern beispielsweise hohe Mikrobenzahlen höhere Strahlendosen als ein geringer Mikrobenbefall. Mi-

kroorganismenzellen, die sich in der lag-Phase befinden, sind viel strahlenempfindlicher als die im ausgereiften und widerstandsfähigen Stadium während der stationären Phase. Auch die einzelnen Mikroorganismenzellen haben eine unterschiedliche Strahlenresistenz. Bakterien sind besonders strahlenempfindlich und deshalb auch mit geringeren Strahlendosen zu vernichten als Hefen, Schimmelpilze und Viren. Viren haben eine ausgeprägte Resistenz gegenüber energiereichen Strahlen. Vegetative Formen und gramnegative Organismenzellen sind weniger strahlenresistent als Sporen und grampositive Mikroben. Energiereiche Strahlen wirken stark keimtötend, wenn das zu konservierende Material einen hohen Anteil an Wasser und Sauerstoff aufweist. Dagegen üben verschiedene chemische Verbindungen, z. B. Eiweiße, Nitrite und Alkohol, eine verstärkte Strahlenschutzwirkung aus. Es ist daher nicht möglich, mit einer bestimmten Strahlendosis bei allen Fleischerzeugnissen einen einheitlichen Sterilisationseffekt zu erreichen. Bei Anwendung höchstzulässiger Strahlendosen wird jedoch eine sehr starke Reduzierung der vorhandenen Mikroorganismen erreicht. Die Strahlenkonservierung entspricht daher mehr dem Pasteurisieren. Zum Abtöten aller vorhandenen Mikroorganismen wäre ein Mehrfaches der zugelassenen Strahlendosis unbedingt erforderlich. Das ist aus ökonomischen und ernährungsphysiologischen Gründen nicht zu verantworten.
Die zum Abtöten bestimmter Mikroorganismen erforderliche Strahlendosis ist Tabelle 27 zu entnehmen.

Tabelle 27. Für Mikroorganismen tödliche Strahlendosen

Strahlendosis in kGy	Spezifische Wirkung
1...5	Abtöten der meisten vegetativen Formen
20	Abtöten der meisten Sporenbildner
50	Abtöten aller Sporenbildner
50	Abtöten von *C. botulinum*
7,5	Abtöten von Enterotoxin bildenden Staphylokokken
5	Abtöten von Salmonellen

Die Strahlenkonservierung von Fleisch, Fleischerzeugnissen und Zusatzstoffen befindet sich noch im Anfangsstadium, so daß noch wenig praktische Erfahrungen vorliegen. Die Strahlenkonservierung wird sich zukünftig, vorwiegend aus ökonomischen Gründen, nur auf einige wenige Anwendungsgebiete innerhalb der Fleischwirtschaft beschränken. Da energiereiche Strahlen Tiefenwirkung haben, d. h. auch Schlachtkörper durchdringen, leiten sich entsprechende Einsatzmöglichkeiten ab. Werden ganze Schlachtkörper bestrahlt, erhöht sich die Haltbarkeit bei der nachfolgenden Kühllagerung. Ebenso besteht theoretisch die Möglichkeit, in Folie vorverpackte und besonders verderbgefährdete Fleischerzeugnisse, Fleisch, Hackfleisch oder ganze Geflügelschlachtkörper mittels energiereicher Strahlen zu konservieren. Bei Geflügelfleisch bzw. Geflügelschlachtkörpern wird dadurch besonders der Gefahr der Salmonellose begegnet. Umfangreiche positive Erfahrungen liegen bereits über die Gewürzentkeimung vor. Dabei konnten besonders gute Ergebnisse in bezug auf eine Keimreduzierung gemacht werden. Das wirkte sich wiederum besonders positiv bei der Wurst- und Konservenherstellung aus, indem die Haltbarkeit dieser Erzeugnisse damit verlängert werden konnte.
Zu beachten ist jedoch, daß die Strahlenkonservierung sehr hohe Anlagen- und Betriebskosten verursacht und außerdem hohe Energieaufwendungen erfordert.

12. Einsatz von Mikroorganismenkulturen in der Fleischverarbeitung

Mit den grundlegenden Arbeiten *Louis Pasteurs* über die Ursachen mikrobiell bedingter Fehlproduktionen in der Wein- und Essigindustrie Frankreichs begann die Ära intensiver Forschungen auf dem Gebiet der Lebensmittelmikrobiologie. Schon bald wurde erkannt, daß Mikroorganismen nicht nur Fehlproduktionen und Verderbniserscheinungen bei Lebensmitteln verursachen können, sondern daß sie bei bestimmten Herstellungsverfahren, wie Fermentierungen, Gärungen und Säuerungen, unentbehrlich sind. Fehlproduktionen entstehen bei diesen Verfahren nicht durch die Anwesenheit, sondern durch das Fehlen bestimmter Bakterien.

Nachdem erforscht wurde, welche Bakterien bei welchen Verfahren ursächlich beteiligt waren, konnten diese Bakterien in Reinkultur hergestellt und unter den für das Bakterienwachstum optimalen Bedingungen eingesetzt werden.

In der Gärungs- und Milchindustrie konnten bei der Herstellung von Bier, Wein sowie Butter, Käse und anderen Milchprodukten mit Hilfe dieser Bakterienkulturen folgende Ergebnisse erreicht werden:

- Verkürzung der Produktionszeit,
- Erhöhung der Qualität und
- Vermeidung von Fehlproduktionen.

Ohne die Einführung der sog. Starterkulturen wäre die Entwicklung von der handwerklichen zur industriellen Produktion in der Getränke- und Milchindustrie nicht möglich gewesen. Dagegen begann die fleischverarbeitende Industrie relativ spät, Starterkulturen bei bestimmten Herstellungsverfahren einzusetzen.

Jensen und *Paddock* erhielten 1940 ein Patent für den Einsatz bestimmter Laktobakterien (*Lactobacterium plantarum*, *L. brevis* und *L. fermenti*) bei der Rohwurstherstellung.

Deubel, *Wilson* und *Niven* verbesserten das Verfahren, indem sie 1961 statt der weniger geeigneten heterofermentativen Stämme *L. fermenti* und *L. brevis Pediococcus cerevisiae* als Starterkultur wählten. Im europäischen Raum war es *Niinivaara* aus Finnland, der 1955 einen nitratreduzierenden und säurebildenden Mikrokokkenstamm (*M. aurantiacus*) als Starterkultur für die Rohwurstherstellung einführte. Dieser Stamm hat sich als Einzelkultur und als Mischkultur mit anderen Stämmen bis heute bewährt.

In der DDR isolierte *Kuchling* 1964 aus gut gereiften Rohwürsten einen Stamm mit der Bezeichnung SSHK 76. Dieser milchsäurebildende Diplo-Streptokokkenstamm hat ausgezeichnete technologische Vorteile und wird in zunehmendem Maße in der Fleischindustrie der DDR verwendet.

Inzwischen werden Starterkulturen in fast allen Ländern entweder als Einzelkultur oder als Stammgemisch eingesetzt. In der UdSSR entwickelte *Rei* 1970 eine Starterkultur mit den Stämmen *S. diacetilactis* und *L. plantarum*, in der Türkei setzte *Inai* 1969 *M. aurantiacus* und *P. cerevisiae* für die Rohwurstherstellung ein. Bulgarien verwendet den Mikrokokkenstamm P4, Jugoslawien den Stamm M104. In der BRD sind vorwiegend Kombinationspräparate im Einsatz.

Parallel zu dieser Entwicklung verlief die Suche nach neuen Einsatzmöglichkeiten neben der Rohwurstherstellung. Es wurden Verfahren und Kulturen zum Einsatz bei der Herstellung von Dauerpökelwaren, Garfleischwaren und in letzter Zeit zur Erzielung bestimmter Aromaverbindungen, insbesondere für Rohwurstspezialitäten, entwickelt.

Aber auch andere Rohstoffe der Fleischindustrie, z. B. die in großen Mengen anfallende Kochbrühe oder auch Blut, können durch Einsatz von Bakterienkulturen zu wertvollen Futtermitteln aufbereitet werden.

In neuester Zeit hat sich die Gentechnologie der Starterkulturen angenommen. Die mögliche Entwicklung auf diesem Gebiet ist sehr aussichtsreich, aber gegenwärtig noch nicht überschaubar. Mit Hilfe der Gentechnologie wird versucht, bestimmte positive Eigenschaften vieler Stämme auf einen leicht anzüchtbaren und im Lebensmittel gut vermehrbaren Stamm als Erbanlage (Gen) zu übertragen.

12.1. Zielstellung beim Einsatz von Starterkulturen

Starterkulturen für die Rohwurstherstellung wurden ursprünglich eingesetzt, um die erste, besonders risikoreiche Phase der Rohwurstherstellung zu stabilisieren. In dieser Phase muß sich aus dem mikrobiologisch instabilen Brät ein mikrobiologisch stabiles Zwischenprodukt entwickeln. Diese Stabilität wird nur erreicht, wenn sich die im Rohstoff vorhandenen Milchsäurebakterien gut entwickeln, durch die Milchsäure den pH-Wert senken und durch die pH-Wert-Senkung andere unerwünschte Bakterien verdrängen. Entscheidend ist somit die Wachstumsgeschwindigkeit. Das Erreichen einer bestimmten Keimzahl in einem Lebensmittel ist abhängig

- von der lag-Phase und
- von der Ausgangskeimzahl

unter der Bedingung, daß alle für das Wachstum notwendigen Bedingungen (Temperatur, Nährstoffe, a_w- und pH-Wert) optimal sind. Die lag-Phase ist spezifisch und kaum zu beeinflussen. Daher ist die Ausgangskeimzahl so einzustellen, daß die für das bestimmte Verfahren notwendige Keimzahl in einer bestimmten Zeiteinheit erreicht wird. Damit ist die Herstellung nicht mehr vom zufälligen Bakterienbesatz abhängig, sondern kann »gesteuert« werden. Die Fleischindustrie konnte dabei auf den Erfahrungen der Milchindustrie aufbauen, da die dort verwendeten Starterkulturen zum großen Teil Milchsäurebildner sind. Allerdings zeigte es sich, daß eine Übernahme der Starterkulturen der Milchindustrie zur Herstellung von Rohwurst nicht optimal war. Die an Milch adaptierten Bakterien wuchsen in Fleisch unbefriedigend. Es wurden daher in aufwendigen Untersuchungen aus gut gereiften Rohwürsten verschiedene Milchsäurebildner isoliert und untersucht. Als Starterkulturen vorgesehene Stämme müssen folgende Bedingungen erfüllen:

- Sie müssen vor allem, auch wenn sie in großen Mengen aufgenommen werden, gesundheitlich unbedenklich sein,
- sich im Fleisch schnell vermehren,
- die vorherrschende Bakterienflora in der Rohwurst bilden, ohne dabei bestimmte andere Arten vollständig zu verdrängen,
- möglichst viele Zuckerarten vergären und dabei homofermentativ (ohne Nebenprodukte) Milchsäure bilden,
- gegen die von ihnen gebildete Milchsäure unempfindlich, also pH-tolerant sein,
- eine bestimmte Salztoleranz aufweisen und gegen Nitrat und Nitrit unempfindlich sein, und Nitrat und Nitrit nach Möglichkeit reduzieren,
- möglichst wenig Peroxid bilden, da es sonst zu Verfärbungen und Ranzigkeit kommt,
- kein abweichendes Aroma in der Rohwurst bilden,
- sich schnell und problemlos vermehren lassen und hohe Keimzahlen erreichen und
- eine Absterberate bei der Kühllagerung aufweisen, die in den ersten vier Wochen nicht höher als eine Potenz betragen darf.

Wenn auch nur eine dieser Bedingungen nicht erfüllt werden kann, eignet sich der Stamm nicht als Starterkultur.

In der Fleischwirtschaft werden Starterkulturen gegenwärtig in folgenden Bereichen eingesetzt:

- zur Stabilisierung und Beschleunigung der Rohwurstherstellung (wirksam in der ersten Phase der Rohwurstreifung),
- zur Erzielung eines bestimmten Aromas der Rohwurst (wirksam in der zweiten Phase),
- für die Herstellung von Dauerpökelwaren,
- für die Herstellung von Garfleischwaren,
- zur Stabilisierung und Aufwertung von »Fleischkochbrühe« und Blut zum Einsatz als Futtermittel,
- zur Erzielung eines bestimmten Aromas und Aussehens bei Rohwürsten und Dauerpökelwaren (Schimmelpilzkulturen).

12.2. Kulturen zur Stabilisierung und Beschleunigung der Rohwurstherstellung

Diese in der ersten Phase der Rohwurstherstellung wirkenden Kulturen haben die Aufgabe, in kurzer Zeit eine vorherrschende Bakterienflora zu bilden. Da diese Kulturen Milchsäurebildner sind, kommt es zur pH-Wert-Absenkung und damit zur Verdrängung der ursprünglich im Brät vorhandenen Bakterien. Um das zu gewährleisten, müssen von vornherein so viele Bakterien zugegeben werden, daß zumindest ein Gleichgewicht, möglichst aber ein Überwiegen der Starterkulturen erreicht wird. Die Ausgangskeimzahl im Wurstbrät ist im Durchschnitt mit 10^5 Keimen je 1 g anzunehmen. Um das angestrebte Gleichgewicht

$$\text{zugesetzte Bakterien : ursprüngliche Bakterien}$$

zu erhalten, müssen demnach ebenfalls 10^5 Bakterien je 1 g zugesetzt werden.

Beispiel. Die in der DDR konfektionierte Flüssigkultur SSHK 76 enthält in 1 ml Kulturflüssigkeit 10^9 bis 10^{10} Bakterien. Garantiert wird eine Mindestzahl bis Ablauf der Haltbarkeitsfrist von 10^8 Keimen je 1 ml.

Die Einsatzempfehlung für die Flüssigkultur SSHK 76 schreibt einen Zusatz von 200 ml je 100 kg Rohwurstbrät vor. Bei einer Ausgangskeimzahl von beispielsweise 5×10^9 Keimen je 1 g Flüssigkultur sind in den zur Anwendung gelangenden 200 ml demnach 200 mal $5 \times 10^9 = 10 \times 10^{11}$ Keime enthalten.

Diese 10×10^{11} Keime werden mit 100 kg Brät vermischt. Es befinden sich danach in 1 g Brät 10×10^6 Keime SSHK 76. Die zugesetzten Starterkulturen befinden sich in diesem Fall nicht nur im Gleichgewicht, sondern sind den ursprünglichen Bakterien um eine Potenz überlegen.

Dem Anwender ist es im allgemeinen nicht möglich, eine Keimzahlbestimmung durchzuführen. Wichtig für die Anwendung ist es, die vorgeschriebene Einsatzmenge exakt einzuhalten, da die Einsatzempfehlung vom Hersteller nach der im Präparat enthaltenen Keimzahl errechnet wird.

12.2.1. Angebotsformen

Starterkulturen werden als

- Flüssigkulturen,
- gefriergetrocknete (lyophilisierte) Kulturen und
- Feuchtmasse-Konzentrate

angeboten.
In der DDR sind Starterkulturen als Flüssigkulturen und als gefriergetrocknete Kulturen im Handel.
Flüssigkulturen sind Starterkulturen mit einer Keimzahl zwischen 10^8 und 10^{10} Keimen je 1 ml. Sie werden in ihrem Vermehrungsmedium konfektioniert und sind sofort einsatzfähig. Vor dem Abfüllen in sterilisierte Glasflaschen werden die Flüssigkulturen durch Kochsalzzusatz auf einen a_w-Wert $<0,87$ gesenkt und somit stabilisiert. Flüssigkulturen müssen im Kühlraum gelagert werden und sind 8 bis 10 Wochen haltbar. Danach sinkt die Keimzahl stark ab. Der Nachteil der Flüssigkulturen liegt in dem aufwendigen Transport der hohen Flüssigkeitsmengen, der Vorteil in niedrigen Kosten.
Gefriergetrocknete (lyophilisierte) Kulturen sind nach der Vermehrung durch Wasserentzug im Volumen stark verkleinert und stabilisiert. Der Wasserentzug erfolgt durch Einbringen der gefrorenen Flüssigkultur in ein Vakuum. Dabei wird das Wasser durch Umgehen der wäßrigen Phase (Sublimation) als Wasserdampf entzogen, ohne daß eine Hitzeschädigung der Bakterien eintritt. Die Keimzahlen liegen bei 10^{11} bis 10^{12} Keimen je 1 g Lyophilisat. Der Versand und die Lagerung sind einfacher als bei Flüssigkulturen. Allerdings sind die Herstellungskosten wesentlich höher. Gefriergetrocknete Kulturen sind einige Monate haltbar, sie sind bei $-18\,°C$ zu lagern. Bei Zimmertemperaturen sinkt die Aktivität sehr stark ab.
Feuchtmasse-Konzentrate sind Kulturen, denen ebenfalls das Wasser weitgehend entzogen wurde. Der Wasserentzug erfolgte hierbei aber durch Zentrifugieren bei sehr hohen Umdrehungen. Die spezifisch schwereren Bakterien setzen sich dabei als Sediment ab und können von der flüssigen Phase dekantiert werden. Feuchtmasse-Konzentrate haben eine Keimzahl von 10^{10} bis 10^{12} Keimen je 1 g Feuchtmasse. Sie sind wie Flüssigkulturen zu behandeln, können aber auch bei $-18\,°C$ gelagert werden.
Die Kosten der Herstellung liegen etwa im Bereich der von Flüssigkulturen. Feuchtmasse-Konzentrate haben aber Vorteile im Versand.

12.2.2. Die verschiedenen Starterkulturstämme

In den vergangenen Jahren wurden sehr viele Bakterienstämme auf ihre Eignung als Starterkulturen untersucht. Nur wenige Arten entsprachen den bereits genannten Forderungen. In den verschiedenen Ländern sind eine Reihe von Bakterienspezies als Starterkulturen im Einsatz, die vorwiegend den *Micrococcaceae* und den *Lactobacteriaceae* zugeordnet werden können. Zu den *Micrococcaceae* gehören:
M. varians, M. aurantiacus, Staphylococcus xylosus, S. carnosus.
Zu den *Lactobacteriaceae* gehören:
SSHK 76, L. plantarum, L. sake, L. casei, L. helveticus, Pediococcus pentosaceus, P. acidilactici und *Streptococcus lactis*.
Von diesen Spezies gibt es viele Subspezies (Unterarten), z. B. die Stämme P 4 und M 76. Da sich diese Arten in ihren Stoffwechselleistungen und Temperaturansprüchen unterscheiden, lassen sich durch Kombination verschiedener Stämme unterschiedliche Starterkulturpräparate herstellen.
Einheitlich sind alle Präparate in ihren Leistungen, indem sie aus Kohlenhydraten ho-

mofermentativ Milchsäure bilden. Unterschiedlich sind aber ihre Temperaturansprüche, die Fähigkeit zur Nitrat- oder Nitritreduktion und Aromabildung sowie andere Faktoren.

12.2.3. Leistungen der Rohwurststarterkulturen

Alle als Rohwurststarterkulturen eingesetzten Bakterienstämme sind in der Lage, Kohlenhydrate zu Milchsäure zu vergären und damit in einer berechenbaren, kurzen Zeit den pH-Wert im Brät zu senken. Als Folge dieser pH-Wert-Senkung kommt es zur Schnittfestigkeit, zur Stabilisierung der Brätstruktur, zur optimalen Wasserabgabe und zur Umstellung der Bakterienflora.
Im Bild 44 wird dargestellt, wie die Entwicklung des pH-Wertes, der zugesetzten Starterkulturen und der Leitkeimgruppe Enterobakterien in Rohwürsten mit und ohne Starterkulturen bei Temperaturen von 22 °C vor sich geht. Obwohl Rohwurststarterkulturen in erster Linie zur Erzielung der genannten Effekte entwickelt wurden, zeigte es sich bald, daß zusätzlich weitere positive Einflüsse auf die Rohwurstreifung beim Einsatz von Starterkulturen erwartet werden können.

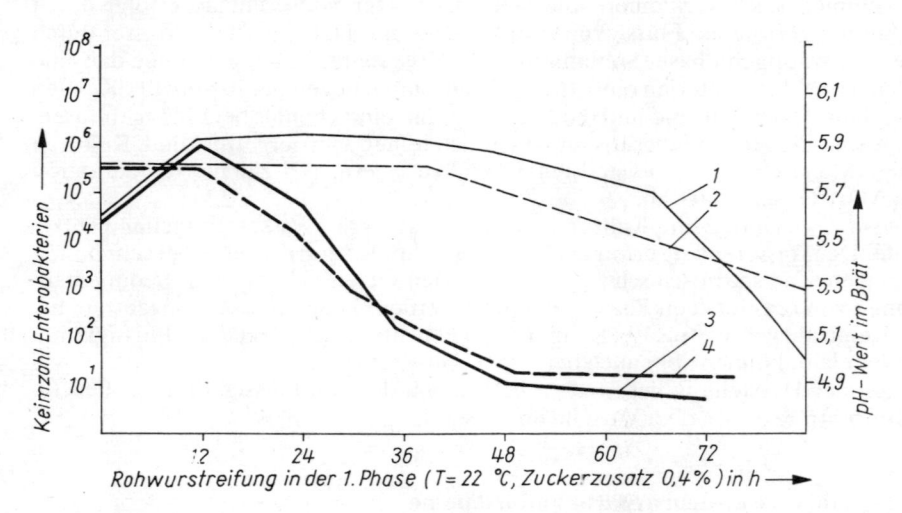

Bild 44. Entwicklung der Enterobakterien und des pH-Wertes bei der Rohwurstreifung bis 72 h mit und ohne Starterkulturen (Keimdynamik)
(1) Gesamtkeimzahl Enterobakterien ohne Starterkulturen   (2) pH-Wert bei Reifung ohne Starterkulturen   (3) Gesamtkeimzahl Enterobakterien mit Starterkulturen   (4) pH-Wert bei Reifung mit Starterkulturen

Mikrobiologische Stabilisierung
Die Umstellung der ursprünglichen Bakterienflora ist nicht allein der pH-Absenkung zuzuschreiben. Viele Starterkulturen haben die Eigenschaft, spezifische Abwehrstoffe gegen andere Bakterienarten zu bilden. Besonders stark werden die Arten *Serratia*, *Enterobacter* und *Pseudomonas* gehemmt.
Eine Verbesserung der Farbstabilität des Pökelrots beim Einsatz der Starterkulturen ist ebenfalls zu beobachten. Sie beruht auf der Verbesserung des Redoxpotentials, auf der

Einstellung des für die Umrötung optimalen pH-Wertes in kurzer Zeit und auf einer Verbesserung des Peroxid-Katalase-Systems.
Starterkulturen vermögen auch *antioxidativ* zu wirken. Bei Einsatz von Starterkulturen ist gegenüber Vergleichswürsten eine Verhinderung des »Talgigwerdens« und eine Verzögerung des Beginns der Ranzigkeit bei der Lagerung zu beobachten. Vermutlich beruht diese Erscheinung ebenfalls auf der Verbesserung des Systems »Peroxidase – Katalase«.

12.3. Kulturen zur Erzielung eines bestimmten Aromas

Das Aroma der Rohwurst wird bestimmt durch Umbauverbindungen von Fetten, Eiweißen und Kohlenhydraten. Diese Stoffumwandlungen entstehen vorwiegend in der zweiten Phase der Rohwurstreifung. Das Aroma wird insbesondere durch Abbau von Fett und Eiweiß gebildet. An den Abbauvorgängen sind vorwiegend bakterielle Enzyme, Lipasen und Proteasen, beteiligt. Die Aromaintensität der Stoffwechselprodukte der Kohlenhydrate ist geringer als bei Fett oder Eiweiß. Da Rohwurststarterkulturen vorwiegend Kohlenhydrate abbauen, ist ihre Rolle bei der Aromabildung auf die Umwandlung der Kohlenhydrate beschränkt. Es lag daher nahe, Bakterienstämme zu suchen, die Lipasen und Proteasen produzieren, wobei diese Enzymaktivität aber bestimmte Grenzen einhalten mußte, um das Aroma nicht zu verschlechtern. Es kam dabei nicht darauf an, eine bestimmte Mindestkeimzahl einzubringen, sondern die Aromakulturen müssen bei pH-Werten um 5,0 ihre Stoffwechseltätigkeit entfalten.
Diese Bedingungen erfüllen Hefen und Aktinomyceten, die in gereiften, gut aromatisierten Rohwürsten ständig, wenn auch in geringer Keimzahl, nachzuweisen sind. Gegenwärtig sind einige Hefestämme (*Debaryomyces*) und 2 bis 3 *Actinomyces*stämme als Aromastarterkulturen bekannt. Insbesondere tragen die Aktinomyceten zu einer deutlichen Aromaverstärkung bei. Ihre volle Aromaintensität entfalten diese Stämme infolge des langsamen Wachstums aber erst nach einigen Wochen. Hefen sollen mit einer maximalen Keimzahl von 10^6 je 1 g dem Brät zugesetzt (inokuliert) werden. Höhere Keimzahlen führen zu geschmacklichen Abweichungen. Bei Aktinomyceten genügen 10^3 bis 10^5 Keime je 1 g Brät.

12.4. Kulturen für die Herstellung von Dauerpökelwaren

Die Reifungsvorgänge bei Dauerpökelwaren unterscheiden sich in einigen Faktoren vom Reifungsablauf bei Rohwürsten. Daher sind die Erfahrungen mit Starterkulturen bei Rohwurst nicht auf die Herstellung von Dauerpökelwaren übertragbar. Starterkulturen zur Herstellung von Dauerpökelwaren werden unter folgenden Gesichtspunkten eingesetzt:

- zur Verbesserung der Farbstabilisierung und der Geschwindigkeit der Umrötung,
- zur pH-Senkung (mikrobiologische Stabilisierung) und
- zur gezielten Verdrängung bestimmter unerwünschter Keimarten.

Da bis zum gegenwärtigen Zeitpunkt keine Kulturen bekannt sind, die alle drei Zielsetzungen gleichgut erfüllen, werden in vielen Ländern meist Mischkulturen eingesetzt. Kulturen zur Verbesserung der Umrötung und der Farbstabilisierung sind besonders unter dem Gesichtspunkt der Verringerung des Einsatzes von Nitrit interessant. Diese Kulturen müssen salztolerant sein, in Fleisch gut wachsen und Enzymsysteme enthalten, um Nitrat und Nitrit zu reduzieren. In der Regel werden hierzu Mikrokokken eingesetzt.

Die Beeinflussung des pH-Wertes durch Starterkulturen dient der mikrobiologischen Stabilisierung. Allerdings wird der pH-Wert bei Dauerpökelwaren niemals so nachhaltig beeinflußt wie bei der Herstellung von Rohwurst. Angestrebt werden bei Dauerpökelwaren pH-Bereiche von 5,2 bis 5,4. Diese pH-Werte bieten besonders bei Schnellverfahren, bei denen mit relativ hohen Temperaturen gearbeitet wird, eine ausreichende Sicherheit gegen das Wachstum unerwünschter Keime. Hierbei spielt auch der nicht pH-abhängige Verdrängungseffekt bestimmter Starterkulturen gegen Enterobakterien eine Rolle. Dieser nicht pH-abhängige Verdrängungseffekt bestimmter Starterkulturen wird in zunehmendem Maße auch bei der Herstellung von großvolumigen Schinken, besonders Knochenschinken, genutzt. Knochenschinken sind durch das Wachstum von *Serratia liquefaciens*, einer Enterobakterienart, die oft zur Tiefenfäulnis bei diesen Dauerpökelwaren führt, verderbgefährdet. *Streptococcus lactis*, auch die Starterkultur SSHK 76, hemmt besonders stark *Serratia*, so daß ein Einsatz von Starterkulturen auch bei großvolumigen Schinken sinnvoll erscheint. Die Untersuchungen darüber sind zur Zeit aber noch nicht abgeschlossen. Starterkulturen werden der Lake zugesetzt, wobei der Zusatz zur Lake bei Spritzpökelung besonders effektiv ist. Die Keimzahl ist gegenüber der Rohwurstherstellung zu erhöhen, da die Vermehrungsgeschwindigkeit bei Dauerpökelwaren infolge der a_w-Wert-Absenkung durch den Kochsalzgehalt geringer ist. Angestrebt wird eine Anfangskeimzahl von 10^8 Keimen je 1 g. Wird die Flüssigkultur SSHK 76 verwendet, ist ein Zusatz von 50...100 ml Kulturflüssigkeit auf einen Liter Lake erforderlich.

12.5. Kulturen für die Herstellung von Garfleischwaren

Bei der Herstellung von Garfleischwaren hat sich ein Zusatz von Starterkulturen bei den Produkten bewährt, die während der Bearbeitung mikrobiologischen Belastungen ausgesetzt sind. Derartigen Belastungen sind Formschinken ausgesetzt, die nach der Zerlegung getumbelt und dann bei relativ niedrigen Gartemperaturen (70...74 °C) thermisch behandelt werden. Zwischen Tumbeln und Garen wird oft eine 12-...18stündige Ruhepause zur Verbesserung der Umrötung eingeschoben.
Saprophytäre Bakterien, besonders kältetolerante Arten, können sich dabei vermehren. Hier hat sich ein Zusatz von Starterkulturen in einer Keimzahl von 10^8 Keimen je 1 g fördernd auf die mikrobiologische Stabilität ausgewirkt. Untersuchungen in einigen Ländern zeigten, daß sich ein Zusatz von Starterkulturen in der angegebenen Höhe unter Einhaltung einer mindestens 5stündigen Ruhepause aromaverstärkend auswirkt. Im Vergleich mit nichtbehandelten Garfleischwaren wiesen die Produkte mit Starterkulturen einen 2000fach höheren Carbonylanteil auf.
Carbonyle sind besonders aromaintensive Verbindungen. Als Starterkulturen für Garfleischwaren werden Rohwurststarterkulturen eingesetzt.

12.6. Kulturen zur Stabilisierung von Fleischkochbrühe und Blut

Das beim Abkochen von Köpfen, Spitzbeinen, Knochen u. ä. (außer Wurst) anfallende Kochwasser enthält wertvolle lösliche Eiweißanteile (0,8...2,0 %) aus der Muskulatur. Diese Fleischkochbrühe ist als Zusatzfuttermittel besonders für wachsende Schweine (Läufer im Alter von 6 Wochen bis 4 Monaten) einzusetzen und dient dazu, den hohen Eiweißbedarf der Läufer mit zu decken. Fleischkochbrühe ist aber aufgrund des hohen Anteils an wasserlöslichem Eiweiß auch für Bakterien ein guter Nährboden und demnach stark verderbgefährdet. In der warmen Jahreszeit genügen oft wenige Stunden, um ein Verderben der Brühe herbeizuführen. Durch Beimpfung der Brühe mit Rohwurststarterkulturen (Milchsäurebildner) läßt sich ein Verderben sicher verhindern. Die Brühe ist nach der Stabilisierung auch ohne Kühlung 1 bis 2 Wochen haltbar. Sie wird sofort nach dem Abkühlen auf 50 °C mit den Kulturen versehen. Die in der Brühe gespeicherte Wärmeenergie reicht völlig für das Wachstum der Bakterien aus. In einigen Stunden ist der pH-Wert der Brühe auf Werte um 4,5 bis 4,8 abgesunken. Die Brühe ist damit stabilisiert.

12.7. Schimmelpilzkulturen als Starterkulturen

Ein weißgrauer Belag der Rohwursthülle gilt bei vielen Verbrauchern als Qualitätsmerkmal. Eine Beimpfung der Rohwursthülle mit Schimmelpilzkulturen ist aber nicht nur unter dem Aspekt der Verkaufsförderung zu betrachten. Das sich bildende Pilzmyzel hat zwei weitere, für die Reifung der Rohwürste wichtige Aufgaben:

- Pilzmyzel wirkt ausgleichend gegenüber schwankenden Werten der relativen Luftfeuchte im Reifungsraum
- Pilzmyzel bewirkt infolge hoher Lipaseaktivität ein typisches Aroma in der Rohwurst.

Die Rohwürste aus südlichen und südosteuropäischen Ländern sind durch eine weißlichgraue Färbung der Wursthülle gekennzeichnet. Diese Färbung entsteht durch Schimmelpilze, die in diesen Klimazonen zur Wildflora gehören. Die Grau- und Grünschimmelpilze, die in Mitteleuropa zur Wildflora zählen, müssen wegen des sich bildenden muffigen Aromas und besonders wegen der Gefahr der Mykotoxinbildung einiger Arten (Pilzgifte) von der Rohwursthülle ferngehalten werden. Eine Bepilzung mit dem weißen »Edelschimmel« ist somit in unseren Breiten nur durch Schimmelpilz-Starterkulturen möglich.

Bei den Schimmelpilz-Starterkulturen handelt es sich um eine wäßrige Aufschwemmung von Pilzsporen. Diese haften an der Oberfläche der Wursthülle und keimen dort unter bestimmten Bedingungen aus. Sie dringen zunächst in die Wursthülle ein und bilden das Myzel. Nach außen bilden sich die Hyphen, die oft Sporen tragen. Die Hyphen trocknen nach einigen Wochen ein. Es verbleibt an der Wursthülle das Myzel, das weiß bis weißgrau gefärbt ist und der Rohwurst das typische Aussehen verleiht. Das Myzel nimmt Nährstoffe aus der Rohwurst auf und gibt Stoffwechselprodukte ab. Typisch für Schimmelpilze ist ihre lipolytische (fettspaltende) Aktivität. Daher hat eine Rohwurst mit Edelschimmelpilzbesatz einen unverwechselbaren leicht kratzenden, etwas talgigen Geschmack. Als Edelschimmelpilze werden vorwiegend die folgenden drei Arten eingesetzt:

- *Penicillium candidum,*
- *P. camemberti* und
- *P. nalgiovensis.*

Diese drei Arten keimen nur unter ganz bestimmten klimatischen Bedingungen aus. Daher ist die Sorge unbegründet, daß sich in Betrieben, die Rohwurst mit Edelschimmelpilzen herstellen, die Pilze in allen Räumen ausbreiten.

Die Schimmelpilz-Starterkulturen werden mit etwa der 10- bis 20fachen Menge Wasser verdünnt. In diese Lösung werden die Rohwürste für 30 ... 60 min eingelegt. Es eignen sich für die Bepilzung nur Rohwürste im Natur- oder im Kollagendarm (z. B. Cutisin). Die Rohwürste sollen zweckmäßigerweise die erste Reifungsphase abgeschlossen haben, und können auch einer mäßigen Rauchbehandlung unterzogen sein. Das Aufsprühen der Schimmelpilz-Starterkulturen mittels Sprühpistole sollte aus Arbeitsschutzgründen unterbleiben. In der folgenden Phase des Auskeimens der Sporen sind die relative Luftfeuchte und die Temperatur genau einzuhalten. Die Sporen keimen nur bei Temperaturen im Bereich von 15...20°C aus. Vor allem ist die Einhaltung einer relativen Luftfeuchte von 95...98 % wichtig. Auch das Mikroklima der Rohwürste ist durch dichtes Zusammenhängen zu verbessern. Allerdings dürfen sich die Würste nicht berühren. Die genannten Werte sind solange einzuhalten, bis sich ein dichter weißer Hyphenbelag gebildet hat, der aber noch druckempfindlich ist. Kommt es in dieser Zeit zu Schwankungen der relativen Luftfeuchte, so trocknen die empfindlichen Keime sofort aus. Nach Erreichen des Hyphenstadiums muß die relative Luftfeuchte gesenkt werden, da sich sonst ein zu großer Trockenrand bildet.

Jetzt ist die bepilzte Rohwurst relativ unempfindlich gegenüber Schwankungen der relativen Luftfeuchte. Sie ist in der Lage, solche Schwankungen eher auszugleichen als eine unbepilzte Rohwurst. Die Hyphen trocknen nach einigen Wochen, und es verbleibt ein weißgrauer, fester Belag mit typischem Pilzgeruch.

12.8. Aufbewahrung und Einsatzbedingungen von Starterkulturen

Im Unterschied zur Milchindustrie werden Starterkulturen in der Fleischindustrie im Einsatzbetrieb nicht weiter vermehrt, sondern so, wie sie geliefert werden, verwendet. Da es sich um lebende Organismen handelt, ist darauf zu achten, daß die Absterberate während der Lagerung im Betrieb so gering wie möglich ist. Notwendig ist bei allen Konfektionierungsarten eine Lagerung unter Kühlraumbedingungen. Gefriergetrocknete Kulturen können ohne weiteres einige Monate gelagert werden, dazu sind aber Lagertemperaturen um $-18\,°C$ notwendig.

Zu vermeiden ist ein ständiges Schwanken der Lagertemperatur. Wird eine Flüssigkultur verwendet, so ist im Kühlraum die benötigte Menge abzufüllen, auf keinen Fall ist der Behälter bei Arbeitsbeginn aus dem Kühlraum zu nehmen, bei Zimmertemperatur zu halten und die nicht benötigte Menge nach Schichtschluß wieder in den Kühlraum zu bringen.

Gefriergetrocknete Kulturen haben meist eine etwas längere lag-Phase als Flüssigkulturen oder Feuchtkonzentrate. Daher wird empfohlen, gefriergetrocknete Kulturen vor dem Einsatz in Wasser zu lösen und einige Stunden stehen zu lassen, damit den gefriergetrockneten Bakterien Zeit zur Reaktivierung verbleibt. Neuere Untersuchungen haben ergeben, daß dieser zeitliche Vorteil nicht allzu hoch ist. Daher werden gefriergetrocknete Starterkulturen nur in etwas Wasser gelöst, verdünnt und sofort verwendet. Alle Konfektionierungsarten sind vor dem Einsatz zu verdünnen. Die Starterkulturenpräparate sind hochkonzentriert, so daß wenige Milliliter zur Beimpfung ausreichen. Ohne ausreichende Verdünnung wäre eine gleichmäßige Durchmischung nicht gewährleistet.

13. Mikrobiologie der Fleischverarbeitung

13.1. Inhalt und Aufgabenstellung

13.1.1. Allgemeines

Alle Fleischverarbeitungsverfahren dienten ursprünglich dazu, das leichtverderbliche Lebensmittel Fleisch über einen bestimmten Zeitraum haltbar zu machen und das wertvolle Eiweiß nicht nur wenige Tage in großen Mengen, sondern kontinuierlich über eine größere Zeitspanne für die Ernährung zur Verfügung zu haben. Über Jahrtausende hinweg gab es nur wenige, empirisch ermittelte Verfahren, die allerdings auch noch heute angewandt werden. Die Salzung, Säuerung und Trocknung, auch in Kombination mit der Räucherung, also Verfahren der a_w-Wert- und pH-Wert-Senkung, waren bis ins Mittelalter die einzigen Verfahren zur Haltbarmachung von Fleisch. Etwa im 15. Jahrhundert kam dann mit dem Pökeln ein neues Haltbarmachungsverfahren hinzu.
Bis zu diesem Zeitpunkt waren Fleischverarbeitungsverfahren vorrangig Konservierungsverfahren.
Die wirtschaftliche und kulturelle Blüte der Stadtstaaten Italiens im 15. und 16. Jahrhundert förderte auch die Kochkunst. In dieser Zeit wurden bekannte Konservierungsverfahren weiterentwickelt. Neben der Haltbarmachung von Fleisch wurden neue Produkte mit neuen Geschmacksrichtungen entwickelt. So entstanden die ersten Verfahren zur Brühwurst- und Rohwurstherstellung.
Durch Fleischzerkleinerung unter Zugabe von Salz, Gewürzen, mit oder ohne Bindemittel, entstanden die Pasteten, die anfangs der besseren Haltbarkeit wegen immer mit einer Teighülle versehen waren. Diese Krustenpasteten wurden später in Frankreich weiterentwickelt. Als Pastetenfarce statt in einer Teighülle im Darm von Rind oder Esel erhitzt wurde, verbesserte sich die Haltbarkeit so, daß sich daraus die erste Wurstdauerware entwickelte, die italienische Mortadella.
In diese Zeit fällt auch die Entwicklung der italienischen Salami. Mit dem Beginn der ersten industriellen Revolution in der zweiten Hälfte des 19. Jahrhunderts wurden neue Verfahren der Fleischverarbeitung und der Konservierung entwickelt. Diese Entwicklungen geschahen nun nicht mehr empirisch, sondern basierten auf den Erkenntnissen der technischen und naturwissenschaftlichen Forschung. Diese Phase ist bis heute noch nicht abgeschlossen. Historisch gesehen läßt sich die Entwicklung der Verfahren zur Fleischverarbeitung und -konservierung in drei Phasen einteilen (Übersicht 9). Obwohl fast alle Fleischverarbeitungsverfahren vom Ursprung her Konservierungsverfahren sind, werden sie heute nicht mehr nur zum Zwecke der Konservierung angewandt, sondern auch zum Erreichen bestimmter sensorischer Effekte. Berner Trockenfleisch wird z. B. nicht wegen seiner Haltbarkeit, sondern wegen seines typischen Aromas hergestellt. Das gleiche gilt für Dosenschinken, Rohwurst und viele andere Produkte.
Andererseits wird das gewünschte produkttypische Aroma nur dann erreicht, wenn der ursprüngliche Zweck des Verfahrens, die Konservierung, erzielt wurde.
Haltbarmachung von Fleisch durch bestimmte Fleischverarbeitungsverfahren bedeutet, den ursprünglichen Keimgehalt des Fleisches so zu verändern, daß eine bakterielle Zersetzung für eine bestimmte Zeit verhindert wird.
Art und Weise sowie Umfang dieser Änderung sind verfahrensspezifisch. Es gibt nur ein Verfahren, bei dem die im Fleisch vorhandenen Bakterien völlig vernichtet werden, das *Autoklavieren*. Durch die Blechumhüllung und den luftdichten Abschluß der Dose ist auch eine Wiederbesiedlung von außen nicht möglich. Bei allen anderen Verfahren bleiben bestimmte Bakterienarten im Produkt; die Keimzahl, die Keimart und die Möglichkeit der Vermehrung sind verfahrens- und produktspezifisch.

Übersicht 9. Historische Entwicklung der Fleischverarbeitungs- und Fleischkonservierungsverfahren

Phase	Zeitraum	Entwicklungsstand der Fleischverarbeitung und -konservierung
1.	Urgemeinschaft bis Mittelalter	Trocknen, Salzen, Säuern und Räuchern
2.	Mittelalter bis Mitte des 19. Jahrhunderts	Herstellung von Pasteten, Brüh-, Koch- und Rohwurst, Einführung des Pökelns
3.	Ab Mitte des 19. Jahrhunderts bis zur Gegenwart, wobei ab etwa 1950 ein deutlicher Aufschwung zu verzeichnen ist	Einführung technischer Kühl- und Gefrierverfahren, Pasteurisieren, Autoklavieren und damit Herstellung von Konserven, Weiterentwicklung der Herstellungsverfahren für Wurstwaren, Fleischwaren, Fleischfeinkosterzeugnisse, Fette und Konserven, Einführung der mikrobiologischen Steuerung bestimmter Verfahrensabschnitte der Fleischverarbeitung, Einführung der Strahlenbehandlung von Lebensmitteln

Jede Produktart hat wegen des spezifischen Verarbeitungsverfahrens eine definierte Bakterienflora, die sich auch nach der Fertigstellung und während der Lagerung spezifisch verhält.
Nur bei genauer Kenntnis dieser typischen Bakterienentwicklung können Fehlprodukte bei der Herstellung und Lagerung vermieden werden.

13.1.2. Mikrobiologische Prozeßsteuerung, Produktkontrolle und Prozeßkontrolle

Bei der Herstellung bestimmter Produkte, wie Rohwurst oder Pökelwaren, kann die gewünschte Bakterienentwicklung vom Hersteller durch Zusatz bestimmter Bakterienarten aktiv gefördert werden. Diese Förderung wird *mikrobiologische Prozeßsteuerung* genannt. Die dazu verwendeten Bakterien heißen Starterkulturen.
Durch mikrobiologische Untersuchung des Fertigproduktes kann eine Aussage über die ordnungsgemäße Durchführung des Herstellungsverfahrens, die lebensmittelhygienische Beschaffenheit und eine Vorhersage über die Lagerfähigkeit gewonnen werden. Diese Untersuchungen stellen die *mikrobiologische Produktkontrolle* dar.
Die mikrobiologische Untersuchung kann auch im Fertigungsprozeß erfolgen. Dazu ist aber eine genaue Kenntnis des Bakterienverhaltens in den einzelnen Prozeßstufen notwendig. Der Vorteil dieser Untersuchung, der *mikrobiologischen Prozeßkontrolle*, liegt darin, daß Abweichungen und dadurch bedingte Fehlproduktionen rechtzeitig erkannt und mittels gezielter Maßnahmen verhindert werden können.
Die mikrobiologische Prozeßkontrolle gewinnt immer mehr an Bedeutung. Voraussetzung für eine Prozeßkontrolle sind neben der genauen Kenntnis der Bakterienentwicklung in den einzelnen Fertigungsstufen Methoden zur einfachen und schnellen Diagnosestellung.

13.1.3. Mikrobiologisch instabile, labile und stabile Produkte

Verderbniserregende und krankmachende Bakterienarten finden in den verschiedensten Produkten unterschiedliche Vermehrungsmöglichkeiten vor. Hinsichtlich des möglichen Bakterienwachstums während und nach der Herstellung lassen sich drei Produktgruppen (Übersicht 10) abgrenzen:
- Instabile Produkte,
- labile Produkte und
- stabile Produkte.

Übersicht 10. Zusammenhang zwischen mikrobiellen Wachstumsbedingungen und Haltbarkeit

Grad der Haltbarkeit	Mikrobielles Wachstum	Fleischerzeugnisse (Auswahl)	Zeitdauer der Haltbarkeit
Instabil	für fast alle Mikrobenarten gute Bedingungen vorhanden	Rostbratwurst, roh, Hackfleisch, Brühwurstbrät, roh, Kochwurstmasse, roh	keine Haltbarkeit, Lagerung unter Kühlung nur wenige Stunden möglich
Labil	nur für wenige Mikrobenarten gute Bedingungen vorhanden	Fleischsalate, Fleischaspikwaren, Brühwurstaufschnittware, Garfleischwaren, Halbkonserven	geringe Haltbarkeit nur wenige Tage unter Kühlbedingungen lagerfähig
Stabil	für fast alle Mikrobenarten ungünstige Bedingungen vorhanden	Kochwurst im Naturdarm (bei Einhaltung bestimmter Rezepturen), Brühwurstdauerware, Dauerpökelware, Rohwurst-Dauerware	gute Lagerfähigkeit, Kühlung nicht erforderlich

Daraus ist abzuleiten:
- Alle Herstellungsverfahren, bei denen Fleisch nur zerkleinert wird, mit oder ohne Zusatzstoffe, ergeben instabile Produkte.
- Alle Herstellungsverfahren, bei denen Stückware oder zerkleinertes Fleisch thermisch behandelt werden oder nur der pH-Wert abgesenkt wird (Essigzugabe), ergeben labile Produkte.
- Alle Verfahren, bei denen der a_w-Wert im Produkt abgesenkt wird, ergeben stabile Produkte.

Bei den instabilen Produkten bleibt die ursprüngliche Bakterienflora erhalten. Sie kann sich durch die bei der Zerkleinerung verbesserten Nährstoffbedingungen sehr schnell vermehren. Bei den labilen Produkten wird ein großer Teil der ursprünglichen Bakterienflora durch Wärmezufuhr oder pH-Senkung vernichtet. Die überlebenden Arten können sich aber nach einer Anpassungszeit unter günstigen Bedingungen vermehren und führen zum Verderb der Ware.
Bei den stabilen Produkten werden allen Bakterienarten durch Senkung der Wasseraktivität die Lebensbedingungen entzogen. Da die Wasseraktivität bei der Lagerung stetig abnimmt, erhöht sich auch die Stabilität mit der Dauer der Lagerung. Das Verarbeitungsverfahren hat somit einen entscheidenden Einfluß auf die Instabilität, Labilität oder Stabilität des Endproduktes. Trotz dieser zentralen Stellung der Verarbeitungsverfahren hinsichtlich mikrobiologischer Beschaffenheit, Qualität und Lagerfähigkeit darf nicht übersehen werden, daß alle Produktionsstufen der Fleischwirtschaft, wie

- Schlachtung (einschließlich Kühlung und Transport),
- Bearbeitung (Zerlegung) und
- Verarbeitung,

voneinander abhängig sind. Eine hohe Bakterienbelastung des Fleisches infolge hygienischer Mängel bei der Schlachtung oder beim Transport kann auch bei genauer Einhaltung der Verarbeitungskennwerte kaum korrigiert werden.

13.1.4. Keimart, Keimzahl und Grenzkeimzahl

Ausgehend von der Erkenntnis, daß eine hohe mikrobiologische Belastung des Ausgangsmaterials die Effektivität der gewählten Verarbeitungsverfahren und damit die Qualität des Endproduktes verschlechtert oder daß eine hohe Keimbelastung eines Fertigproduktes (z. B. Fleischsalat oder Garfleischwaren) die ohnehin geringe Haltbarkeit dieser labilen Produkte weiter verringert, wäre es nur folgerichtig, Kennziffern der mikrobiologischen Beschaffenheit aufzustellen. Mit guten Ergebnissen wurden in vielen Ländern zur Beurteilung der Qualität der Rohstoffe oder Endprodukte chemisch-analytische und sensorische Kennwerte erarbeitet, deren Über- oder Unterschreitung Mängel in der Qualität signalisieren. Es hat auch nicht an Versuchen gefehlt, für jedes Produkt oder jede Verarbeitungsstufe eine bestimmte noch zulässige Keimart oder Keimzahl zu bestimmen. Die generelle Einführung solcher »Grenzkeimzahlen« für Rohstoffe und Produkte, deren Überschreitung sofort zur Abwertung oder Untauglichkeitserklärung führt, war aber zunächst nicht möglich. Dafür gibt es mehrere Gründe:

- Die Untersuchung der mikrobiologischen Beschaffenheit muß möglichst am Ort der Verarbeitung (Betriebslabor) stattfinden und hinsichtlich des zeitlichen Ablaufs so kurz sein, daß Korrekturen beanstandeter Rohstoffe und Produkte vor Auslieferung möglich sind. Mikrobiologische Arbeitsmethoden erfordern aber einen hohen materiellen und personellen Aufwand, der in den meisten Betriebslaboratorien nicht verwirklicht werden kann.
- Fast alle vorgeschlagenen Grenzkeimzahlen beziehen sich auf die Ermittlung der *Gesamtkeimzahl*. Diese ist relativ einfach und schnell zu bestimmen. Sie setzt sich aus der Summe aller auf oder in einem bestimmten Nährmedium wachsenden Keime zusammen. Statt des Ausdruckes Gesamtkeimzahl (GKZ) wird auch der Begriff »Koloniebildende Einheit« (kbE) verwendet, da bei der Zählung der Keime nicht die nur mikroskopisch erfaßbaren Bakterien, sondern die mit dem Auge sichtbaren Bakterienkolonien gewertet werden. Es hat sich gezeigt, daß eine Beurteilung allein nach Grenzkeimzahlen nicht möglich ist ohne die Kenntnis, aus wieviel Keimarten und in welchem Anteil sich die Gesamtkeimzahl zusammensetzt. Die Bestimmung der einzelnen Keimarten ist zwar möglich, der notwendige Aufwand aber für Routineuntersuchungen zu hoch.
- Selbst bei genauer Kenntnis der Gesamtkeimzahl und des Anteils der einzelnen Keimarten innerhalb der Gesamtkeimzahl ist eine Beurteilung schwierig. Bakterien wirken nicht direkt durch ihre bloße Anwesenheit im Fleisch (Keimzahl), sondern sie beeinflussen die Qualität mit ihren Stoffwechselprodukten und ihrer enzymatischen Aktivität. Einzelne Keimarten haben eine ausgeprägte proteolytische (eiweißabbauende) Aktivität. Hier genügen 1000 Keime je 1 g, um deutliche Geruchs- und Geschmacksabweichungen hervorzurufen. Bei schwach proteolytischen Arten werden trotz einer Keimzahl von > 10 Millionen je 1 g oft keinerlei Abweichungen festgestellt.

Leitkeime
Wegen der Schwierigkeiten, die eine Beurteilung von Rohstoff oder Fertigprodukt nach der Gesamtkeimzahl mit sich bringt, wurde diese Methodik allgemein verlassen. Nach wie vor besteht aber die Notwendigkeit einer Kontrolle der mikrobiologischen Beschaffenheit von Fleisch und Fleischerzeugnissen. Eine wesentliche Verbesserung und Vereinfachung der Untersuchung wurde durch die Einführung der Leitkeimbestimmung erreicht. Als Leitkeimart wird eine Keimart einer größeren Keimgruppe bezeichnet, die sich leicht nachweisen läßt und die in ihrem Verhalten bestimmten Umwelteinflüssen gegenüber (Wärmetoleranz, Kältetoleranz, Wachstumsvermögen bei bestimmten pH- und a_w-Werten) alle anderen Keimarten innerhalb der Keimgruppe repräsentiert.
Die Untersuchung geht von den einzelnen Verarbeitungsverfahren und ihren gesetzmäßigen Einwirkungen auf die Keimflora aus.
Beispiel 1. Bei *thermisch behandelten Produkten* werden alle vegetativen Keime bei Temperaturen >70 °C vernichtet, es bleiben alle sporenbildenden Arten übrig. Die Untersuchung der ordnungsgemäßen Erhitzung hat sich lediglich auf den Nachweis überlebender vegetativer Keime zu richten. Hierbei kann eine Keimart bestimmt werden, die sich einfach und schnell nachweisen läßt. Mit dieser Leitkeimuntersuchung ist auch eine Desinfektionskontrolle möglich.
Beispiel 2. Bei *Fleischsalaten,* einem mikrobiologisch labilen Produkt, ist eine Leitkeimuntersuchung bestimmter vegetativer Keime nicht möglich. Fleischsalate bestehen zwar aus thermisch vorbehandelten Bestandteilen, doch können bei der Mischung und Abfüllung Luft- oder Umgebungskeime in das Produkt gelangen. Bei starker Anreicherung dieser Keime kann das labile Produkt in ein instabiles Produkt umschlagen. Hier ist also die Stärke der nachträglichen Anreicherung (Kontamination) mit bestimmten Keimen für die Beurteilung maßgebend. Daher werden bei Fleischsalaten als Leitkeime für die Enterobaktergruppe Kolibakterien und für die Kokkengruppe Enterokokken bestimmt, wobei eine bestimmte Toleranz zugebilligt wird. Diese Toleranz wird auch Titer genannt. Eine Überschreitung des Titers weist auf eine zu hohe Kontamination während der Herstellung, also auf eine unhygienische Produktion, hin, die zur verminderten Haltbarkeit führt.
Beispiel 3. Bei der mikrobiologischen Beurteilung von *Rohwurst* würde eine Gesamtkeimzahlbestimmung des Endprodukts keine Aussage über die Beschaffenheit ergeben, da die Gesamtkeimzahl vom Herstellungsverfahren abhängig ist. Für den Hersteller der Rohwurst ist es aber wichtig, den ordnungsgemäßen Reifungsverlauf der ersten Tage zu kontrollieren, um bei Abweichungen regelnd eingreifen zu können. Als Leitkeime werden hierbei die milchsäurebildenden Bakterienarten ausgewählt, da die Dynamik ihrer Entwicklung entscheidend für das Gelingen des Produkts ist. Da diese Keimarten eine ausgesprochene Enzymaktivität (Carbohydrasen) aufweisen, deren Stärke etwa mit der Keimzahlentwicklung korreliert, kann hier das Produkt ihrer Enzymaktivität, die Milchsäure, mit Hilfe der pH-Wert-Messung bestimmt werden.
Von dieser indirekten Leitkeimbestimmung zur Steuerung der Rohwurstproduktion wird allgemein noch zu wenig Gebrauch gemacht.
Die mikrobiologische Beschaffenheitskontrolle des Rohstoffes, der Zwischenprodukte und der Fertigware mittels Leitkeimbestimmung eröffnet insbesondere der mikrobiologischen Prozeßkontrolle neue Möglichkeiten.
Da sich diese Methodik der Gesetzmäßigkeiten der Keimdynamik (Zunahme bestimmter Keimarten, Abnahme anderer Keimarten) der einzelnen Herstellungsverfahren bedient, ist die Kenntnis der mikrobiologischen Vorgänge innerhalb der Verfahrensstufen Voraussetzung.
Die mikrobiologische Prozeßkontrolle mittels direkter oder indirekter Leitkeimbestimmung ist der bisher üblichen mikrobiologischen Produktkontrolle überlegen.

Durchschnittskeimgehalt
Während die Beurteilung der mikrobiologischen Beschaffenheit über Grenzkeimzahlen Schwierigkeiten der Interpretation bereitet, ist die laufende Bestimmung der Gesamtkeimzahlen zur Ermittlung des Durchschnittskeimgehalts als Mittel der Prozeßkontrolle zu empfehlen. Für jede Produktart sind Durchschnittskeimzahlen bekannt, die allerdings in weiten Grenzen schwanken können, ohne daß es zu Veränderungen im Produkt kommt. Die laufende routinemäßige Bestimmung der Durchschnittskeimzahlen im Betriebslabor gibt aber sehr gute Hinweise über das hygienische Niveau der Produktion. Steigen die Durchschnittskeimzahlen beispielsweise bei Brühwurst langsam und stetig an, ohne daß über die Leitkeimuntersuchung Erhitzungsfehler festgestellt werden, so hat sich die hygienische Situation im Betrieb oder Betriebsteil verschlechtert. Durch gezielte Untersuchungen kann dann die Ursache ermittelt und abgestellt werden, bevor es zu mikrobiologisch bedingten Fehlproduktionen kommt.
Tabelle 28 gibt einen Überblick über die wahrscheinlichen Durchschnittskeimzahlen von Fleisch und Fleischerzeugnissen, wobei Streuungen bei einzelnen Chargen bis zu zwei Potenzen nach oben und unten möglich sind. Allein aus dieser Zusammenstellung ist ersichtlich, daß eine Festlegung von Grenzkeimzahlen für einzelne Produkte sehr schwierig ist.

Tabelle 28. Durchschnittlicher Mikrobengehalt von Fleisch und ausgewählten Fleischerzeugnissen

Erzeugnis	Durchschnittlicher Mikrobengehalt je 1 g bzw. 1 cm²
Fleisch, frisch geschlachtet:	
Oberfläche	$10^3 \ldots 10^5$
Tiefe	bis 10^1
Fleisch, zerkleinert:	
Hackfleisch	$10^4 \ldots 10^6$
gekuttert	$10^3 \ldots 10^6$
Brühwurst und Kochwurst nach dem Garen	$10^2 \ldots 10^5$
Dauerpökelwaren, gespritzt, ohne Starterkulturen	$10^3 \ldots 10^5$
Dauerpökelwaren, gespritzt, mit Starterkulturen, Schnellreifung	$10^5 \ldots 10^8$
Dauerpökelwaren, großvolumig, traditionelle Reifung, Trockenpökelung	$10^2 \ldots 10^3$
Garfleischwaren	$10^3 \ldots 10^4$
Rohwurstbrät ohne Starterkulturen	$10^4 \ldots 10^6$
Rohwurstbrät mit Starterkulturen	$10^6 \ldots 10^7$
Rohwurst nach der ersten Reifungsphase	$10^8 \ldots 10^9$
Rohwurst ausgereift	$10^3 \ldots 10^5$
Rohwurst bei beginnender Ranzigkeit	$10^1 \ldots 10^2$
Fleischsalat	$10^3 \ldots 10^6$
Fleischsalat mit Rohwurst (Wurstsalat)	$10^5 \ldots 10^8$

13.2. Mikrobiologie der Rohwurst

Von allen Fleisch- und Wurstwaren weist die Rohwurst die höchste Keimdynamik (Veränderung von Keimzahl und Keimartenverhältnis) während der Herstellung auf. Der Ablauf der mikrobiellen Dynamik in allen Phasen der Herstellung entscheidet nicht nur über ein mögliches bakteriell bedingtes Verderben, sondern bestimmt maßgeblich die sensorische Beschaffenheit und mikrobiologische Stabilität.

Trotz einer außerordentlich hohen Keimzahl (bis 10^9 Keime je 1 g) ist die Rohwurst mikrobiologisch stabil. Die Stabilität wird in der ersten Zeit durch den pH-Abfall und während der Lagerung und Nachreifung durch kontinuierliche a_w-Wert-Senkung bis unter 0,90 bewirkt.

In mikrobiologischer Hinsicht zeigt die Rohwurst während der Reifung zwei typische, gegensätzliche Verhaltensweisen der Bakterien. Es ist daher berechtigt, die Rohwurstherstellung in zwei Phasen einzuteilen:

- In der ersten Phase dominieren hohe Keimzahlen. Zunächst vermehren sich alle im Ausgangsbrät vorhandenen Bakterien. Danach kommt es zur Verdrängung bestimmter Arten und zur pH-Wert-Senkung infolge Milchsäurebildung. Diese Phase ist je nach Verfahren nach 2 bis 8 Tagen abgeschlossen.
- In der zweiten Phase kommt die stürmische Bakterienentwicklung zur Ruhe. Die Bakterienzahl ist rückläufig. Es dominieren durch Bakterienenzyme bewirkte Stoffumwandlungen, die das Aroma erzeugen. Diese Phase hat ihren Höhepunkt nach 4 bis 6 Wochen. Danach verlangsamt sich die Intensität der Stoffumwandlungen.

Mikrobiologie der ersten Phase

Die Ausgangskeimzahlen im Rohwurstbrät liegen zwischen 10^4 und 10^6 Keimen je 1 g. In der kälteren Jahreszeit und bei gröberer Körnung wird eher der untere Bereich, in der warmen Jahreszeit und bei Feinzerkleinerung der obere Bereich der Spanne erreicht. Es werden im Rohwurstbrät alle Keimarten gefunden, die im oder auf dem Fleisch vorkommen, also Enterobakterien, Staphylokokken, Streptokokken, Brochothrix, Laktobakterien, aerobe Sporenbildner und Clostridien sowie *Pseudomonas*arten.

Unter diesen Keimarten gibt es eine Reihe von eiweißabbauenden Bakterien, deren Stoffwechselprodukte zu unerwünschten Geruchs- und Geschmacksabweichungen führen. Die Verfahrensführung bei der Rohwurstherstellung in der ersten Phase der Reifung muß demnach darauf abzielen, die eiweißabbauenden Bakterien am Wachstum zu hindern. Da Erwärmen ausscheidet, stehen zwei Möglichkeiten zur Hemmung dieser Bakterienarten zur Auswahl, und zwar

- Senkung der Wasseraktivität (a_w) im Rohwurstbrät und
- Senkung des pH-Wertes.

Während bei älteren Herstellungsverfahren die Senkung der Wasseraktivität in der ersten Phase im Vordergrund stand, bedienen sich moderne Herstellungsverfahren aller Möglichkeiten, den pH-Wert im Brät so rasch wie möglich zu senken.

Senkung des a_w-Wertes im Brät

Das eingesetzte Fleisch hat einen a_w-Wert von 0,9970...0,990. Damit Enterobakterien und Pseudomonaden, die hauptsächlichsten Vertreter der eiweißabbauenden Bakterien, nicht mehr wachsen können, ist der a_w-Wert unter 0,950 abzusenken. Tabelle 29 zeigt, welche Minimalwerte der Wasseraktivität für die Vermehrung bestimmter Bakterien erforderlich sind.

Bei einem a_w-Grundwert des Fleisches von durchschnittlich 0,994 und einem Kochsalz-

Tabelle 29. Minimalwerte der Wasseraktivität für das Wachstum bestimmter Bakterienarten

Minimalwert a_w	Bakterienart
0,96	*Pseudomonas*
	Clostridium botulinum Typ B und E (kältetolerant)
0,95	*Bacillus, Citrobacter, Escherichia coli,*
	Bacterium proteus, Salmonella, C. perfringens
	und *C. botulinum* Typ A und B (mesophil)
0,93	*Lactobacillus* (bestimmte Spezies), *Pediococcus*
0,90	*Lactobacillus, Streptococcus, Micrococcus*

gehalt von 2,3 % sowie einem Fettanteil von 30 % berechnet sich der Wert der Wasseraktivität des Wurstbrätes nach folgendem Schema:

a_w-Grundwert des Fleisches	0,9940
./. a_w-Wert der 2,3 % Kochsalz	− 0,0136
./. a_w-Wert der 30 % Fettanteile	− 0,0186
Wert der Wasseraktivität des Wurstbrätes	= 0,9618

Dieser Wert genügt noch nicht zur Hemmung der eiweißabbauenden Bakterien. Es sind demnach noch flankierende Maßnahmen notwendig. Dazu zählt die zusätzliche Abgabe von »freiem« Wasser durch

- Ablaken und
- Vorreifen.

Diese Maßnahmen benötigen aber eine gewisse Zeit, die bei einer industriellen Produktion nicht mehr zur Verfügung steht. Außerdem geht beim Ablaken der Fleischstücke nicht nur Wasser verloren, sondern auch wertvolles, wasserlösliches Eiweiß. Da Eiweiß in der zweiten Phase der Rohwurstreifung zu aromatischen Verbindungen, wie Aminosäuren, Ketonen und anderen Aromaträgern, umgebaut wird, entfallen beim Ablaken wichtige Geschmacksträger. Theoretisch besteht auch die Möglichkeit, den Salzgehalt auf 3 % anzuheben. Eine solche Rohwurst entspricht dann aber nicht mehr den Ansprüchen der Verbraucher und würde als übersalzen abgelehnt werden.

Senkung des pH-Wertes im Brät

Moderne Rohwurstherstellungsverfahren lassen den a_w-Wert des Brätes unberücksichtigt und bedienen sich vorwiegend der Senkung des pH-Wertes, um das Wachstum der eiweißabbauenden, unerwünschten Bakterien zu unterdrücken.

Rohwurstbrät hat einen Ausgangs-pH-Wert von 5,7 bis 6,0. Die relativ große Schwankungsbreite des Brät-pH-Wertes resultiert aus der unterschiedlichen Fleischqualität und wird durch häufig auftretende hohe pH-Werte im Rindfleisch beeinflußt. Da das Brät wegen des hohen Eiweißgehalts eine hohe Pufferkapazität aufweist, ist es in der Lage, geringe Milchsäuremengen zu neutralisieren, ohne daß sich der pH-Wert verändert. Erst relativ hohe Mengen gebildeter Milchsäure können diese Pufferschranke durchbrechen und führen dann zu pH-Senkung.

Das Herstellungsverfahren muß in der ersten Phase so geführt werden, daß am Ende der Phase pH-Werte um 4,9 bis 5,1 erreicht werden. Bei diesen pH-Werten werden säureempfindliche Bakterien vollständig gehemmt, während weniger empfindliche eiweißabbauende Bakterien in ihrem Stoffwechsel stark eingeschränkt werden. Ihre Vermehrungsgeschwindigkeit sinkt, der Eiweißstoffwechsel ist gestört. In diesem Stadium

können sich säuretolerante Laktobakterien und Mikrokokken noch vermehren, es kommt bei ansteigender Gesamtkeimzahl zu einer Verschiebung der Keimarten.
Die Milchsäurebildner übertreffen nun zahlenmäßig deutlich die eiweißabbauenden Bakterien.
Das Verhältnis von eiweißabbauenden zu milchsäurebildenden Bakterien liegt zu Beginn des Produktionsprozesses im Rohwurstbrät günstigenfalls bei 1 : 1. Das Verhältnis sinkt seit Jahren aber zugunsten der eiweißabbauenden Bakterien ab. Das ist darin begründet, daß das Keimartenverhältnis von Säurebildnern zu Proteolyten bereits in der ersten Stufe der Nahrungskette der Tiere (Grünfutter) bedingt durch hohe Stickstoffdüngung verschoben ist. Am Ende der ersten Phase muß dieses Verhältnis 1 : 10 Millionen bis 100 Millionen betragen, erst dann ist mit der gewünschten pH-Senkung zu rechnen. Diese Zahlen verdeutlichen, welche bakterielle Dynamik in der ersten Phase der Rohwurstherstellung vorhanden sein muß.
Die erforderliche pH-Absenkung in der ersten Phase kann hinsichtlich ihrer Geschwindigkeit und des gewünschten End-pH-Wertes beeinflußt werden.
Diese Beeinflussung wird »mikrobiologische Prozeßsteuerung« genannt.
Die Steuerungsfaktoren sind

- Nährstoffe,
- Temperatur,
- relative Luftfeuchte und
- Starterkulturen.

Bedingt durch die schwankende Fleischqualität ist eine pH-Senkung ohne aktive Steuerung durch den Hersteller kaum noch möglich. Das liegt hauptsächlich an zwei Ursachen:

- Durch die Zentralisierung der Schlachtung mit den erforderlichen nachfolgenden Prozessen (Abkühlung, Kühllagerung, Transport) steigt die Zahl der kältetoleranten eiweißabbauenden Bakterien auf der Oberfläche des Fleisches an. Mangelhafte Kühlung und eine unterbrochene Kühlkette verschärfen die Situation.
- Die Schlachttiere werden sehr oft ohne ausreichende Pause nach dem Transport geschlachtet. Der Streß des Transportes und der Schlachtung kumulieren. Die geringen Kohlenhydratreserven in der Muskulatur werden dabei vollständig aufgebraucht. Milchsäure entsteht aber nur aus dem Umbau von Kohlenhydraten.

Steuerung über die Nährstoffzugabe
Während im Rohwurstbrät alle für das Bakterienwachstum notwendigen Nährstoffe, Mineralstoffe und Spurenelemente sowie Vitamine vorhanden sind, fehlen Kohlenhydrate insbesondere für milchsäurebildende Bakterien. Milchsäurebakterien können vorwiegend Einfach- und Mehrfachzucker (bis zu den Dextrinen) vergären, Stärke ist nicht geeignet.
Sehr gut eignet sich Weißzucker (Disaccharid) als Nährstoff für diese Bakterien. Die Zuckerzugabe erfolgt während des Mischens. Da zur Überwindung der Pufferkapazität (Neutralisationsfähigkeit des Eiweißes für Säuren) und zur anschließenden pH-Senkung eine bestimmte Mindestmenge Milchsäure nötig ist, muß eine bestimmte Mindestmenge Zucker zugegeben werden. Die Mindestmenge beträgt 0,2 % bezogen auf die Gesamtmasse. Bei Verwendung von Starterkulturen erhöht sich die Mindestmenge auf 0,4 ... 0,5 %.
Soll eine längerlagernde Dauerware hergestellt werden, empfiehlt sich die zusätzliche Zugabe von höhermolekularen Zuckern (Dextrinen). Die Dextrine werden langsamer abgebaut und bilden demnach über längere Zeit eine Zuckerreserve. Da Milchsäure in

der zweiten Phase ebenfalls zu aromatischen Verbindungen umgebaut wird, steigt das Aroma bei Verwendung von Dextrin zusätzlich an.

Steuerung über die Temperatur
Milchsäurebildner sind mesophile Bakterien. Eine zügige Milchsäurebildung aus den zugesetzten Kohlenhydraten ist daher nur zu erwarten, wenn für ein Bakterienwachstum eine optimale Temperatur vorhanden ist. Für die meisten Laktobakterien liegt das Temperaturoptimum bei 25 ... 30 °C. Deutliches Wachstum ist bei 18 ... 40 °C festzustellen. Da 30 °C für die Rohwurstreifung zu hoch ist (Fett wird weich), ist eine Temperatur von 20 ... 25 °C zu empfehlen. Sinkt die Temperatur unter 18 °C ab, ist eine pH-Senkung innerhalb der erwarteten Zeit nicht möglich.

Steuerung über die relative Luftfeuchte
Es wurde bereits dargelegt, daß beim Verfahren der mikrobiologischen Stabilisierung der Rohwurst über die pH-Senkung der a_w-Wert unberücksichtigt bleibt. Obwohl Milchsäurebakterien einen a_w-Wert von 0,92 tolerieren, ist ihre Wachstumsintensität bei a_w-Werten um 0,99 deutlich besser.
Hohe a_w-Werte entsprechen hohen relativen Luftfeuchten (F_{rel}).
Beide Werte korrelieren

$$a_w \times 100 = F_{rel} \text{ in } \%.$$

Bei der Steuerung der pH-Senkung wird grundsätzlich eine hohe relative Luftfeuchte im Rauch während der ersten Phase der Reifung angestrebt. Sie soll über 95 % liegen. Nur dann ist auch ein zügiges Wachstum der Milchsäurebakterien gewährleistet. Unter Kontrolle zunächst mitwachsende, später absterbende eiweißabbauende Bakterien vermehren die für die spätere Stoffumwandlung notwendigen Enzyme und führen so zur Aromaverstärkung. Es hat sich in vielen Untersuchungen gezeigt, daß Rohwürste mit hohen Keimzahlen in der 1. Phase den Rohwürsten mit niedrigen Keimzahlen im Aroma überlegen waren.
Die Keimartenvielfalt des Rohwurstbräts hat sich durch Verdrängung der eiweißabbauenden Bakterien verringert, gleichzeitig ist die Gesamtkeimzahl gestiegen. Es bestehen aber Unterschiede in den erreichten Werten zwischen den beiden Verfahren

a_w-Wert-Senkung und
pH-Wert-Senkung (Tabelle 30).

Das Keimartenverhältnis ist bei beiden Verfahren etwa gleich. Vorwiegend werden Laktobakterien, Mikrokokken und aerobe Sporenbildner ermittelt. Die Enterobakterien sind am Ende der ersten Phase zwar noch vorhanden, aber sie erreichen nur Keimzahlen zwischen 10^1 bis 10^2 Keimen je 1 g.

Tabelle 30. Einfluß verschiedener Verfahren auf die Gesamtkeimzahl sowie den a_w- und pH-Wert

	Gesamtkeimzahl	End-pH-Wert	a_w-Wert
a_w-Wert-Senkung durch Ablake, Vorreifung	$10^6 \ldots 10^7$	5,4 ... 5,2	$\leq 0{,}95$
pH-Wert-Senkung durch Steuerung über Temperatur, Nährstoffzugabe, F_{rel} und mit Hilfe von Starterkulturen	$10^8 \ldots 10^{10}$	5,2 ... 4,8	$\geq 0{,}95$

Die im Rohwurstbrät fast immer anzutreffenden anaeroben Sporenbildner (*Clostridium perfringens, C. sporogenes* u.a.) können sich in der Rohwurst nicht vermehren, da die Sauerstoffspannung und das Redoxpotential den Ansprüchen der Clostridien nicht entsprechen. Vegetative Clostridien gehen entweder zugrunde oder versporen sich.

Mikrobiologie der zweiten Phase
Die Bakteriendynamik der zweiten Phase ist gekennzeichnet durch ein ständiges Absinken der Keimzahlen und durch eine weitere Differenzierung der Keimarten.
Das Absinken der Keimzahlen vollzieht sich nicht linear, sondern in Form einer quadratischen Funktion, die am Scheitelpunkt flach, später immer steiler wird.
Zunächst halten sich Vermehrungsrate und Absterberate im Gleichgewicht. Nach etwa zwei bis drei Wochen überwiegt die Absterberate. Eine ausgereifte Rohwurst mit einem Wassergehalt um 30 % hat Keimzahlen zwischen 10^3 bis 10^4 bei einem a_w-Wert von etwa 0,90. Wenn die Stoffumwandlung in der Rohwurst weiter fortschreitet (»Überreife der Rohwurst«) und bestimmte Fettspaltungsprodukte auftreten, sinken die Keimzahlen weiter ab, und die Rohwurst wird fast keimfrei.
Während bis zur Hochreife der Rohwurst Milchsäurebildner dominieren, sind bei der Überreife fast nur noch aerobe Sporenbildner nachzuweisen. Aerobe Sporenbildner werden sowohl in jeder ordnungsgemäß gereiften Rohwurst wie auch fast in jeder Fehlreifung nachgewiesen. Es ist nicht möglich, eine Rohwurst ohne aerobe Sporenbildner herzustellen. Diese Keimart befindet sich bereits im Rohwurstbrät und wird auch über Zusatzstoffe (insbesondere Gewürze und Salz) in großen Keimzahlen eingebracht. Eine Verdrängung in der ersten Phase durch die Keimdifferenzierung infolge pH-Senkung findet kaum statt, es werden höchstens besonders säureempfindliche Spezies verdrängt. Viele Unterarten sind aber säuretolerant. Ob sich nun die verbleibenden aeroben Sporenbildner als »erwünschte« oder »unerwünschte« Keime in Hinblick auf die Rohwurstreifung erweisen, hängt von der Begleitflora und besonders vom Ablauf der ersten Phase der Herstellung ab. Entwickelt sich die milchsäureproduzierende Bakterienflora normal und wird am Ende der ersten Phase ein pH-Wert $<5,3$ erreicht, so behaupten sich zwar die aeroben Sporenbildner, doch werden sie in ihrer Stoffwechseltätigkeit »gebremst«. Diese Wirkung eines tiefen pH-Wertes ist von vielen Bakterienarten bekannt. Bevor sie durch tiefe pH-Werte ihre Lebensfunktion überhaupt einstellen, werden zunächst Stoffwechselleistungen reduziert. Die für Bakterienarten, wie aerobe Sporenbildner, *B. proteus* oder Propionsäurebakterien, typische Gasentwicklung wird bei niedrigen pH-Werten (5,3 . . . 5,0) eingestellt. Die enzymatischen Leistungen, wie proteolytische oder lipolytische Aktivität, sind eingeschränkt, bleiben aber noch aufrechterhalten. Diese »gebremste Aktivität« der aeroben Sporenbildner mit einer Keimzahl von 10^3 bis 10^5 Keimen je 1 g am Beginn der zweiten Phase ist durchaus erwünscht. Die von ihnen produzierten Enzyme tragen zu einem vollen Rohwurstaroma bei. Die Zugabe von Stärke als Kohlenhydratzusatz fördert die Entwicklung der aeroben Sporenbildner stark. Es ist darauf zu achten, daß Stärke niemals als alleiniger Kohlenhydratspender zugesetzt wird, sondern immer in einer Mischung mit Mono- oder Disacchariden (Weißzucker). Milchsäurebakterien können Stärke schwer angreifen, und die pH-Senkung in der ersten Phase wäre unzureichend.
Untersuchungen haben ergeben, daß ein Zusatz von Stärke zu anderen Zuckerarten sowohl das Aroma wie auch die Farbgebung positiv beeinflußt, und zwar besonders bei länger lagernden Rohwürsten. Die positive Wirkung auf die Umrötung ist der Nitratase- bzw. Nitritaseproduktion (Enzyme, die Nitrat und Nitrit reduzieren) der aeroben Sporenbildner zuzuschreiben. Farbstabilisierend wirken auch die Katalaseenzyme, die in relativ großen Mengen von den aeroben Sporenbildnern gebildet werden.
Bestimmte Farbfehler (Vergrauen beim Anschnitt u.a.) haben ihre Ursache in einer zu starken Metmyoglobinbildung. Die Metmyoglobinbildung ist zunächst der Bildung des

Pökelrots (Nitrosomyoglobin) vorgeschaltet, kann sich aber auch aus Pökelrot wieder zurückentwickeln. Das Ganze ist ein komplizierter Vorgang, der noch nicht bis ins einzelne aufgeklärt werden konnte. Bekannt ist aber, daß Laktobakterien Wasserstoffperoxid bilden können. H_2O_2 ist ein bekanntes farbzerstörendes Mittel (Bleichmittel) und reduziert so auch teilweise das Pökelrot. Dieses Peroxid wird aber von Katalase zerstört. Katalase ist zwar auch in der Muskelzelle vorhanden, wirkt aber dort bei pH-Werten um 8 optimal, dagegen hat die Bakterienkatalase den optimalen pH-Wert bei 5,0. So ist es zu erklären, daß ein Stärkezusatz zu Rohwurstbrät über das Wachstum der aeroben Sporenbildner zu einer wesentlichen Verstärkung des Pökelrots führt.

In der zweiten Phase überwiegen die Stoffumwandlungen. Sie betreffen alle drei Nährstoffarten: Kohlenhydrate, Fette und Eiweiße. Die Stoffumwandlungen vollziehen sich nur in einer Richtung: Höhermolekulare Verbindungen werden in niedermolekulare Verbindungen umgewandelt. Diese Stoffumwandlungen sind ebenfalls bakteriell bedingt und von der Keimart und Keimzahl abhängig. Die Stoffumwandlungen bewirken Bakterienenzyme, die sowohl von lebenden Bakterien oder von abgestorbenen stammen können.

Lebende Bakterien bilden in der Zelle Enzyme, die nach außen zur Stoffverdauung abgegeben werden, wobei dann der so verdaute Stoff in die Zelle gelangt. Diese Enzyme werden Ektoenzyme genannt (s. auch unter 9.). Gleiche und weitere Enzyme werden frei, wenn die Bakterienzelle abstirbt, die Zellwand sich auflöst und die Enzyme somit in die Umgebung gelangen. Diese Enzyme werden Endoenzyme genannt. Beide Enzymarten wirken bei der Rohwurstreifung der zweiten Phase. Die Rohwurstbakterienflora produziert folgende drei Hauptgruppen von Enzymen mit zahlreichen Untergruppen:

- Carbohydrasen,
- Proteasen und
- Lipasen.

Die Carbohydrasen wandeln Zucker in Milchsäure um, sie spalten somit ein C_6-Molekül Zucker ($C_6H_{12}O_6$) in zwei C_3-Moleküle (Milchsäure). Dabei wird Energie frei, die die Bakterien zum Wachstum verwenden.

Die Milchsäure wird weiter in C_2-Bausteine (Aldehyde, Ketone) und C_1-Bausteine (Kohlensäure, CO_2) zerlegt. Zunächst halten sich Milchsäurebildung und Milchsäurezerlegung im Gleichgewicht. Nach Verbrauch des Zuckers überwiegt dann der Abbau der Milchsäure. Damit steigt dann auch wieder der pH-Wert, da dieser ja vorwiegend durch die Säurekapazität der Milchsäure bestimmt wird. Ab 2. bis 3. Woche der Rohwurstreifung kann bereits ein leichter Anstieg des pH-Wertes beobachtet werden.

Die in der Rohwurstreifung wirkenden *Proteasen* stammen zum großen Teil von Bakterien, ein Teil von den in der ersten Phase verdrängten Enterobakterien (Endoproteasen) und ein Teil von aeroben Sporenbildnern, die verschiedene Proteasen produzieren. Die Milchsäurebakterien wirken dagegen nur schwach proteolytisch. Durch Proteasen werden Proteine zu Peptiden und Aminosäuren abgebaut. Diese Verbindungen sind an der Bildung des Rohwurstaromas beteiligt. Im späteren Verlauf der Reifung tritt als Endstufe der Proteolyse Ammoniak auf. Durch die Anwesenheit des Ammoniaks steigt der pH-Wert an, er erreicht Werte über 5,5. Trotzdem bleibt die mikrobiologische Stabilität erhalten, da inzwischen der a_w-Wert infolge Verdunstung des freien Wassers stark abgesunken ist.

Ein geringer Teil der bei der Rohwurstreifung vorhandenen Proteasen stammt auch aus den Enzymen der Muskelfasern. Die fettspaltenden Enzyme, die *Lipasen*, tragen sehr zum Rohwurstaroma bei. Die in den ersten Wochen der Reifung auftretenden Carbonylverbindungen stammen von den zugesetzten Fetten und bilden die Hauptaromaträger. Daher ist ein bestimmter Fettanteil für die Ausbildung des rohwursttypischen Aromas

notwendig. Lipasen werden von aeroben Sporenbildnern und Mikrokokken produziert. Ob Lipasen der abgestorbenen Enterobakterien und *Pseudomonas*gruppen mitwirken, ist nicht genau bekannt.
Starterkulturen haben wenig Einfluß auf die Carbonylbildung. Eine Rohwurst, deren Bakterienflora nur aus Starterkulturen besteht, hat ein sehr flaches abgeschwächtes Aroma, wie aus einschlägigen Untersuchungen hervorgeht.
Im Spätreifestadium der Rohwurst (Überreife) kommt es dann zu Fettspaltungen (Fettsäure und Glycerol), als deren Folge Ranzigkeit zu bemerken ist. Diese Fettspaltungsprodukte wirken auf die restliche Bakterienflora der Rohwurst toxisch, es kommt zum alsbaldigen Absterben der Bakterien. Eine ranzige Rohwurst ist fast immer keimfrei.
Bei einer anderen Form der Fehlreifung, der starken Schrumpfung der Hülle mit Randverdichtung und Zerreißen des Kerns, kommt es zu einer starken lipolytischen Aktivität der im Kern vorhandenen Bakterien. Vorwiegend sind dabei zwei Mikroorganismengruppen beteiligt, und zwar aerobe Sporenbildner und Schimmelpilze, die sich normalerweise in der intakten Rohwurst nicht entwickeln können, bei Zusammenhangstrennungen aber schnell ein Myzel bilden. Da es bei diesen Fehlproduktionen auch stets zu Säuerungsstörungen kommt (zu hoher pH-Wert), werden auch die aeroben Sporenbildner in ihrer Stoffwechseltätigkeit wenig gebremst. Mit der erhöhten Stoffwechseltätigkeit kommt es zu einer verstärkten lipolytischen Aktivität. Bei derartigen Fehlreifungen kann es bereits nach wenigen Wochen zu einer Ranzigkeit kommen.
Die Bilder 45 und 46 (s. S. 129) veranschaulichen die Keimdynamik der Rohwurstreifung mit Starterkulturen und beim Naturreifeverfahren.

13.3. Mikrobiologie der Pökelfleischwaren

13.3.1. Mikrobiologie der Garfleischwaren

Garfleischwaren gehören zu den mikrobiologisch labilen Produkten. Obwohl in den meisten Fällen eine Spritz- oder Lakepökelung mit Nitritpökelsalz Bestandteil der Verfahren ist und eine anschließende Garung zur Vernichtung aller vegetativen Keime führt, bleibt der a_w-Wert dieser Produkte über 0,96.
Die am häufigsten hergestellten und ökonomisch wichtigsten Produkte dieser Gruppe sind Kochschinken und Kernsaftschinken.
Neben verschiedenen Varianten der Herstellungsverfahren werden diese Produkte immer häufiger nach dem Tumblerverfahren hergestellt.
Kochschinken wird in den meisten Betrieben im Schnellverfahren mit 10-...12%iger Nitritpökelsalzlake durch Spritzen gepökelt. Dabei werden teilweise bis 30 Masseprozent Lake injiziert. Je nach Verunreinigung des Pökelsalzes sind dabei im Rohling Keimzahlen zwischen 10^3 und 10^6 Keimen je 1 g nachzuweisen. Vorwiegend handelt es sich um Enterobakterien, Mikrokokken, Pseudomonaden und aerobe sowie z. T. anaerobe Sporenbildner.
Nach dem Garen sind im Fertigprodukt aerobe Sporenbildner in einer Anzahl zwischen 10^2 bis 10^5 Sporen je 1g nachzuweisen. Lagerung und Transport von Kochschinken haben wie bei jedem anderen mikrobiologisch labilen Produkt unter Kühlung zu erfolgen.
Bei der Herstellung von Kochschinken und Formschinken (Kernsaftschinken) im Tumblerverfahren werden qualitativ hochwertige Produkte erzeugt. Sie unterscheiden sich besonders in den Merkmalen »Saftigkeit« und »Zartheit« von den traditionell hergestellten Produkten. Bei geeigneter Temperaturführung (70°C Kerntemperatur) wird eine deutlich höhere Ausbeute erzielt, ohne daß Fremdwasser zugefügt wird.
Während des Tumbelns werden mechanische Kräfte dauernd oder im Intervall (Schlag,

Fall oder Vibration) auf das Fleisch übertragen. Dadurch kommt es zu Strukturveränderungen an der Muskelfaser und am Bindegewebe.
Diese Strukturveränderungen führen zu einer Quellung der Muskelfasern und einer teilweisen Zerstörung der Zellmembran mit Austritt von Zellsaft in das Zwischengewebe. Dieser Zellsaft enthält für Bakterien leicht verwertbare Nährstoffe. Dadurch wird das getumbelte Fleisch zwar saftiger und zarter, aber gegenüber einem möglichen Bakterienwachstum instabiler.
Es ist daher möglichst bald zu garen oder nach Abfüllen in die Schinkenform sofort gut zu kühlen.
Die Diffusionsgeschwindigkeit des Pökelsalzes wird zwar durch das Tumbeln wesentlich erhöht, doch liegt der Kochsalzgehalt bei diesen Produkten maximal bei 2,1...2,3%. Diese Konzentrationen hemmen das Bakterienwachstum nur unwesentlich. Der a_w-Wert sinkt dabei nur auf 0,970...0,975.
Getumbelte Garfleischwaren sind mikrobiologisch labil und auch bei Kühllagerung nur beschränkt lagerfähig.

13.3.2. Mikrobiologie der Dauerpökelwaren

Dauerpökelwaren gehören zu den mikrobiologisch stabilen Produkten. Die Stabilität beruht auf der Erniedrigung des a_w-Wertes in Verbindung mit einer pH-Wert-Senkung. Einen zusätzlichen Schutz gegen bakterielle Verderbniserreger bietet die Zugabe von Nitrit.
Die Senkung des a_w-Wertes als Hauptfaktor der Stabilisierung wird bewirkt durch Abgabe freien Wassers sowohl durch Verdunstung als auch hauptsächlich durch Wechselbeziehungen zwischen Salz und Gewebewasser. Salz dringt ein, Wasser tritt aus.
Zusätzlich wird durch das eindringende Salz freies Gewebewasser in gebundenes Wasser überführt, so daß dieses Wasser den Bakterien nicht mehr zur Verfügung steht.
Die mikrobielle Stabilisierung von Fleisch durch a_w-Senkung ist aber nur ein Ziel des Herstellungsverfahrens für Dauerpökelwaren. Erst die Kombination von mikrobiologischer Stabilisierung und »Reifung« ergibt das Produkt Dauerpökelwaren.
Vom Stoffumsatz her ergeben sich einige Parallelen zur Rohwurstreifung. Es gibt aber einige Unterschiede in den Herstellungsverfahren (Tabelle 31).
Aus diesen Kennwerten ist zu entnehmen, daß die Beeinflussung und Beherrschung der mikrobiologischen Vorgänge bei der Herstellung von Dauerpökelwaren durch den inhomogenen Rohstoff, der anfangs ungleichen Verteilung von Salz und Nitrit und durch wesentlich tiefere Reifungstemperaturen schwieriger als bei Rohwurst ist.
Da die pH-Absenkung und die a_w-Wert-Senkung wesentlich langsamer als bei Rohwurst ablaufen, bestehen auch längere Zeit günstigere Verhältnisse für das Wachstum uner-

Tabelle 31. Kennwerte von Rohwurst-Dauerware und Dauerpökelware

Kennwerte	Rohwurst-Dauerware	Dauerpökelware
Durchmesser	meist 30...60 mm	wesentlich größer
Fleischqualität	homogen, zerkleinert	inhomogen, variabel
Sauerstoffverhältnisse	aerob bis mikroaerob	mikroaerob bis anaerob
End-pH-Wert	4,8...5,1	5,4...5,9
Reifungstemperatur	18...25°C	4...10°C
Keimzahlentwicklung	bis 10^8	$10^4...10^5$
NaCl	2,5...2,8%	6,5...8,0%
pH-Wert im Rohstoff	homogen	inhomogen

wünschter Keime. Es kann nur durch tiefe Temperaturen gehemmt werden, und zwar solange, bis der a_w-Wert des Rohlings unter 0,96 abgesunken ist. Danach kann mit dem »Durchbrennen« begonnen werden.
Obwohl es nur die drei Standardpökelverfahren

- *Trockenpökelung,*
- *Naßpökelung* und
- *Spritzpökelung*

gibt, wird sich jeder Rohling bedingt durch Unterschiede in der Fleischqualität im pH-Wert (auch innerhalb des Rohlings), der Salzdiffusionsgeschwindigkeit, Nachreifungsverfahren und Rauchtemperaturen unterschiedlich behandeln lassen. Wegen der genannten Einflußfaktoren ist eine stets gleichbleibende Produktqualität schwer zu erreichen, es genügt aber der gegenwärtige Kenntnisstand über die ablaufenden biochemischen und mikrobiologischen Vorgänge, um Fehlproduktionen sicher zu vermeiden.
Bei der Rohwurstherstellung sind sowohl Reifungs- als auch Verderbniserscheinungen eindeutig mikrobiologisch bestimmt. Ohne die Anwesenheit bestimmter Bakterienarten kann eine ordnungsgemäße Rohwurstreifung nicht ablaufen. Dementsprechend bringt bei Rohwurst der Einsatz bestimmter Bakterienarten als Starterkulturen deutliche Vorteile.
Die Reifung der Dauerpökelwaren ist offensichtlich nicht in gleichem Umfang wie bei Rohwurst von der Tätigkeit und der Enzymproduktion bestimmter Bakterienarten abhängig. Insbesondere lang gereifte Schinken (Knochenschinken, Spaltschinken oder Rollschinken) haben bei hoher sensorischer Qualität oft ausgesprochen geringe Keimzahlen (1000 bis maximal 10000 Keime je 1 g). Die Reifung der Dauerpökelwaren wird demnach weniger von bakteriell-enzymatischen Stoffwechselprodukten der Bakterien, sondern mehr von den zellulären Enzymen der Muskelfaser bewirkt.
Bis auf eine Ausnahme (stickige Reifung) sind aber alle Verderbniserscheinungen bei Dauerpökelwaren bakteriell bedingt. Insofern ist es notwendig, die mikrobiologischen Vorgänge bei der Herstellung von Dauerpökelwaren zu beherrschen. Es kommt weniger darauf an, die Reifung zu steuern als vielmehr Fehlproduktionen zu verhindern.
Um einen mikrobiell bedingten Verderb zu vermeiden, sind in den einzelnen Verfahrensstufen

- Rohstoffvorbereitung,
- Pökeln und Durchsalzen,
- Durchbrennen,
- Räuchern,
- Transport und Lagerung

bestimmte Bedingungen einzuhalten.
Bei der Analyse von Fehlproduktionen werden als Verderbniserreger nur wenige Bakteriengruppen ermittelt. An der Spitze stehen Enterobakterien (*Serratia, Proteus, Citrobacter, Enterobacter*), also Bakterien aus dem Darmtrakt. Diese Bakteriengruppe ist an 50 % der Fehlproduktionen ursächlich beteiligt. Die Staphylokokken sind nur zu etwa 15 % Verursacher von Fehlproduktionen. Bei lang gereiften Schinken können auch die sonst technologisch erwünschten Milchsäurebakterien übermäßige Säuerung und infolge einer Peroxidproduktion auch Ranzigkeit verursachen.
Dem entspricht auch die Erfahrung, daß der Einsatz von Laktobakterien als Starterkulturen bei der Herstellung großvolumiger Schinken mit langer Reifung keinen Vorteil bringt.
Die unerwünschten Bakterienarten können auf zwei Wegen in die Schinkenrohlinge gelangen:

- von außen über die Zerlegung, über die Lake bei Lakepökelung oder Spritzpökelung
- von innen über die Blutbahn oder über das Knochenmark.

Der erste Infektionsweg von außen nach innen, vorwiegend bei kleinvolumigen Schinken (Nuß- und Lachsschinken, Schinkenspeck) anzutreffen, ist leicht erklärbar. Rohlinge weisen nach der Zerlegung einen Oberflächenkeimgehalt von 10^4 bis 10^6 Keimen je 1 cm^2 (meist Keime der Enterobakteriengruppe) auf. Diese Keime wandern entlang den Bindegewebszügen in das Innere oder werden mit der Spritznadel nach innen befördert. Bei der Spritzpökelung kommt eine zusätzliche Keimbelastung durch Keime der Lake hinzu.

Auch eine frisch angesetzte Lake weist nach wenigen Tagen einen Keimgehalt von etwa 10^5 Keimen je 1 ml auf, wovon 10^4 Enterobakterien sind. Der pH-Wert einer frisch angesetzten Lake liegt zwischen 6,0 und 6,2. Altlaken enthalten meist wesentlich höhere Keimzahlen (10^6 bis 10^8). Solange der pH-Wert nicht ansteigt und die erforderliche Salzkonzentration durch ständiges Nachsalzen aufrechterhalten wird, kann die Verwendung von Altlaken zur Aromaverbesserung beim Pökelprozeß beitragen. Dafür sind nicht nur aromabildende Bakterien, sondern auch wasserlösliche Aminosäuren, die sich in der Lake ansammeln, verantwortlich. Die Verwendung von Altlaken zum Spritzpökeln ist aber zu vermeiden.

Während der Infektionsweg von außen nach innen vorrangig bei kleinvolumigen Schinken vorherrscht, ist insbesondere bei Knochenschinken eine Keimbesiedlung von innen nach außen die Regel. Bei stark erregten oder erschöpften Tieren, besonders bei streßanfälligen Tieren, kommt es zum Zusammenbruch des körpereigenen Abwehrsystems. Dabei wandern Darmbakterien über die Darmzotten in die Blutbahn und verbreiten sich in der Muskulatur.

Ein anderer wesentlich häufiger anzutreffender Infektionsweg, der auch bei gesunden, ausgeruht geschlachteten Tieren möglich ist, ist die Einwanderung der Bakterien vom Knochenmark in die umgebende Muskulatur. Das Knochenmark wird im lebenden Organismus sehr stark mit Blut versorgt (blutkörperchenbildendes Organ) und hat auch Filterfunktionen. Daher kommt es bei mehr als der Hälfte aller Untersuchungen zum Bakteriennachweis. Teilweise werden im Knochenmark $> 10^4$ Keime je 1 cm^3 ermittelt. Da die Röhrenknochen für Bakterien durchlässig sind, können diese Bakterien nach dem Tode in das umgebende Gewebe auswandern und Knochenschinken von innen infizieren.

Alle Maßnahmen in den einzelnen Verfahrensstufen zur Herstellung von Dauerpökelwaren sind demnach darauf auszurichten, den Keimgehalt so niedrig wie möglich zu halten und ein Wachstum der eingedrungenen, meist kältetoleranten Keime zu verhindern.

Rohstoffvorbereitung

Eine Rohstoffauswahl ist bei der Herstellung von Dauerpökelwaren unerläßlich. Grundsätzlich ungeeignet sind Fleischteile von Tieren mit mangelhafter Durchkühlung. Die Messung der Kerntemperatur ist insbesondere in der warmen Jahreszeit notwendig. Zu beachten ist weiterhin, daß besonders Schweine in den warmen Monaten einer erhöhten Streßbelastung unterliegen und somit die Gefahr des Zusammenbruchs des körperlichen Abwehrsystems gegenüber einer Bakterienausschwemmung vor dem Schlachten besteht.

Weiterhin sind generell Fleischteile mit DFD-Charakter von der Herstellung zu Dauerpökelwaren auszuschließen. DFD-Fleisch läßt sich beim Zerlegen relativ gut erkennen. Wenn die Möglichkeit besteht, sollten alle Rohlinge vor dem Pökeln einer pH-Wert-Messung unterzogen werden. Fleischteile mit einem pH-Wert $> 6{,}0$ sind auszusondern; sie lassen sich gut zur Brühwurstherstellung einsetzen. Ist eine pH-Wert-Mes-

sung nicht möglich, muß eine Sortierung der Rohlinge nach sensorischen Merkmalen (z. B. dunkel-klebrige Oberfläche) erfolgen. Die Treffsicherheit dieser sensorischen Auswahl ist allerdings nicht sehr hoch.
Nach ausführlichen Untersuchungen sind zwei Drittel aller bakteriellen Fehlproduktionen bei Dauerpökelwaren auf die Verwendung von DFD-Fleisch zurückzuführen. Dafür gibt es drei Ursachen:

- DFD-Fleisch hat eine schlechte Salzungsbereitschaft.
- Der hohe Anfangs-pH-Wert bietet Bakterien gute Entwicklungsmöglichkeiten.
- Der pH-Abfall während der Reifung ist geringer als bei Fleisch normaler Qualität.

Sind beispielsweise im Inneren eines Rohlings kältetolerante Enterobakterien auch nur in kleiner Anzahl vorhanden, so vermehren sich diese Bakterien bei Temperaturen $>5\,°C$ so lange, bis durch die Salzdiffusion in die Tiefe der a_w-Wert absinkt. Die Vermehrungsgeschwindigkeit steigt, je höher der pH-Wert ist. Da sowohl der pH-Wert hoch und die Salzdiffusion im DFD-Fleisch verlangsamt ist, bestehen über längere Zeit günstige Wachstumsverhältnisse. Auch wenn später durch a_w-Wert-Senkung die Bakterienzahl verringert wird, weist der Schinken einen abweichenden Geruch auf. Je größer das Volumen des Rohlings, desto länger bestehen günstige Wachstumsverhältnisse für Bakterien.

Verfahrensstufe Durchsalzen und Pökeln
Neben der Rohstoffvorbereitung ist dieser Stufe vom Hersteller die größte Aufmerksamkeit zu schenken.
In der DDR und in vielen anderen Ländern besteht das Durchsalzen in der Regel in der Zugabe von Nitritpökelsalz. Daher kann diese Verfahrensstufe auch als das eigentliche »Pökeln« bezeichnet werden.
Die Stufe »Durchsalzen und Pökeln« hat dabei folgende Zielsetzung:

- Schnelles Durchsalzen, um durch Absenken des a_w-Wertes den im Fleisch vorhandenen oder eingedrungenen Keimen die Vermehrungsbedingungen zu entziehen.
- Bestimmte Bakterien sollen gleichzeitig für eine gewisse Zeit in ihrer Stoffwechseltätigkeit gefördert werden, damit deren Enzyme Nitratase und Nitritase die Umrötung beschleunigen.

Die mikrobiologischen Prozesse während der Dauerpökelwarenherstellung sind nicht durch lineare Wachstums- oder Absterbevorgänge der Bakterien gekennzeichnet. Das komplizierte Zusammenspiel aller Faktoren muß vom Hersteller in den Grundzügen verstanden werden, um Fehlproduktionen oder gar Lebensmittelvergiftungen zu vermeiden.
Die erstgenannte Zielstellung: »Schnelles Durchsalzen und a_w-Wert-Senkung« hat dabei Vorrang. Die zweite Zielstellung spielt bei kleinvolumigen Schinken unter den Bedingungen der verkürzten Reifung eine Rolle, während großvolumige Schinken mit langer Reifezeit diese Enzymtätigkeit nicht unbedingt benötigen.
Die Technologie zur Herstellung von Dauerpökelwaren hat sich darauf einzustellen, daß vom mikrobiologischen Standpunkt aus kleinvolumige Schinken (Nuß-, Lachs- und Kammschinken sowie Schinkenspeck) und großvolumige Schinken (Spalt- oder Rollschinken, Knochenschinken) wesentliche Unterschiede aufweisen (Tabelle 32).
Es ist zunächst notwendig, den a_w-Wert im Schinkenrohling auf Werte $<0,96$ zu bringen. Unterhalb dieses Wertes können die hauptsächlichsten Verderbniserreger bei pH-Werten $<5,8$ nur noch mangelhaft wachsen. Der Schinkenrohling kann deshalb anschlie-

Tabelle 32. Gegenüberstellung der Kennwerte von klein- und großvolumigen Schinken

Kennwerte	Schinken	
	kleinvolumig	großvolumig
Gesamtkeimzahl (Anfangskeimzahl)	$\geqslant 10^3$	$\leqslant 10^3$
a_w-Wert-Senkung durch Salz und Wasserverdunstung	schnell	langsam
Maximale Gesamtkeimzahl während der Herstellung	10^7	10^4
Schnellverfahren der Herstellung möglich	ja	nein

ßend höheren Temperaturen ausgesetzt werden. Höhere Temperaturen beschleunigen die enzymatischen Reifungsvorgänge.

Mikrobiologie der kleinvolumigen Schinken
Obwohl kleinvolumige Schinken in der Regel einen weitaus höheren Ausgangskeimgehalt aufweisen, sind sie nicht so verderbgefährdet wie großvolumige Schinken. Ein a_w-Wert von 0,96, der etwa einem Salzgehalt im Fleisch von 4,5 % entspricht, ist insbesondere bei Spritzpökelung, aber auch bei Lakepökelung leicht zu erreichen. Die Pökelraumtemperaturen bei Lakepökelung können 4...8 °C betragen. Bei diesen Temperaturen findet eine Nitritaseproduktion der Bakterienflora statt, und der Rohling rötet durch. Die Keimzahl steigt während der Herstellung oft auf Werte um 10^7 Keime g^{-1} an. Die dann hauptsächlich vorkommenden Keimarten sind Mikrokokken und Laktobakterien, die zur erwünschten Keimflora kleinvolumiger Schinken gehören. Auch die anschließende Räucherung kann bei Temperaturen von 20...40 °C durchgeführt werden. Es ist allerdings darauf zu achten, daß Fleisch mit DFD-Qualität auch für kleinvolumige Schinken nicht geeignet ist. Wegen des hohen pH-Wertes, der schlechten Salzdiffusion und der zu hohen Anfangskeimzahlen genügt der a_w-Wert 0,96 nicht zur Stabilisierung.

Schnellverfahren zur Herstellung kleinvolumiger Schinken
In den letzten Jahren ist eine Reihe von Schnellverfahren zur Schinkenherstellung entwickelt worden. Alle diese Verfahren beruhen auf einer Spritzpökelung in Kombination mit vorhergehender oder nachfolgender Lakepökelung. Werden Schnellverfahren technologisch beherrscht, so ergeben diese Verfahren qualitativ hochwertige Produkte. Es ist darauf zu achten, daß die Zeit zur a_w-Wert-Senkung verkürzt ist, was bei der Einstellung der Lakekonzentration zu berücksichtigen ist. Ohne eine sichere Absenkung des a_w-Wertes ist die für die meisten Schnellverfahren charakteristische Erhöhung der Reifungstemperatur mit oder ohne Rauch nicht möglich. Bei Schnellverfahren ist ein Einsatz von Starterkulturen empfehlenswert. In einigen Ländern sind Kombinationen von nitritaseaktiven Mikrokokken (schnellere Umrötung) und Laktobakterien (pH-Senkung, höhere Sicherheit gegen das Wachstum unerwünschter Bakterienarten) im Einsatz. Die in der DDR zugelassene Starterkultur SSHK 76 eignet sich ebenfalls sehr gut zur pH-Absenkung. Es werden in der Regel pH-Werte von 5,4 bis 5,3 im fertigen Schinken erreicht.

Bakteriendynamik beim Einsatz von Polyphosphaten
Bei der Herstellung von Dauerpökelwaren sind in manchen Ländern auch Polyphosphate zugelassen (in der DDR z. B. zur Herstellung von Schinkenspeck). Polyphos-

phate erhöhen die Ausbeute und verbessern infolge der Quellung der Muskelfaser (»Weichmacherwirkung«) die Zartheit. Zu beachten ist dabei, daß Polyphosphate den pH-Wert erhöhen, also die mikrobiologische Stabilität verschlechtern. Die mit Polyphosphat behandelten Rohlinge erreichen oft einen pH-Wert $>6{,}0$ (6,0 bis 6,4). Die in der DDR entwickelte Verfahrensrichtlinie schreibt deshalb beim Einsatz von Polyphosphaten eine zusätzliche Behandlung mit organischen Säuren zur Absenkung des pH-Wertes vor.

Lagerung
Die Keimzahlen in handelsfähigen kleinvolumigen Schinken liegen je nach Herstellungsverfahren (Spritzpökelung, Starterkulturen, Schnellverfahren) bei 10^3 bis 10^5 Keimen je 1 g und bei Verwendung von Starterkulturen bei $10^7 \, g^{-1}$. Es werden dabei fast immer Mikrokokken und Laktobakterien sowie aerobe Sporenbildner nachgewiesen.
Da kleinvolumige Schinken in der Regel nur kurzfristig aufbewahrt werden, führen diese Keimarten nicht zu den gleichen unerwünschten Veränderungen (Ranzigkeit) wie bei langlagernden Schinken.

Mikrobiologie großvolumiger Schinken
Die Zielsetzung der Stufe »Durchsalzen« vollzieht sich bei diesen Schinkensorten ungleich langsamer. Der für den a_w-Wert von 0,96 erforderliche Salzgehalt von 4,5 % NaCl ist bei der üblichen Trockenpökelung oder der Kombination mit Lakepökelung auch bei hohen Lakekonzentrationen erst nach etwa 60 Tagen erreicht. Das bedeutet, daß im Inneren der Rohlinge für lange Zeit eine sehr geringe Salzkonzentration herrscht, die Bakterienwachstum und -vermehrung ermöglicht.
Auch bei Einhaltung aller Bedingungen für eine Rohstoffvorauswahl ist mit einer Ausgangskeimzahl von 10 bis 100 Keimen je 1 g zu rechnen. Dabei finden sich immer kältetolerante Enterobakterien, die selbst bei Temperaturen $>5\,°C$ Wachstum zeigen. Um in der Phase der Durchsalzung ein Bakterienwachstum zu verhindern, ist bis zur notwendigen Konzentration von 4,5 % NaCl eine Pökelraumtemperatur $<5\,°C$ $(0\ldots 4\,°C)$ unbedingt zu halten.
Nur bei Einhaltung folgender Bedingungen:

- keimarmer Rohling,
- nicht abweichende Fleischqualität (kein DFD-Fleisch) und
- Raumtemperatur $<5\,°C$ über 60 Tage

kann ein Bakterienwachstum und damit ein Verderben (Innenfäulnis) der Rohlinge sicher vermieden werden.
Es ist dabei allerdings in Kauf zu nehmen, daß auch nitritaseaktive Keime, die die Umrötung bewirken, nicht mehr wachsen.
Die bakteriell stimulierte Umrötung, die bei kleinvolumigen Schinken notwendig ist, spielt aber bei den langlagernden großvolumigen Schinken keine Rolle. Es ist bekannt, daß auch nitrat- und nitritfreie Schinkensorten (Parma-Schinken, Virginia-Schinken), die nur mit Kochsalz (Meersalz) hergestellt werden, nach Langlagerung Umrötung aufweisen. Die dabei ablaufenden biochemischen Reaktionen konnten allerdings bisher nicht voll geklärt werden.
Kältetolerante Enterobakterien (*Serratia, Proteus* u.a.), die sich bei der Durchsalzung der großvolumigen Schinken vermehren konnten, sterben zwar nach Erreichen einer Salzkonzentration $>4{,}5\,\%$ langsam ab, doch haben ihre Stoffwechselprodukte (proteolytische Enzyme) bereits sensorische Veränderungen bewirkt, die irreversibel sind.

Nitrat, Nitrit und Bakterienhemmung
Der Zusatz von Nitrat und Nitrit hat folgende Effekte:
- Es entsteht ein besonderes, typisches Pökelaroma.
- Das Fleisch wird leuchtend rot (Umrötungseffekt).
- Bestimmte Bakterienarten werden im Wachstum gehemmt (Konservierungseffekt).

Im Zusammenhang mit der in vielen Ländern erfolgten Ablösung des Nitrateinsatzes durch Nitrit und Verringerung der Nitritdosierung wurden viele Untersuchungen darüber durchgeführt, inwieweit eine Reduzierung des Nitritanteils zur Verschlechterung der mikrobiologischen Stabilität der Produkte führt. Die Untersuchungen ergaben, daß der beschriebene Konservierungseffekt des Nitrits in vielen Fällen überschätzt wurde.
Es konnte festgestellt werden, daß der für großvolumige Schinken bisher als unbedingt notwendig gehaltene Einsatz von Nitrat ohne Schwierigkeiten durch die Verwendung von Nitrit ersetzt werden kann. In künstlich mit Fleischverderbern und Lebensmittelvergiftungserregern beimpften Rohlingen konnte selbst eine Nitratüberdosierung (Schaffung einer »Nitratreserve«) ein Wachstum dann nicht verhindern, wenn die Kerntemperatur $>5\,°C$ anstieg.
Fehler in der Rohstoffauswahl, bei der Wahl der Pökeltemperatur oder der Pökelzeit können durch den Einsatz von Nitrat oder Nitrit nicht kompensiert werden. Viele der kältetoleranten Enterobakterien vermögen Nitrat und Nitrit abzubauen und bilden für Bakterien nicht hemmend wirkende Ammoniumverbindungen aus Nitrit.

Großvolumige Schinken und Clostridien
Clostridien (anaerob wachsende Sporenbildner) haben eine besondere Beziehung zu den großvolumigen Schinken. Im Kern dieser Schinken können Clostridien wegen der dort herrschenden anaeroben Verhältnisse ausgezeichnet wachsen. Clostridien sind artenreich, zu ihnen gehören eiweißabbauende und nichteiweißabbauende, gasbildende und nichtgasbildende, kältetolerante und mesophile Arten. Es gibt aber auch einige Arten (*C. botulinum*), die schwere Lebensmittelvergiftungen hervorrufen. Von den jährlich in Europa bekanntwerdenden Botulismuserkrankungen sind etwa die Hälfte auf infizierten Kochschinken zurückzuführen. Der speziell bei Knochenschinken anzutreffende Typ ist nicht eiweißabbauend, kaum gasbildend und kältetolerant. Sein Wachstum wird demnach sensorisch nicht erkannt.
Der Infektionsweg ist noch unzureichend geklärt. Clostridien sind Darmbewohner und können bei Zusammenbruch des Abwehrsystems im Körper (Streß, Agonie, Krankheit) über die Blutbahnen in die Muskulatur gelangen. Offensichtlich ist auch ein Weg über das Knochenmark möglich.
Clostridien wachsen anaerob, also im Kern des Schinkens. Das ist die Zone, in der das Pökelsalz erst sehr spät Konzentrationen $>4,5\,\%$ erreicht. Bis zu diesem Zeitpunkt können Clostridien wachsen. Da nicht die Bakterien, sondern ihr Stoffwechselprodukt, das Toxin, krankmachend wirkt, bleibt das Toxin erhalten und führt zu Erkrankungen, auch wenn die Bakterien später absterben.
Nitrit in der vorgeschriebenen Dosierung vermag eine Sporenkeimung zu verzögern, vegetative Clostridien aber am Wachstum wenig zu hindern. Für eine Hemmung müßte das Nitrit außerdem sofort verfügbar sein. Das ist aber im Kern des Schinkens nicht der Fall. Für eine sichere Verhinderung des Wachstums der vegetativen Clostridien und somit ihrer Toxinbildung ist bis zum Erreichen der notwendigen Salzkonzentration und des damit zusammenhängenden a_w-Wertes nur die Lagerung bei Temperaturen $<5\,°C$ möglich.

Durchbrennen
Als Durchbrennen der Schinkenrohlinge wird die Phase des Salz- und Nitritkonzentrationsausgleichs bei der Herstellung bezeichnet. Zwischen Rand- und Kernzone sind auch nach dem Erreichen des für die mikrobiologische Stabilität erforderlichen a_w-Wertes im Kern noch unterschiedliche Konzentrationen vorhanden. Da aber eine bestimmte Stabilität erreicht wurde, kann die Temperatur beim Durchbrennen etwas angehoben werden. Sie beträgt bei kleinvolumigen Schinken 8...10 °C und bei großvolumigen Schinken 5...6 °C. Bei kleinvolumigen Schinken ist das Durchbrennen technologisch nicht unbedingt notwendig, während bei großvolumigen Schinken aber eine bestimmte Zeitdauer eingehalten werden muß. Neben dem Konzentrationsausgleich finden in dieser Stufe auch noch Reifungsvorgänge statt.
Wurde die Stufe »Durchsalzen« ordnungsgemäß durchgeführt, kommt es beim Durchbrennen zu keiner nennenswerten Veränderung der Bakterienflora im Schinken.

Räuchern
Obwohl für das Räuchern der Schinken allgemein Kaltrauch üblich ist, gibt es dabei wesentliche Temperaturunterschiede.

Kleinvolumige Schinken, Schnellverfahren	20...40 °C
Kleinvolumige Schinken, traditionelle Herstellung	15...25 °C
Großvolumige Schinken	8...12 °C.

In diesen Temperaturbereichen bestehen bei allen Verfahren während des Räucherns Wachstumsbedingungen für Bakterien. Nach dem Durchbrennen hat sich aber ein Salzgleichgewicht von 5...8 % NaCl im Schinken eingestellt. Bei diesen Konzentrationen können aber nur noch die salztoleranten Mikrokokken wachsen, von denen die meisten Arten apathogen und nicht eiweißabbauend sind.
Die salztoleranten Mikrokokken sind außerdem fast ausnahmslos mesophile Keime, die optimale Bedingungen erst bei Temperaturen von 20...35 °C vorfinden.
Bei Schnellverfahren muß zwangsläufig mit relativ hohen Temperaturen gearbeitet werden (30...40 °C). Die Reifungsvorgänge sind temperaturabhängig. Je kürzer die vorgesehene Reifezeit, desto höher sind die erforderlichen Temperaturen. Höhere Temperaturen können aber erst eingesetzt werden, wenn der a_w-Wert mindestens 0,96 erreicht hat.
Schnellverfahren erfordern eine genaue Kenntnis der ablaufenden Vorgänge und viel Aufmerksamkeit, damit die zweifellos vorhandenen ökonomischen Vorteile nicht zu Lasten der Qualität gehen.
Auch die Räuchertemperaturen der im traditionellen Verfahren hergestellten kleinvolumigen Schinken liegen im Wachstumsbereich der mesophilen Keime.
Bei kleinvolumigen Schinken ist mit einer Erhöhung der Keimzahl während des Räucherns um etwa eine Zehnerpotenz zu rechnen.
Da die kleinvolumigen Schinken in der Regel nicht für eine Dauerlagerung vorgesehen sind, wird trotz der im Rauch erreichten Keimzahlen eine Lagerung gewährleistet sein.
Bei großvolumigen Schinken soll eine Vermehrung der salztoleranten Keime (Mikrokokken und Laktobakterien) während der Räucherung vermieden werden. Eine zu hohe Keimzahl kann während der Lagerung zur vorzeitigen Ranzigkeit führen. Daher sind die Temperaturen im Rauch so niedrig wie möglich zu halten.

Transport und Lagerung
Die Keimzahlen liegen bei kleinvolumigen Schinken bei 10^4 bis 10^5; bei Starterkulturen können sie 10^7 Keime je 1g erreichen. Bei großvolumigen Schinken sind Keimzahlen von 10^2 bis 10^3 Keimen je 1g zu erwarten.
Die Lagerung der mikrobiologisch stabilen Dauerwaren ist unproblematisch. Bei Auf-

bewahrung unter hohen relativen Luftfeuchten (>70 %) können allerdings Schimmelpilze auf der Oberfläche vorkommen.
Großvolumige Schinken erhöhen ihre Stabilität während der Lagerung durch ständiges Absinken des a_w-Wertes infolge des noch andauernden Wasserverlustes. Nach etwa 4 bis 5 Monaten Lagerung ist eine Aufbewahrung bei Zimmertemperatur möglich, ohne daß ein Ansteigen der Keimzahlen zu befürchten ist.

13.4. Mikrobiologie der Brühwurst

Je nach Herstellungsart gehören Brühwurstsorten aus mikrobiologischer Sicht zu
- instabilen (Bratwurst),
- labilen (Aufschnittware) und
- stabilen (Halbdauer- und Dauerware) Produkten.

Die bei der Herstellung von Brühwurst ablaufenden Verfahrensstufen sind:
- Vorzerkleinern und Lagern,
- Zerkleinern, Kuttern, Mengen,
- Füllen,
- Abhängen,
- thermische Behandlung,
- Transport und Lagerung.

Ihr Ablauf bedingt die mikrobiologische Beschaffenheit des Endproduktes und entscheidet darüber, ob ein labiles oder stabiles Produkt vorliegt.

Vorzerkleinern und Lagern
Diese Stufe wird in den einzelnen Betrieben sehr unterschiedlich durchgeführt. In den mittleren und größeren Betrieben wird fast täglich Brühwurst produziert, dementsprechend wird auch das Produktionsfleisch nicht länger als 12...14 h gelagert. In vielen Handwerksbetrieben ist es üblich, das Produktionsfleisch zum Wochenende vorzubereiten und bis Montag zu lagern.
Der Zerkleinerungsgrad schwankt zwischen Faustgröße, Zerkleinerung mittels Vorschneiders und bis zur 2-mm-Körnung. Bei der Vorbereitung des Produktionsfleisches werden entweder das Magerfleisch getrennt zerkleinert und gelagert oder Fettanteil und Magerfleisch nach Rezeptur zusammen zerkleinert.
Diese Variabilität in der Verfahrensführung der ersten Stufe bedingt eine sehr unterschiedliche mikrobiologische Beschaffenheit. Es ist davon auszugehen, daß das Produktionsfleisch nach dem Zerlegen und Sortieren einen Oberflächenkeimgehalt von durchschnittlich 100 000 Keimen je 1 g aufweist. Es sind mannigfache Keimarten zu erwarten, z. B. mesophile und psychrophile Keime, *Pseudomonas*arten, Enterobakterien, aerobe Sporenbildner, Mikrokokken und Laktobakterien. Bei der Zerkleinerung und der damit verbundenen Oberflächenvergrößerung erhöht sich dieser Keimgehalt auf etwa 10^6 Keime je 1 g ohne Änderung des Keimartenverhältnisses. Durch die Zerkleinerung wird infolge Austrittes der Muskelzellflüssigkeit das Nährstoffangebot für die Bakterien verbessert. Diese für eine Bakterienvermehrung optimalen Verhältnisse müssen durch entsprechende Lagerbedingungen korrigiert werden.
Dazu ist eine Lagertemperatur von 4 °C (Kühlraum) unbedingt einzuhalten. Eine Gefrierlagerung wäre unter mikrobiologischem Aspekt zwar zu empfehlen, aus technologischen Gründen aber abzulehnen, da gefrorenes und danach aufgetautes Magerfleisch, zerkleinert oder unzerkleinert, eine verminderte Wasserbindung aufweist. Wird zerkleinertes Produktionsfleisch über einige Tage gelagert, so ist die Wachstumshemmung

durch die tiefen Temperaturen des Kühlraums in der Regel nicht ausreichend. Durch die Kühlraumtemperaturen wird das Bakterienwachstum zwar generell verzögert, aber die immer vorhandenen psychrophilen, kältetoleranten Keime (*Pseudomonas*arten, aber auch *Bacterium proteus*) können sich vermehren. Diese Keimarten führen infolge ihrer proteolytischen (eiweißabbauend) und saccharolytischen (kohlenhydratabbauend) enzymatischen Aktivität zu unerwünschten Veränderungen im Produktionsfleisch. Es treten sowohl sensorische Veränderungen (Altgeschmack der frischen Brühwurst) ein als auch eine Absenkung des pH-Wertes, der infolge des Abbaus der Kohlenhydrate zu Milchsäure hervorgerufen wird.

Diese pH-Verschiebungen sind zwar gering; bei Brühwurstbrät genügen aber einige Zehntel pH-Wert-Abfall in den sauren Bereich, um das Wasserbindevermögen entscheidend zu verschlechtern. Sinkt der pH-Wert im Brät, der normalerweise bei 6,0 bis 6,2 liegt, unter pH 5,8 ab, so ist eine ordnungsgemäße Wasserbindung nicht mehr gewährleistet. Die mikrobiologische Beschaffenheit beeinflußt demnach nicht nur den allgemeinen Hygienestatus und die Sensorik des Endprodukts, sondern bei Brühwurst in hohem Maße auch die Technologie der Herstellung.

Muß Produktionsfleisch zur Herstellung von Brühwurst über einige Tage gelagert werden, so sind neben der Kühlung zusätzliche Maßnahmen zur Hemmung des Bakterienwachstums notwendig. Bewährt hat sich die Hochsalzung des Magerfleisches. Fett- und Magerfleischanteil des Brühwurstfleisches werden getrennt zerkleinert und gelagert. Die für die gesamte Charge errechnete Pökelsalzmenge wird dem Mageranteil, der möglichst zerkleinert werden sollte, zugesetzt. Die Salzmenge führt dann im Magerfleischanteil zu einer Kochsalzkonzentration von 4...5 %. Diese Konzentration ist ausreichend, um insbesondere Enterobakterien und psychrophile Keime deutlich zu hemmen. Laktobakterien und Mikrokokken, die ebenfalls Milchsäure bilden, werden durch diese Konzentrationen weniger gehemmt, wachsen aber bei Kühlraumtemperaturen nicht. Diese hohe Salzkonzentration führt neben der beabsichtigten Hemmung der Bakterien auch noch zu positiven Effekten in der Muskelstruktur (Denaturierung, Quellung), die sich fördernd auf die Wasserbindung auswirken. Sonstige Zusatzstoffe (außer Quellsalz) dürfen erst beim Kutterprozeß zugesetzt werden. Ein Zusatz von Rötungspulver während der Lagerung kann zwar die Umrötung verbessern, doch besteht die Gefahr der pH-Absenkung, da die Enzymaktivität der Bakterien auch bei Kühllagerung und Salzung nicht völlig erloschen ist.

Zerkleinern, Kuttern (Brätherstellung), Mengen
In dieser Verfahrensstufe ändert sich die mikrobiologische Beschaffenheit wenig. Diese Stufe ist aber entscheidend für die Richtung des Bakterienwachstums, d.h. der Keimdynamik in den nachfolgenden Stufen.

Die Wasserschüttung entscheidet über die mikrobiologische Labilität oder Stabilität des Endprodukts. Wird das Brät mit Wasser ausgekuttert, so wird das Endprodukt in jedem Fall mikrobiologisch labil sein. Das mit Wasser ausgekutterte Brät bietet allen Bakterienarten zunächst ein hervorragendes Milieu für das Wachstum. Aus diesem Grund ist ausgekutterte rohe Bratwurst ein hochgradig instabiles Produkt.

Beim Kuttern steigt die Brättemperatur auf 15...18 °C an. Das ist bereits der Temperaturbereich für mesophile Bakterienarten. Wird das Brät nicht zügig weiterverarbeitet, so kann es insbesondere in den Sommermonaten, in denen die lag-Phase der Bakterien verkürzt ist, innerhalb kurzer Zeit zu einem starken Anstieg der Bakterienzahlen bis zu 100 Millionen Keimen je 1 g kommen. Diese starke Vermehrung äußert sich in Gasbildung (Gasblasen beim Füllen oder Platzen beim Erhitzen), die oft mit Säuerung verbunden ist. Enterobakterien und aerobe Sporenbildner sind in der Regel verantwortlich für die Gasbildung. Gebildet werden zuerst CO_2 und H_2; die Schwefelwasserstoffbildung ist zunächst noch gering. Um die Vermehrung der mesophilen Bakterien zu vermeiden, ist

Brät sofort weiterzuverarbeiten. Eine Kühlung von Brät im Kühlraum ist wegen der schlechten Wärmeleitfähigkeit des Eiweißschaumes kaum möglich (isolierende Wirkung der eingeschlossenen Luftbläschen).

Soll ein mikrobiologisch stabiles Produkt (Brühwurstdauerware, wie Kochsalami, Cabanossi usw.) hergestellt werden, ist auf eine Wasserschüttung zu verzichten. Obwohl Brühwurstdauerwaren in der Regel eine gröbere Körnung aufweisen, wäre eine Wasserschüttung bis 15 % ohne weiteres möglich, ohne daß es zu sensorisch wahrnehmbaren Abweichungen käme. Bei einer derartigen Wasserzugabe sinkt der a_w-Wert im Fertigprodukt nur sehr langsam und bleibt über längere Zeit im bakteriologisch kritischen Bereich zwischen 0,98 und 0,96. Diese Werte entsprechen aber denen labiler Produkte. Wird eine solche Brühwurst warm geräuchert und bei Temperaturen um 15 °C gelagert, kommt es zu einem starken Wachstum der durch die thermische Behandlung nicht abgetöteten aeroben Sporenbildner. Bei Lagerungstemperaturen < 10 °C ist aber die Wasserabgabe zu gering. Der a_w-Wert sinkt nicht ab, und das Produkt bleibt labil. Brühwurstdauerwaren sind demnach ohne Wasserschüttung herzustellen. Durch den Garprozeß, das Räuchern und die Nachreifung sinkt der a_w-Wert bald unter 0,95, und die anfangs wachsenden Sporenbildner finden dann keine Möglichkeit mehr zur Vermehrung. Die Brühwurst ist stabil.

Füllen

Auch wenn das Brühwurstbrät unmittelbar nach der Herstellung gefüllt wird, kann es dabei zu einer starken Bakterienanreicherung kommen. Diese Anreicherung resultiert aber nicht aus einer Vermehrung der im Brät vorkommenden Bakterienflora, sondern durch laufende Kontamination bakteriell stark verunreinigter Füllmaschinen. Diese Art der bakteriellen Anreicherung ist besonders in größeren Betrieben, in denen mehrere Chargen Brühwurst hintereinander gefüllt werden, gar nicht so selten. Es gibt bei Füllmaschinen konstruktionsbedingte Stellen (Dichtungsringe, Gewinde usw.), in denen sich Brät sammeln kann. Durch den Förderdruck kommt es zur Erwärmung auf über 30 °C, wodurch ideale Wachstumsbedingungen entstehen. Von dort können Bakterien kontinuierlich in das frische Brät gelangen. Diese Bakterien befinden sich insbesondere in der warmen Jahreszeit schon in der logarithmischen Phase. Bleiben diese Würste dann vor der thermischen Behandlung 1...3 h stehen, kommt es während dieser Zeit zu einer stürmischen Bakterienentwicklung mit sichtbarer Gasbildung, Säuerung und Eiweißabbau.

Werden mehrere Chargen Brühwurst mit der gleichen Füllmaschine hintereinander gefüllt, so ist eine Zwischenreinigung dringend zu empfehlen. Die entsprechenden Stellen der Füllmaschine, die besonders zur Bakterienanreicherung neigen, sind mittels mikrobiologischer Prozeßkontrolle gut zu erkennen. Diese Stellen können dann mehrmals täglich einer Zwischenreinigung unterzogen werden.

Abhängen

Das früher übliche Abhängen der gefüllten Brühwürste zur besseren Umrötung ist heute nur noch in einigen Handwerksbetrieben üblich. Das Abhängen ist in mikrobiologischer Hinsicht nicht unproblematisch und nicht mehr zu empfehlen. Einerseits wird zwar durch ein erwünschtes Bakterienwachstum eine bakteriell-enzymatische Nitritreduktion gefördert, doch kann dieses Bakterienwachstum gleichzeitig auch zu einer unerwünschten pH-Absenkung mit negativen Einflüssen auf die Wasserbindung führen. Kommt es zu Umrötungsschwierigkeiten, so kann ein Ascorbinsäurezusatz die Umrötungsgeschwindigkeit fördern. Der Zusatz von speziellen Starterkulturen zur besseren Umrötung bei Brühwurst hat sich nicht durchsetzen können, die nachweisbare Verbesserung in der Farbhaltung mußte mit einer mehrstündigen Abhängezeit erkauft werden. Es ist aber möglich, durch den Einsatz von Kulturen mit einer hohen Nitritaseaktivität in kurzer Zeit zu einer Verbesserung der Umrötung bei Brühwürsten zu gelangen. Die in der DDR zugelassene Starterkultur SSHK 76 hat eine schwach ausgeprägte Nitritaseaktivität. Da sie in erster Linie als milchsäurebildende Starterkultur entwickelt wurde, kann ein Einsatz bei der Brühwurstherstellung zu einem zu starken pH-Abfall führen.

Thermische Behandlung
Eine Bakterienanreicherung bei der thermischen Behandlung der Brühwürste ist bei ordnungsgemäß arbeitenden Anlagen nicht zu erwarten. Der optimale Wachstumsbereich für Bakterien von 25...40°C wird zu schnell durchschritten.
Durch die thermische Behandlung kommt es zu einer selektiven Bakterienreduzierung. Bei Kerntemperaturen von 70°C sind alle vegetativen Keime abgetötet, es überleben Sporen von aeroben und anaeroben Sporenbildnern. Durch den bei Brühwürsten üblichen geringen Durchmesser sind die Bedingungen zum Auskeimen der Anaerobier (Clostridien) nicht gegeben. Bei Brühwürsten finden sich daher nach der thermischen Behandlung fast ausschließlich aerobe Sporenbildner.

Transport und Lagerung
Die Transport- und Lagerbedingungen richten sich nach dem mikrobiologischen Status labil oder stabil.
Die mikrobiologisch labilen Produkte mit einem hohen a_w-Wert müssen bei Temperaturen < 10°C transportiert und gelagert werden. Da alle Brühwurstsorten einen pH-Wert von 6,0 bis 6,3 aufweisen, bestehen für Bakterien gute Wachstumsverhältnisse, zumal auch genügend lösliche und gelöste Nährstoffe vorhanden sind. Brühwürste im intakten geschlossenen Darm sind bei Einhaltung der Kühlkette 10 bis 14 Tage lagerfähig. Sie verlieren in diesem Zeitraum etwa 10 % Wasser. Dieser Wasserverlust bleibt aber ohne Auswirkungen auf den a_w-Wert, dagegen werden die sensorischen Merkmale negativ beeinflußt. Bei zu hoher Luftfeuchte im Lagerraum kann es zu Kontamination und Wachstum von Hefen oder psychrophilen Bakterien auf dem Darm kommen. Dieser Bakterienbefall äußert sich in einer klebrigen Oberfläche. Dagegen verhält sich aufgeschnittene Brühwurst oder Brühwurst im Anschnitt in mikrobiologischer Hinsicht fast instabil. Durch die große offene Oberfläche mit Austritt von freiem Wasser und gelösten Nährstoffen ist mit einem Anstieg der Bakterienzahlen innerhalb weniger Stunden zu rechnen. An dieser Gesamtkeimzahl, die innerhalb kurzer Zeit $10^5...10^6$ Keime je 1 cm^2 Oberfläche erreichen kann, sind aber nicht nur die überlebenden Sporenbildner, sondern vor allem Luft- und Umgebungskeime sowie Keime von der Hüllenoberfläche beteiligt, die beim Schneiden über die Oberfläche gezogen werden.
Die Grünfärbung zählt besonders in der warmen Jahreszeit zu den häufigsten Qualitätsmängeln bei Brühwürsten. Ursache dafür sind einige Arten von Laktobakterien, die H_2O_2 bilden, und H_2S-bildende Bakterien, die in ungenügend erhitzten Brühwürsten noch vorhanden sind und wirksam werden. Die Stoffwechselprodukte dieser Mikroorganismen sowie Sauerstoff und UV-Licht wirken verändernd auf die rote Pökelfarbe und das Myoglobin ein, was eine Grünfärbung zur Folge hat. Gründliches Brühen (80°C) und gezielte Desinfektionsmaßnahmen verhindern diesen Fehler.
Der Transport und die Lagerung von mikrobiologisch labiler Ware unterliegen folgenden Bedingungen:

Temperaturbereich	5...8°C
Relative Luftfeuchte	75...80 %
Luftbewegung	0,5...1 m s^{-1}
Schutz vor Sonneneinstrahlung, möglichst dunkler Lagerraum.	

Bild 47 (s. S. 130) veranschaulicht die Keimdynamik der Brühwurst-Halbdauerware und -Dauerware.

13.5. Mikrobiologie der Kochwurst

Je nach Herstellungsart gehören Kochwürste aus mikrobiologischer Sicht zu den
- labilen und
- stabilen Produkten.

Obwohl Kochwürste aus vorgegartem Fleisch hergestellt und demnach bis zum Endprodukt zweimal wärmebehandelt werden, finden Verderbniserreger in Kochwürsten bessere Wachstumsbedingungen vor als vergleichsweise in Brühwürsten. Das hat seine Ursache im Zusatz von nicht erwärmtem Blut bzw. nicht vorgegarter Leber. Gerade diese Rohstoffe sind in der Regel stark keimbelastet.

Blut ist ein ideales Nährmedium für fast alle Bakterienarten. Im Blut sind bereits nach kurzer Zeit zahlreiche Bakterienarten, sehr oft auch Clostridien, nachzuweisen. Eine Hochsalzung des Blutes verhindert zwar die Vermehrung, die Salzkonzentration muß aber mindestens 10...12 % betragen.

Die *Leber* hat im Körperstoffwechsel umfangreiche Aufgaben. So ist sie u. a. Entgiftungs- und Filterorgan. Aus diesem Grunde lassen sich bei der bakteriologischen Untersuchung der Leber auch kurz nach der Schlachtung meist Bakterien anzüchten. Leber weist noch eine Besonderheit auf, die sich nachteilig auf die mikrobiologische Beschaffenheit der daraus hergestellten Wurstwaren auswirkt, und zwar wirkt sie in zerkleinertem Zustand reduzierend. Leber senkt das Redoxpotential so stark ab, daß auch sehr sauerstoffempfindliche Clostridien bei Anwesenheit von Leber gut wachsen. Diese Stimulierung des Clostridienwachstums wirkt sich besonders nachteilig bei der Herstellung von Konserven bei der Hausschlachtung aus (Halb- oder Kesselkonserven).

Eine weitere Ursache für die geringere Haltbarkeit von Kochwürsten liegt darin, daß Nitritzusatz in Leberwurstmasse eine wesentlich geringere Hemmwirkung auf Clostridien ausübt.

Weiterhin liegt der *p*H-Wert bei Kochwurst allgemein höher (um 6,5) als bei Brühwurst (6,0 bis 6,2). In diesen *p*H-Bereichen wirkt jeder geringe Anstieg oder Abfall des *p*H-Wertes fördernd oder hemmend auf das Bakterienwachstum.

Mikrobiologie der Verfahrensstufen
Das nach der Vorzerkleinerung vorgegarte Fleisch zur Herstellung von Kochwurst weist vor dem Garen einen durchschnittlichen Keimgehalt von 10^4 bis 10^6 Keimen je 1 g auf. Wichtig ist, daß das Produktionsfleisch für Kochwürste einwandfrei bis zum Kern durchgegart wird, es soll eine Kerntemperatur von 75 °C haben. Nicht ordnungsgemäß durchgegartes Fleisch führt mit hoher Wahrscheinlichkeit zu einem bakteriellen Verderb. Als Ursache sind thermoresistente Sporenbildner, Enterokokken und Streptokokken anzusehen, die die Garung im Kern überstehen und zur alsbaldigen Säuerung mit Gasbildung führen.

Zerkleinern und Mengen
Aus technologischen Gründen (Emulsionsbildung) wird die Leber roh verarbeitet. Die Kochwurstmasse muß dabei eine bestimmte Temperatur aufweisen, bei der das Fett einerseits nicht erstarrt und zum anderen die zugesetzte rohe Leber keiner Wärmedenaturierung (55...60 °C) unterzogen wird. Dieser technologisch optimale Bereich ist aber ebenfalls für ein Bakterienwachstum optimal. Die zerkleinerte rohe Leber enthält viele für Bakterien notwendige und leicht aufnehmbare Nährstoffe und Vitamine. So hat sie unter anderem einen hohen Kohlenhydratanteil (Glycogen). Befinden sich Bakterien, die in die Wurstmasse hineingelangen, bereits in der Wachstumsphase, führt 1 h Standzeit bereits zu einer starken Bakterienvermehrung.

Sind gasbildende Bakterienarten darunter, geht die Masse wie »Hefeteig« auf. Da diese

Bakterien zunächst die Kohlenhydrate abbauen, riecht und schmeckt die Wurstmasse infolge der Anreicherung von Milch- und Essigsäure sauer.
Kochwurst ist so schnell wie möglich unter Vermeidung jeglicher Standzeit zu füllen.

Füllen und Garen
Wird zügig gefüllt, kann es nicht zu einer wesentlichen Bakterienvermehrung kommen. Beim Füllen der Kochwurstmasse ist in gleicher Weise wie beim Brühwurstbrät darauf zu achten, daß eine laufende Kontamination und Bakterienanreicherung durch schlecht gereinigte Füllmaschinen vermieden wird.
Durch das Garen werden alle vegetativen Keime abgetötet, die in versporter Form vorliegenden aeroben und anaeroben Sporenbildner überleben.
Die Kerntemperatur muß bei Kochwurst allerdings etwas höher (75...80°C) liegen als bei Brühwurst. Sehr wichtig ist die genaue Berechnung der Garzeiten für die unterschiedlichen Darmkaliber.

Räuchern
Kochwürste sind ungeräuchert und geräuchert im Handel. Ungeräucherte Kochwürste sind mikrobiologisch fast instabil. Sie sind kühl zu lagern und innerhalb weniger Tage nach Herstellung zu verzehren. Das Räuchern wirkt stabilitätsfördernd, weniger durch die konservierenden Rauchbestandteile, sondern wegen des Wasserentzugs beim Räuchervorgang, wodurch der a_w-Wert gesenkt wird. Da mäßig warm geräuchert wird, kommt es während des Räucherns zu Bedingungen, die ein Bakterienwachstum zulassen. Bei ungenügender Garung kann es daher während des Räucherns zu einem bakteriell bedingten Wurstverderb kommen, der sich meist in einer Säuerung bemerkbar macht.

Lagerung und Transport
Die Transport- und Lagerbedingungen der Kochwürste entsprechen den Bedingungen für mikrobiologisch labile Produkte. Eine kurzfristige Lagerung unter Kühlbedingungen bei Temperaturen von 0...10°C ist möglich.

Herstellung mikrobiologisch stabiler Kochwürste
Für die Herstellung mikrobiologisch stabiler Kochwurst gibt es folgende Möglichkeiten:

- Herstellung von Vollkonserven (Autoklavierung),
- Senkung des a_w-Wertes unter 0,95.

Die Senkung des a_w-Wertes bei Kochwürsten ist nur unter folgenden Bedingungen zu erreichen:

- Spezielle Rezepturgestaltung,
- spezielle Verfahrensführung beim Räuchern und
- Verwendung von Naturdärmen.

Die Rezepturgestaltung muß bereits auf einen niedrigen a_w-Wert orientieren. So ist der Fettanteil möglichst hoch zu wählen und die Schüttung der Kesselbrühe so gering wie möglich zu halten. Die Räuchertemperatur ist sehr niedrig zu halten (Kalträucherung), die Rauchintensität nicht zu hoch zu wählen, die Lüftungsklappe zu öffnen und der gesamte zeitliche Ablauf etwas zu verlängern. Diese Maßnahmen führen zu einem möglichst kontinuierlichen Wasserentzug, ohne die Wurst zu sehr thermisch zu belasten.
Wichtig ist die Verwendung von Naturdärmen, wobei auf Fettenden zu verzichten ist.
Nach Absenkung des a_w-Wertes unter 0,95 sind auch Kochwürste mikrobiologisch sehr stabil, eine Kühllagerung ist nicht mehr erforderlich.
Bild 48 (s. S. 130) veranschaulicht die Keimdynamik der Blut- und Leberwurst im Naturdarm.

13.6. Mikrobiologie der Konserven und Halbkonserven

Daß Mikroorganismen durch Erwärmen abgetötet werden und auf diese Weise bakterienfrei gewordene Nährmedien auch lange Zeit bakterienfrei bleiben, wenn sie nur unter Luftabschluß gehalten werden, hatte bereits *Spallanzani* in der Mitte des 18. Jahrhunderts nachgewiesen. Er beobachtete auch, daß einige Mikroorganismen gegen stundenlanges Kochen widerstandsfähig sind.

Obwohl diese Entwicklung wissenschaftlich wenig untermauert war, wurde sie dennoch bereits 1810 kommerziell genutzt. Der Pariser Koch *Appert* schuf ein Verfahren, Obst und Gemüse in luftdicht verschlossenen Töpfen zu kochen und damit haltbar zu machen. Nicht *Pasteur*, sondern *Appert* schuf so das »Pasteurisieren«. Allerdings war es *Pasteur* vorbehalten, durch seine Versuche mit der »Schwanenhalsflasche« diesem Verfahren die mikrobiologische Grundlage zu geben.

Es stellte sich bald heraus, daß mit dem Pasteurisieren nur bestimmte Lebensmittel, wie Bier, Wein, Obstsaft und Obst, über längere Zeit haltbar wurden. Fleisch oder Gemüse verdarben trotz Pasteurisierens nach einiger Zeit. Erst viele Jahre später konnte der englische Wissenschaftler *Tyndall* nachweisen, daß bestimmte Bakterien Dauerformen (»Sporen«) bilden, die das stundenlange Kochen überleben. *Tyndall* erarbeitete dann seinerseits ein Verfahren, um die Hitzeresistenz der Sporen zu umgehen, das Tyndallisieren. Da nur die Sporenform, nicht aber die aus den Sporen auskeimenden, vegetativen Bakterien hitzeresistent sind, vernichtet erstmaliges Kochen zunächst alle vegetativen Keime. Die überlebenden Sporen werden durch günstige Umweltbedingungen (Temperaturen $>20\,°C$) zum Auskeimen gebracht, worauf ein nochmaliges Kochen auch die ausgekeimten Bakterien vernichtet.

Das Tyndallisieren bedeutete vor der Entwicklung des Autoklavierens zweifellos einen Fortschritt, löste aber bei weitem nicht alle mikrobiologischen Probleme der Haltbarmachung von Fleisch und Fleischwaren. Jede Sporenart hat ein optimales Wachstumsspektrum und keimt bei einer eng begrenzten Optimaltemperatur aus. Liegen Sporengemische vor, bleiben trotz Anwendung von Temperaturen um $20\,°C$ einige Arten in versporter Form in dem betreffenden Lebensmittel. Eine Keimfreimachung mittels Tyndallisierens ist nicht möglich. Trotzdem wurde das Verfahren lange Zeit u. a. auch bei der Herstellung von Dosenwürstchen angewandt.

Mikrobiologie der Vollkonserven

Die Konservierung von Fleisch und Wurstwaren in Dosen hat sich zu einem selbständigen Zweig entwickelt. Eine sichere Abtötung aller Bakterien einschließlich ihrer Sporenformen wird nur durch das Autoklavieren erreicht. Bei Temperaturen von etwa $120\,°C$ und gleichzeitiger Erhöhung des Druckes werden in einer bestimmten Zeiteinheit auch alle Sporen vernichtet. Selbst bei Anwendung von hohen Temperaturen und Druck sterben die Bakterien und Sporen nicht schlagartig, sondern die Absterberate ist unter anderem abhängig von der Bakterienart, der Keimzahl, dem pH-Wert und a_w-Wert des Füllgutes, dem Salzgehalt und anderen Bedingungen. Die Abtötung der vegetativen Formen, aber auch der Sporen, unterliegt mathematischen Gesetzmäßigkeiten, sie erfolgt logarithmisch. Dafür wurde der Begriff »D-Wert« geprägt.

D-Wert bedeutet die Zeit (in min), die benötigt wird, um eine bestimmte Bakterienart bei einer bestimmten Temperatur um eine Zehnerpotenz zu verringern.

Beispiel: *Bacillus cereus* wird bei $100\,°C$ in 14 min und
bei $111\,°C$ in 1 min abgetötet,
D_{100} (*B. cereus*) = 14 min bzw.
D_{111} (*B. cereus*) = 1 min

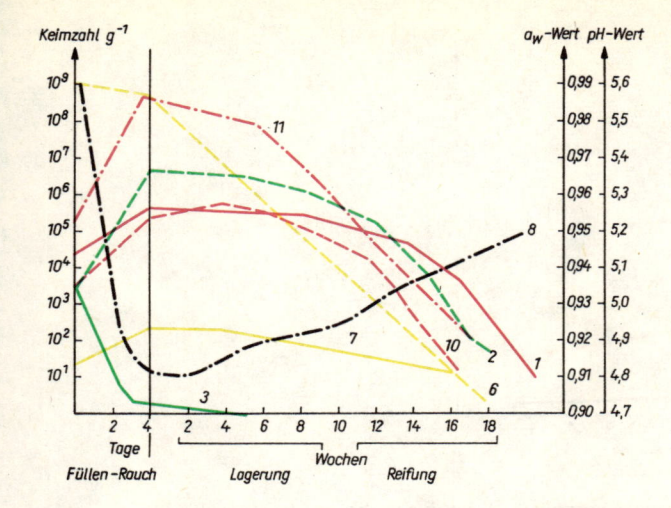

Bild 45. Rohwurstreifung mit Starterkulturen im Schwitzrauch (Keimdynamik)
(1) aerobe Sporenbildner   (2) Laktobakterien   (3) Enterobakterien   (6) a_w-Wert   (7) Hefen
(8) pH-Wert   (10) Mikrokokken   (11) Starterkulturen

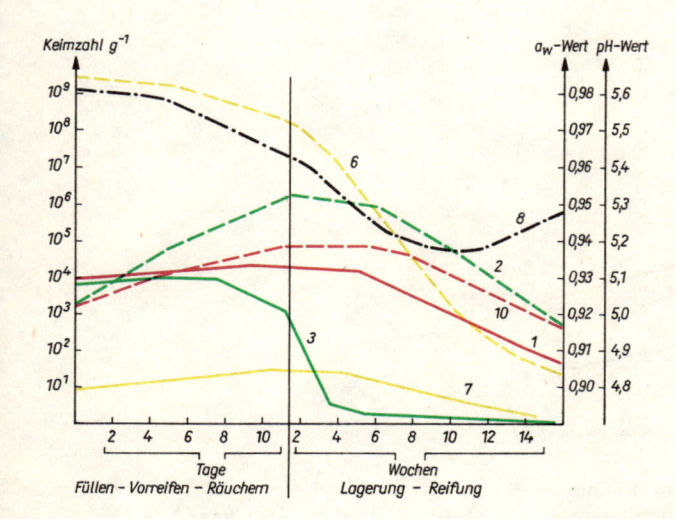

Bild 46. Rohwurstreifung, Naturreifeverfahren (Keimdynamik)
(1) aerobe Sporenbildner   (2) Laktobakterien   (3) Enterobakterien   (6) a_w-Wert   (7) Hefen
(8) pH-Wert   (10) Mikrokokken

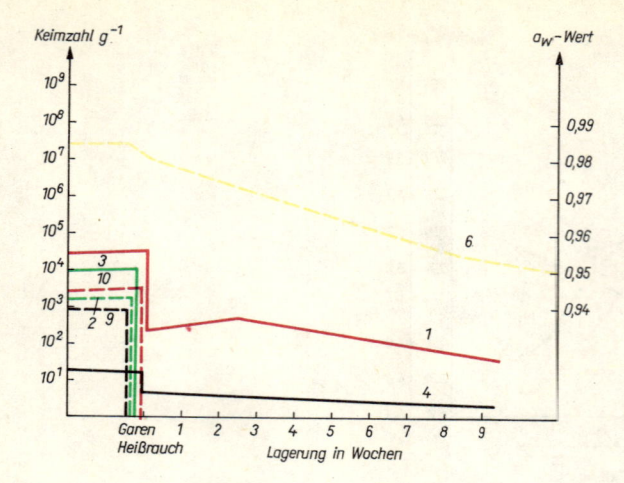

Bild 47. Brühwurst, Halbdauer- und Dauerware (Keimdynamik)
(1) aerobe Sporenbildner   (2) Laktobakterien   (3) Enterobakterien   (4) Clostridien
(6) a_w-Wert   (9) Enterokokken   (10) Mikrokokken

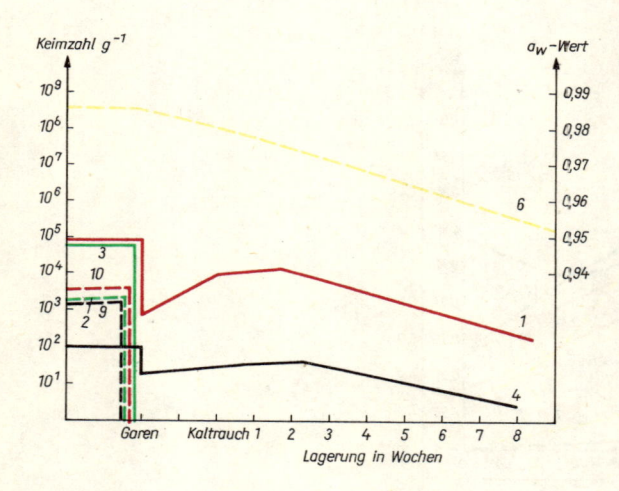

Bild 48. Kochwurst im Naturdarm (Keimdynamik)
(1) aerobe Sporenbildner   (2) Laktobakterien   (3) Enterobakterien   (4) Clostridien
(6) a_w-Wert   (9) Enterokokken   (10) Mikrokokken

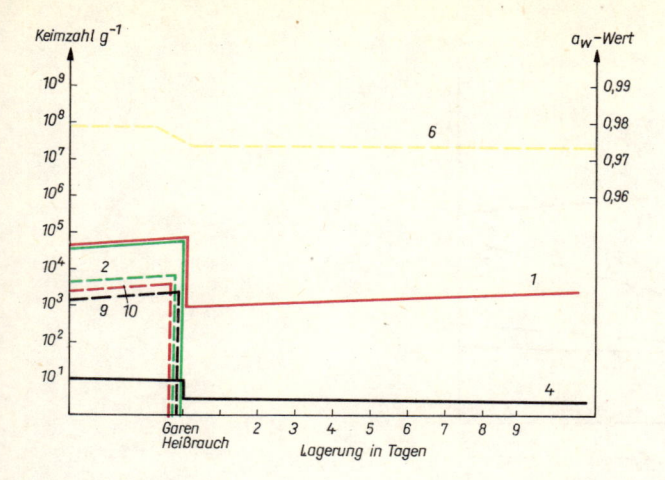

Bild 50. Brühwurst-Aufschnittware im Darm (Keimdynamik)
(1) aerobe Sporenbildner   (2) Laktobakterien   (4) Clostridien   (6) a_w-Wert   (9) Enterokokken   (10) Mikrokokken

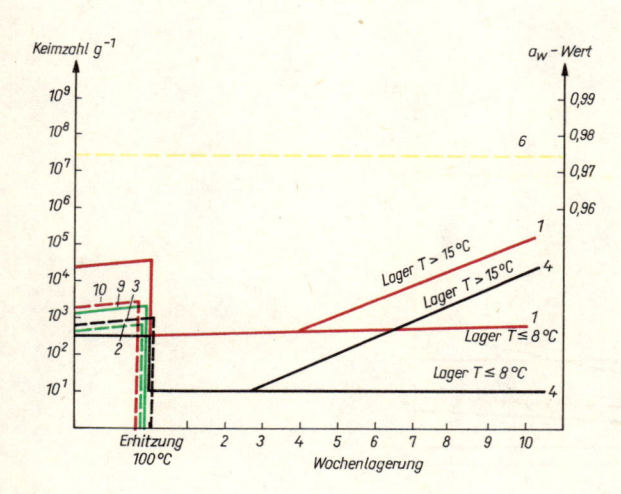

Bild 51. Kochwurst, Halbkonserve (Keimdynamik)
(1) aerobe Sporenbildner   (2) Laktobakterien   (3) Enterobakterien   (4) Clostridien
(6) a_w-Wert   (9) Enterokokken   (10) Mikrokokken

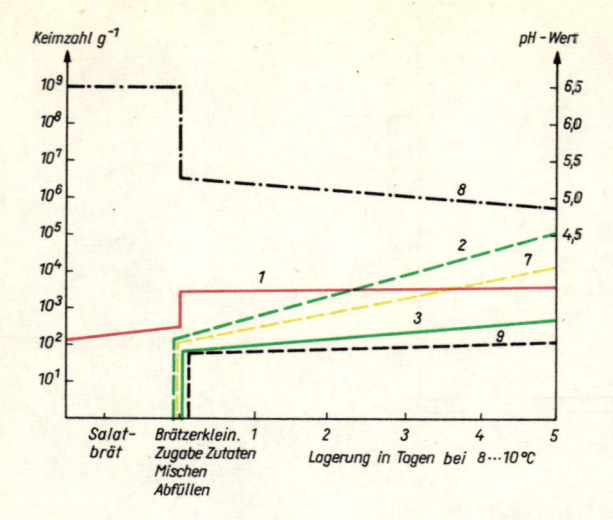

Bild 52. Fleischsalat (Keimdynamik)
(1) aerobe Sporenbildner   (2) Laktobakterien   (3) Enterobakterien   (7) Hefen
(8) pH-Wert   (9) Enterokokken

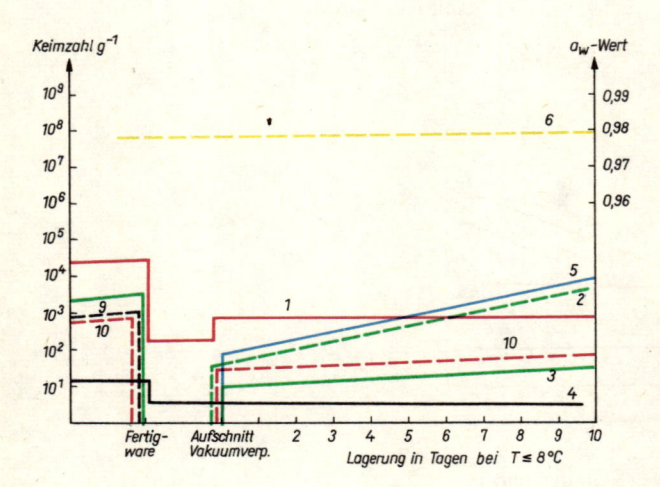

Bild 53. Brühwurst, aufgeschnitten, vakuumverpackt (Keimdynamik)
(1) aerobe Sporenbildner   (2) Laktobakterien   (3) Enterobakterien   (4) Clostridien
(5) anaerobe sporenlose Stäbchen   (6) a_w-Wert   (9) Enterokokken   (10) Mikrokokken

Soll ein Lebensmittel mit einem Keimgehalt von 10^4 Keimen *B. cereus* je 1 g so eingedost werden, daß in 100 Dosen nur noch ein lebender Keim dieser Art anzutreffen ist, so muß eine Temperatur von 100 °C 6×14 min = 84 min im Kern einwirken. Bei Anwendung von 111 °C würden 6 min Kerntemperatur für den gleichen Abtötungseffekt ausreichen. Während der *D*-Wert die Zeit angibt, bei der eine bestimmte Keimart bei einer bestimmten Temperatur um eine Potenz verringert wird, gibt der *z*-Wert die Hitzewiderstandsfähigkeit der bestimmten Bakterienart an.

z-Wert

Der *z*-Wert stellt die Temperaturerhöhung dar, die notwendig ist, um eine bestimmte Abtötungszeit (*D*-Wert) um ein Zehntel zu reduzieren. Der *z*-Wert wird in °C angegeben.
Beispiel: Der schon oben erwähnte *B. cereus* hat einen *z*-Wert von 9 °C. Beträgt der *D*-Wert für *B. cereus* bei 100 °C = 14 min, so verringert sich der D_{109}-Wert auf 1,4.
Außerordentlich wichtig sind diese *D*- und *z*-Werte in lebensmittelhygienischer Hinsicht. *Clostridium botulinum* ist ein Keim, der sowohl anaerob wächst als auch durch seine Toxinbildung schwere Lebensmittelvergiftung hervorruft. Die Konservenindustrie ist bestrebt, für *C. botulinum* einen 12-*D*-Wert zu erreichen.
C. botulinum hat einen D_{121}-Wert von 0,2 und einen *z*-Wert von 10. Bei der geforderten 12-*D*-Sicherheit muß eine Kerntemperatur von 121 °C über $12 \times 0,2$ min gehalten werden. Es können aber aus technischen Gründen nicht alle Füllgüter bei 121 °C behandelt werden. Bei Mischkonserven, bei denen eine oder mehrere Komponenten nur bei 111 °C eingedost werden können, ist bei einer 12-*D*-Sicherheit eine andere Wirkzeit der Kerntemperatur erforderlich. Der *z*-Wert beträgt für *C. botulinum* = 10. Somit entspricht der D_{111}-Wert = 2. Bei einem 12-D_{111}-Konservierungseffekt muß die Kerntemperatur demnach $12 \times 2 = 24$ min einwirken.

F-Wert

In der Konservenindustrie hat sich als Maßstab des allgemeinen Erhitzungseffektes noch ein dritter Wert eingebürgert, der den *D*-Wert und den *z*-Wert zusammenfaßt, der *F*-Wert.
Als Bezugseinheit für den *F*-Wert wurde der Abtötungseffekt auf alle Sporen bei einer Temperatur von 121,1 °C (= 250 °Fahrenheit) und einer Einwirkungszeit von 1 min gewählt.
Vollkonserven müssen danach, sollen sie 4 Jahre bei Lagertemperaturen von 25 °C aufbewahrt werden können, einen *F*-Wert von 4,0 bis 5,5, Tropenkonserven dagegen einen *F*-Wert von 12 bis 15 aufweisen.
Bei der Herstellung von Vollkonserven müssen 121 °C im Kern erreicht und 4...4,5 min gehalten werden. Bei 111 °C muß die Kerntemperatur mindestens 50 min gehalten werden. Zugrunde gelegt wird daher ein durchschnittlicher *z*-Wert von 10 °C.
Der geforderte *F*-Wert für Vollkonserven schließt also in jedem Fall den Sicherheitswert von 12 *D* gegenüber *C. botulinum* ein. Der *F*-Wert hat sich als ein Richtwert bewährt, der unter Praxisbedingungen der Konservenindustrie leicht zu bestimmen und einzuhalten ist. Der *D*-Wert und der *z*-Wert würden zwar für das einzelne Produkt und jeweilige Füllgut je nach Bakterienkontamination genauere Werte ergeben, die Einzelbestimmung dieser Werte wäre aber zu aufwendig.
Während Vollkonserven mit dem Ziel der Abtötung sämtlicher Sporen und insbesondere von *C. botulinum* hergestellt und dementsprechend einen *F*-Wert von mindestens 2 (12-*D*-Wert des *C. botulinum*) aufweisen müssen, liegt dieser *F*-Wert bei den nur bei 100 °C hergestellten Halbkonserven zwischen 0,4 bis 0,6.
Trotz dieses geringen *F*-Wertes gibt es bei den nur pasteurisierten Halbkonserven mikrobiologisch labile und mikrobiologisch stabile Produkte. Entscheidend für eine Labilität oder Stabilität sind der a_w-Wert und *p*H-Wert im Produkt.

Mikrobiologie der Halbkonserven
Als Halbkonserve werden alle Produkte bezeichnet, die in einem vor mikrobieller Rekontamination schützenden Behältnis verpackt und danach einer Erhitzung von mindestens 70 °C und höchstens 100 °C unterzogen wurden. Halbkonserven wurden früher ausschließlich in Glas- oder Weißblechdosen mit luftdichtem Abschluß hergestellt. Neue Verfahren der Verpackungsmittelindustrie gewährleisten auch, Folien oder Kunstdärme so herzustellen, daß sie einen luftdichten Abschluß garantieren.

Ob eine Halbkonserve bei Kühllagerung nur wenige Wochen lagerfähig ist oder bei 20 °C ein Jahr aufbewahrt werden kann, ist weniger eine Frage der Erhitzungstemperatur oder des *F*-Wertes als des a_w-Wertes im Füllgut.

Die mikrobiologisch stabilen, im a_w-Wert unter 0,96 liegenden Halbkonserven werden auch SSP-Erzeugnisse genannt (Shelf Stable Products). Je nach stabilisierendem Faktor werden die SSP-Erzeugnisse weiter unterteilt in a_w-SSP-, *F*-SSP- und *p*H-SSP-Erzeugnisse (Bild 49). Diese SSP-Erzeugnisse haben gewisse Beziehungen zu den a_w-stabilisierten Dauerwaren.

SSP-Erzeugnisse werden zwischenzeitlich in vielen Ländern in zunehmendem Maße von der Fleischindustrie hergestellt, da ihre Verpackung und Herstellung einfacher als die Vollkonserve ist und auch die sensorische Beschaffenheit der Produkte vom Verbraucher den Vollkonserven vorgezogen wird.

Mikrobiologie der Kesselkonserven
Der Begriff »Kesselkonserve« für eine bestimmte Art der Halbkonserve ist abgeleitet von dem bei Hausschlachtungen üblichen Kochen der Glas- oder Blechdosen im offe-

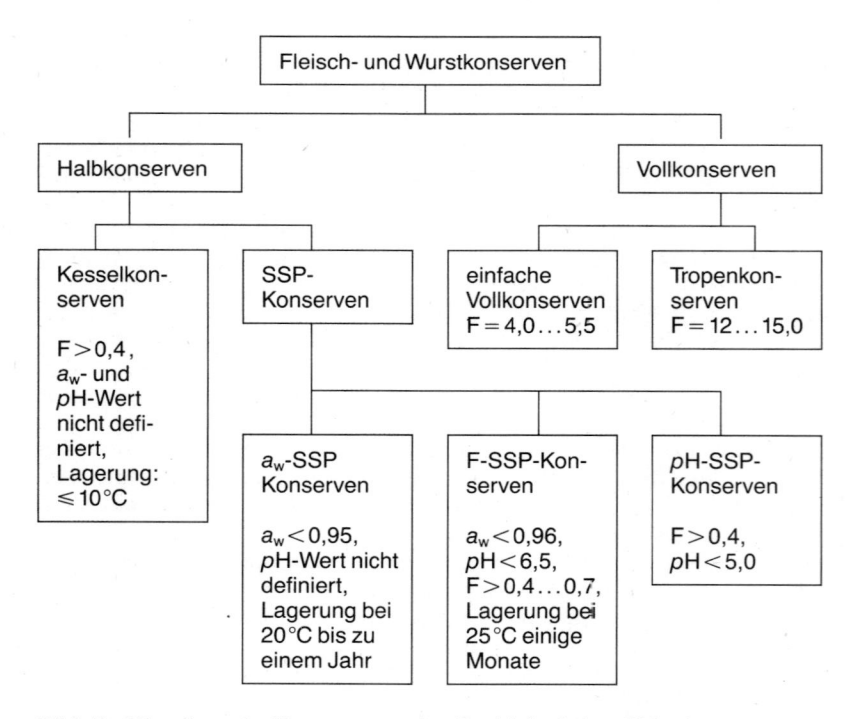

Bild 49. Einteilung der Konserven nach mikrobiologischen Kriterien

nen Kessel. Außer der Erhitzungszeit und der Gartemperatur sind bei Kesselkonserven keine weiteren Kennwerte bekannt. Da bei Hausschlachtungskonserven in der Regel der a_w-Wert um 0,98 und der pH-Wert bei 6,0 bis 6,5 liegt, ist ein Auskeimen der überlebenden Sporen nicht auszuschließen. Die Lagertemperatur muß daher < 10 °C liegen. Da bei diesen Temperaturen aber immer noch die kältetoleranten Sporenbildner (z. B. *C. botulinum*, Typ B und E) auskeimen können, muß dafür Sorge getragen werden, die Sporen, die hitzeempfindlicher als die mesophilen Sporen sind, durch Kochen zu vernichten. Für kältetolerante Sporenbildner sind F-Werte von 0,4 erforderlich. Das entspricht D-80-Werten von 10 bis 40. Bei Einwirkung einer Kerntemperatur von 80 °C über 40 min sind die Sporen der kältetoleranten Sporenbildner abgetötet. Es überleben die mesophilen und thermophilen Sporen, die aber bei Temperaturen unter 10 °C nicht auskeimen. Folglich ist eine Kesselkonserve mit der thermischen Behandlung $D_{80} = 40$ min ($F = 0,4$) bei strikter Einhaltung der Lagertemperatur < 10 °C bis ein Jahr lagerfähig. Kesselkonserven werden nicht nur bei Hausschlachtungen hergestellt. Fleischverarbeitende Betriebe gehen dazu über, die geschmacklichen Vorteile einer Kesselkonserve gegenüber einer Vollkonserve zu nutzen, wobei diese Produkte als »hausschlachtene Art« oder »nach Bauernart« angeboten werden. Es ist hierbei allerdings notwendig, die Kühlkette für die Lagerung dieser Konserven lückenlos einzuhalten.

SSP-Halbkonserven
Der in der Literatur für mikrobiologisch stabile Halbkonserven übliche Begriff SSP ist eine Abkürzung für Shelf Stable Products, wobei die Übersetzung von Shelf (Bank, Riff, Sandbank) am ehesten mit dem in der deutschsprachigen Fachliteratur gebräuchlichen Begriff der »Hürde« identisch ist.
Dabei besteht die Vorstellung, daß Produkte nicht nur dann vor einem bakteriellen Verderb geschützt sind, wenn eine vollständige Abtötung der Bakterien erfolgt, sondern auch dann, wenn ihnen einige für ihr Wachstum notwendige Bedingungen entzogen werden. Dabei genügt es oft nur, eine einzige Wachstumsbedingung so zu wählen, daß den Bakterien damit eine unüberwindbare Klippe oder »Hürde« aufgebaut wird. Dazu ist allerdings notwendig, genau zu wissen, welche Bakterien in welchen Produkten zum bakteriellen Verderb führen und welche Bedingungen diese Bakterien für ihr Wachstum benötigen.
Beispiel 1: Anaerobe Sporenbildner (Clostridien) sind beim bakteriellen Verderb der Halbkonserven hauptsächlich beteiligt. Die Kühllagerung bedeutet eine »Hürde« für mesophile Clostridien, die kältetoleranten Clostridien können aber wachsen.
Beispiel 2: Kältetolerante Clostridien benötigen einen a_w-Wert über 0,97, mesophile Clostridien einen a_w-Wert über 0,95. Durch Rezepturgestaltung kann der a_w-Wert auf 0,96 eingestellt werden. Jetzt wäre eine Haltbarkeit bei Kühllagerung gewährleistet, da nun die mesophilen Clostridien wegen der Hürde »Kühllagerung« noch nicht und die kältetoleranten Clostridien wegen der Hürde a_w-Wert unter 0,97 nicht mehr wachsen können.
Beispiel 3: Ist eine a_w-Wert-Steuerung nicht möglich, können kältetolerante Clostridien mittels der Hürde »D-Werte« bzw. »F-Wert« ausgeschaltet werden. Die Sporen der kältetoleranten Clostridien werden bei einem D_{80}-Wert von maximal 40 (40 min Kerntemperatur 80 °C) sicher abgetötet.
Der D_{80}-Wert entspricht einem F-Wert von 0,4. Mesophile Sporen sind aber weitaus hitzestabiler. Bei Erreichen des F-Wertes 0,4 und Kühllagerung ist eine mikrobiologische Stabilität gewährleistet.
Neben a_w- und F-Wert kann auch der pH-Wert als Hürde dienen.
Dementsprechend lassen sich SSP-Erzeugnisse je nach mikrobiologisch wirkender Hürde in drei Untergruppen gliedern:

- a_w-SSP
- F-SSP und
- pH-SSP

a_w-SSP
Die Steuerung und Beeinflussung des Bakterienwachstums über den a_w-Wert ist einfach und effektiv. Die Wasseraktivität wird über den Zusatz wasserlöslicher Stoffe oder über die Rezepturgestaltung (Verhältnis Fleisch : Fett) gesteuert. In der Fleischwirtschaft wirkt vorwiegend Kochsalz a_w-Wert senkend.
Die mikrobiologisch stabilen Dauerwaren sind vorwiegend über den a_w-Wert stabilisiert. Es gibt somit Beziehungen zwischen den a_w-SSP und den a_w-stabilisierten Dauerwaren.
Die a_w-stabilisierte Dauerware unterscheidet sich aber in folgenden Punkten vom a_w-SSP:

- Die Dauerware muß nicht erhitzt sein (Rohwurst, Dauerpökelware).
- Die Dauerware ist nicht unbedingt bakteriendicht verschlossen.
- Die mikrobiologische Stabilität der Dauerware wird durch Wasserverdunstung während der Lagerung erhöht.
- Das a_w-SSP ist in jedem Fall einer Hitzebehandlung unterzogen.
- Das a_w-SSP ist bakteriendicht verschlossen.
- Wegen der geringen Wasserverdunstung erhöht sich die Stabilität bei der Lagerung kaum.

Die a_w-SSP müssen folgende Kennwerte aufweisen, um mikrobiologisch stabil zu sein:

- Bakteriendichte Verpackung (Blech- bzw. Glasdose, Folie usw.),
- Erhitzen auf 75...80°C in der Verpackung und
- Absenken des a_w-Wertes durch Rezepturgestaltung auf Werte von $a_w \leq 0{,}95$.

Unter diesen Bedingungen ist eine a_w-SSP-Ware ohne Kühllagerung bis ein Jahr haltbar. Die maximale Lagertemperatur soll dabei 20°C nicht überschreiten.
a_w-SSP-Erzeugnisse werden somit in der Regel Brühwurst- oder Kochwurstarten sein, deren Rezepturgestaltung (Kochsalz, Fleisch:Fett-Verhältnisse, Wasserzusatz) so berechnet wird, daß der geforderte a_w-Wert nicht überschritten wird.
Einige Produkte, z. B. Formschinken in Folienverpackung, können nicht als SSP-Produkte hergestellt werden, da diese Garfleischwaren ohne Fett hergestellt sind und somit einen Wassergehalt über 70 % aufweisen. Eine Erhitzung in der Folie ist zwar möglich, der F-Wert wird aus technologischen Gründen aber immer unter $F = 0{,}4$ liegen. Eine a_w-Steuerung über den Salzgehalt ist aus geschmacklichen Gründen ebenfalls nicht möglich. Bei einem Wassergehalt von 70 % müßte eine 5-...6%ige Kochsalzkonzentration im Schinken vorhanden sein, um zu einer Stabilität zu führen.

F-SSP-Erzeugnisse
Das »F« bezeichnet eine Stabilisierung über die Wahl des »F«-Wertes, also des Zusammenhanges zwischen Erhitzungstemperatur und Erhitzungszeit (Kerntemperatur). Für die F-SSP-Ware gelten folgende Bedingungen:

$F \geq 0{,}4$ (1 h Kerntemperatur bei 98°C)
pH $\leq 6{,}3$
$a_w \leq 0{,}96$

Unter diesen Bedingungen wird für SSP-Ware eine Lagerzeit von einigen Monaten bei einer maximalen Lagertemperatur von 25°C ermöglicht.

pH-SSP-Ware
Die Hürde dieser Produkte liegt in der Absenkung des *p*H-Wertes unter *p*H 4,5. Es gelten folgende Kennwerte für die Herstellung:
- Bakteriendichte Verpackung,
- Erhitzen, Kerntemperatur 80°C, $F = 0{,}4$ und
- Absenken des *p*H-Wertes durch Zusatzstoffe unter *p*H 4,5.

Unter diesen Bedingungen ist eine mikrobiologische Stabilität ohne Kühllagerung gewährleistet.
Als *p*H-SSP-Waren werden gegenwärtig im Handel vorwiegend Fischzubereitungen angeboten; in diesen Produkten läßt sich ein *p*H-Wert < 4,5 leicht einstellen.

Berechnung des a_w-Wertes in Fleischwaren
Die mikrobiologische Stabilität eines Fleischerzeugnisses hängt entscheidend vom a_w-Wert ab.
Für die durch eine wasserdampfdichte Verpackung vor Rekontamination geschützte SSP-Ware (Halbkonserven) ist neben der ausreichenden Erhitzung als Schutz gegen das Auskeimen überlebender Sporen ein a_w-Wert $\leq 0{,}95$ erforderlich. Diese Verpackung ist in der Regel auch gasdicht, so daß es während der Lagerung nicht zu einer weiteren Erniedrigung des a_w-Wertes durch Verdunstung kommen kann.
Bei den nicht bakteriendicht verpackten Erzeugnissen, die als Dauerware ohne Kühlung über längere Zeit gelagert werden sollen, ist ebenfalls ein Anfangs-a_w-Wert von 0,96 bis 0,95 erforderlich. Da es bei diesen Produkten zu einer Kontamination mit vielen Keimarten während der Lagerung kommt und einige dieser Erzeugnisse auch nicht erhitzt werden (Rohwurst, Dauerpökelwaren), ist eine Haltbarkeit nur gewährleistet, wenn neben dem erforderlichen geringen Ausgangs-a_w-Wert von 0,96 eine ständige Absenkung durch Wasserverdunstung erfolgen kann. Die vollständige Stabilität wird in der Regel erst bei a_w-Werten unter 0,90 erreicht.
Wenn ein mikrobiologisch stabiles Erzeugnis hergestellt werden soll, sei es als Dauerware erhitzt oder unerhitzt bzw. als SSP-Halbkonserve, so ist ein Ausgangs-a_w-Wert von 0,96 bis 0,95 unerläßlich.
Für den Hersteller gibt es gegenwärtig drei Möglichkeiten, den a_w-Wert zu bestimmen:
- Messung mit dem a_w-Meßgerät,
- rechnerische Bestimmung nach den Analysenwerten und
- Beeinflussung des a_w-Wertes durch gezielte Rezeptur.

Die Messung mit einem a_w-Meßgerät ist die einfachste und schnellste Methode. Sind solche Geräte nicht vorhanden, kann der a_w-Wert auch rechnerisch ermittelt werden. Dazu sind die Anteile des Gesamtwassers in einem Produkt analytisch zu ermitteln. Je kleiner die Molekülmasse der Zusatzstoffe ist, desto größer ist die Absenkung des a_w-Wertes. Bei Fleischwaren beeinflußt praktisch nur ein Zusatzstoff den a_w-Wert, das Kochsalz. Kochsalz hat eine geringe Molekülmasse (58,5) und wird in relativ hohen Anteilen zugesetzt.
Die Berechnung erfolgt nach folgender Formel:

$$a_w = 1 - \frac{M_1 \cdot m_2}{n_1 + M_1 m_2}$$

M_1 Molekülmasse des Lösungsmittels für Wasser = 18,

m_2 $\dfrac{\text{Lösungssubstanz in g}}{\text{Molekülmasse}} = \dfrac{\text{NaCl g}}{58{,}5}$

n_1 Menge des Lösungsmittels
        (analytischer Wassergehaltswert)

Diese Berechnung ist infolge der vorhergehenden Wasseranalyse für die Praxis zu aufwendig.

Ist bekannt, welche Anteile bzw. Zusätze zu Fleischerzeugnissen die Wasseraktivität beeinflussen, muß es möglich sein, durch gezielte Zusammenstellung der Rezeptur den für die Stabilität notwendigen a_w-Wert zu erhalten. Dabei ist folgendes zu beachten:

- Bei wasserlöslichen Zusatzstoffen entscheidet die Molekülmasse dieser Stoffe über die Höhe der Senkung der Wasseraktivität.
- Fettbestandteile senken die Wasseraktivität, aber nicht infolge der Löslichkeit (Fett ist unlöslich in Wasser), sondern durch Wasserverdrängung.
- Sind mehrere Grobbestandteile mit unterschiedlichen a_w-Werten in einem Produkt enthalten, so entscheidet der Bestandteil mit der höchsten a_w-Zahl über die Haltbarkeit.
- Nur bei feinzerkleinerten Fleisch- und Wurstwaren (Kutter, Kolloidmühle) gleichen sich unterschiedliche a_w-Werte zu einem Durchschnittswert aus.

Daraus ist abzuleiten, daß es nur bei einigen feinzerkleinerten Fleischerzeugnissen möglich sein wird, den a_w-Wert auf 0,95 einzustellen.

Sämtliche in Tabelle 33 angeführten eingedosten Fleischerzeugnisse stellen demnach mikrobiologisch labile Produkte dar, die zur Lagerung entweder autoklaviert oder nach Erhitzen (F-Wert = 0,4) bei Lagertemperaturen < 10 °C aufbewahrt werden müssen.

Aus Tabelle 34 ist ersichtlich, daß es unter Praxisbedingungen nur mit Hilfe von Kochsalz und Fett möglich ist, den a_w-Wert signifikant zu beeinflussen. Die wenigen in der Fleischwirtschaft zugelassenen Zusatzstoffe weisen infolge ihrer meist hohen Molekülmasse und ihrer Einsatzlimitierung nur einen kaum merkbaren Einfluß auf die Senkung der Wasseraktivität auf.

Aus geschmacklichen Gründen ist Kochsalz mit maximal 3 % einsetzbar, so daß die Differenz bis zum erforderlichen Wert von a_w 0,95 durch Fettzusatz bewirkt werden muß. Dabei entspricht die Verminderung der Wasseraktivität durch den Zusatz von 3 % Kochsalz genau der eines Zusatzes von 30 % Fett. Ausgegangen wird immer von einem Basiswert von 0,9900 für das eingesetzte Fleisch, wobei eingelagerte Fettanteile bis 10 % Fett den Ausgangs-a_w-Wert nicht beeinflussen.

Ein Zusatz von 3 % Kochsalz senkt den a_w-Wert um 0,0186 auf 0,9714

$$\begin{aligned} &\;0{,}9900\\ &-\,0{,}0186\\ \hline &=\,0{,}9714 \end{aligned}$$

Tabelle 33. a_w-*Werte einiger ausgewählter eingedoster Fleischerzeugnisse*

Inhalt der Konserven	a_w-Wert
Rindfleisch im eigenen Saft	0,9855
Schweinefleisch im eigenen Saft	0,9828
Corned beef	0,9825
Dosenschinken	0,9817
Leberwurst, fein	0,9765
Blutwurst	0,9759
Schmalzfleisch (Durchschnittswerte)	0,9626

Tabelle 34. Fett- und Kochsalzwerte von Leberwurst und deren Einfluß auf die Wasseraktivität (a_w-Wert) und Stabilität der Erzeugnisse

Kochsalz in %	Fett in %	a_w-Wert	Stabilität der Erzeugnisse
2,4	39	0,9668	nicht stabil
2,4	42	0,9634	nicht stabil
2,4	45	0,9569	nicht stabil
2,5	44	0,9455	stabil
2,4	50	0,9477	stabil
2,5	47	0,9436	stabil
2,3	50	0,9483	stabil

Tabelle 35. Senkung der Wasseraktivität (a_w-Wert) durch Zugabe von Zusatzstoffen

Zusatzstoff	Molekül-masse	Senkung der Wasseraktivität um				
		0,1 %	0,3 %	3,0 %	30 %	50 %
Kochsalz (NaCl)	58,5	0,0006	0,0019	0,0186	–	–
Polyphosphat	446,0	0,0002	0,0016	–	–	–
Lactose	342,0	0,0002	0,0007	0,0066	–	–
Milcheiweiß		0,0001	0,0004	0,0039	–	–
Fett		0,0001	0,0002	0,0019	0,0186	0,031

Bis zur mikrobiologischen Stabilität $a_w = 0,9500$ fehlen noch 0,0214

$$\begin{array}{r} 0,9714 \\ -\ 0,9500 \\ \hline =\ 0,0214 \end{array}$$

Soll diese Senkung der Wasseraktivität um weitere 0,0214 durch Fettzusatz erfolgen, so entspricht nach Tabelle 35 ein Fettzusatz von 40 % einer Senkung des a_w-Wertes von 0,0214.

Unter Verwendung der in der Fleischindustrie zugelassenen Zusatzstoffe erscheint es gegenwärtig nur möglich, feinzerkleinerte Leber- und Brühwürste als a_w-SSP-Erzeugnisse herzustellen. Voraussetzung dafür ist eine möglichst fremdwasserarme Produktion.

Bilder 50 und 51 (s. S. 131) veranschaulichen die Keimdynamik von Brühwurst-Aufschnittware in Dosen sowie von Blut- und Leberwurst-Halbkonserven.

13.7. Mikrobiologie der Fleischfeinkostwaren

13.7.1. Mikrobiologie der Fleischaspikwaren

Obwohl Aspikwaren aus gegarten Fleischeinlagen unter Verwendung von Gelatine mit niedrigen pH-Werten (4,0 bis 4,5) hergestellt werden, gehören sie zu den mikrobiologisch labilen Produkten. Diese Labilität hat drei Ursachen:

- Die gegarten Einlagen (Fleisch, Wurst, Ei) unterliegen nach dem Garprozeß mannigfachen Rekontaminationsmöglichkeiten.

- In Becher oder Schalen abgefüllte Aspikware ist niemals bakteriendicht verschlossen, so daß es während der Lagerung und beim Transport zu Kontaminationen mit Umgebungskeimen kommt.
- Als Garnierung werden oft nicht erhitzte Bestandteile (Gurken, Mayonnaise, Gewürzkräuter) zugesetzt.

Die beim Garen überlebenden Sporen der aeroben und anaeroben Sporenbildner können in den Aspikwaren auch bei unzulässig hohen Lagertemperaturen nicht auskeimen und sich vermehren, wenn der pH-Wert im Aspik ordnungsgemäß abgesenkt wurde. Eine pH-Kontrolle jeder Aspikcharge ist daher unerläßlich. Da die Einlagen in der Regel in Scheiben geschnitten werden, sind Schneidbretter, Messer und Hände die Ursache für Rekontaminationen. Sehr oft werden auf Schneidbrettern *Bacterium proteus*, *E. coli*, *Pseudomonas*arten und alle Kokkenarten gefunden, die sich dann in hohen Keimzahlen auf der Oberfläche der Einlagen ansiedeln.

Bei Einhaltung der Kühlkette, Lagerungstemperaturen um 5 °C und Einhaltung der Lagerfrist ist eine Vermehrung dieser Bakterien nicht zu befürchten. Fällt aber ein Glied dieser Sicherheitskette aus, z.B. zu hohe Lagertemperatur, zu hoher pH-Wert des Aspiks, Überschreitung der Lagerfrist, kann es zu einer Vermehrung der Bakterien und damit zum Verderb der Ware kommen. Erste Anzeichen eines bakteriellen Verderbs sind auch bei Kühllagerung Erweichungen und Trübung des Aspiks. Derartig veränderte Aspikwaren sind sofort aus dem Verkehr zu ziehen.

Die unbedingte Einhaltung der drei Sicherungsbedingungen

- pH-Wert (4,0 bis 4,4)
- Lagertemperatur (5...8 °C) und
- Lagerfrist (maximal 8 Tage)

ist aber nicht nur wegen des bakteriellen Verderbs, sondern auch aus lebensmittelhygienischer Sicht notwendig. Bei den zahlreichen Kontaminationsmöglichkeiten während der Herstellung ist immer mit einer Kontamination von *Staphylococcus aureus* zu rechnen. Darunter befinden sich sehr oft toxinbildende Stämme, die zur gefürchteten Staphylokokken-Lebensmittelvergiftung führen. Diese Staphylokokken befinden sich auf der Haut des Menschen und sehr oft in Wunden, oder sie siedeln sich im Nasen-Rachen-Raum des Menschen bei Erkältungen an. Persönliche Hygiene ist daher insbesondere bei der Herstellung von Feinkostwaren unerläßlich. Die Staphylokokken wachsen besonders gut, wenn neben Fleisch auch Eieranteile oder Milcheiweiß vorhanden sind. Das ist bei Aspikwaren häufig der Fall (Mayonnaise, gekochte Eischeiben). Können sich diese Bakterien vermehren, kommt es zur Ansammlung von Giftstoffen in der Aspikware, ohne daß dabei sensorische Veränderungen bemerkt werden.

Zu einer Aspikverflüssigung kommt es auch bei Kühllagerung, wenn kältetolerante Bakterien, die das Enzym Gelatinase bilden, wachsen.

Es kann aber trotz Einhaltung der Herstellungs- und Lagervorschriften zu einem bakteriell bedingten Verderb kommen, wenn nicht sterilisierte naturvergorene Gemüse, vorwiegend Gurken (Faßgurken), für Aspikwaren verwendet werden. Diese Ware hat bei Faßlagerung oft eine weiße Kahmhaut auf der Oberfläche des Faßinhalts. Die Kahmhaut besteht aus Hefen, die säureunempfindlich sind und auch bei Kühllagerung wachsen. Bei Aspikwaren führen sie schon in kurzer Zeit zu einer Trübung des Aspiks mit einem dumpfen muffigen Geruch und Geschmack. Faßgurken sind für Feinkostwaren nach Möglichkeit nicht zu verwenden. Bei überlagerter Aspikware können sich trotz Einhaltung der Kühlkette Grau- und Grünschimmelpilze auf der Oberfläche vermehren.

13.7.2. Mikrobiologie der Fleischsalate

Fleischsalate sind eine große Gruppe der Feinkostwaren, die aus gegarten Fleischanteilen (Brät, Fleisch, Brühwurst), Mayonnaise, Remoulade oder Öl und anderen Zutaten, wie Eiern, Gemüse, Käse usw., bestehen. Die Fleischanteile und sonstigen Zutaten sind durch Streifenschnitt oder Würfelung zerkleinert. In einigen Fleischsalaten werden auch ungegarte Wurstwaren, z. B. Rohwurst, eingesetzt. Die hinsichtlich ihrer Rezepturvielfalt kaum noch überschaubaren Fleischsalate tragen oft Phantasiebezeichnungen, aus denen die Zusammensetzung nicht ersichtlich ist.

Fleischsalate sind mikrobiologisch labile Produkte. Sie gehören zu den wenigen Erzeugnissen, für die in der DDR mikrobiologische Grenzwerte festgelegt wurden, und zwar sowohl für das fertige Produkt als auch für die Mayonnaise.

Mayonnaise besteht aus Pflanzenöl, Salz, Wasser und Eigelb unter Zusatz von Essig, Senf und Gewürzen. Als Produktionshilfsmittel werden Emulgatoren und Stabilisatoren verwendet. Werden Mayonnaisen mit einem Fettgehalt $< 83\ \%$ hergestellt, so ist die Einarbeitung von Füllstoffen, meist Weizenstärke (»Kuli«), üblich. Mayonnaisen sind empfindliche Öl-in-Wasser-Emulsionen, die zu Instabilität neigen. Während die optimalen Emulsionstemperaturen bei der Herstellung 15...18 °C betragen, sollen die Lagertemperaturen 5 °C nicht unterschreiten (Entmischungsgefahr) und 10 °C nicht überschreiten, da bei Temperaturen $> 10\ °C$ ein bakterielles Wachstum und eine Autoxidation der Fette zu erwarten ist.

Mayonnaise stellt aufgrund ihrer Zusammensetzung einen idealen Nährboden für bakterielles Wachstum dar, insbesondere dann, wenn größere Mengen Stärke als Stabilisator und Füllmittel zugegeben wurden. Bei einer Lagertemperatur von 5...10 °C werden zwar mesophile Keime gehemmt, doch können sich kältetolerante Arten vermehren.

Da aus geschmacklichen Gründen der *p*H-Wert nur mäßig abgesenkt werden kann, wurde für Mayonnaise der Zusatz eines chemischen Konservierungsmittels, meist Benzoesäure, erlaubt.

Für die Herstellung von Mayonnaise ist die Einarbeitung von frischen Hühnereiern oder Kühlhauseiern erlaubt, während die Verarbeitung von Gefriereiern nicht gestattet ist. Durch die Zusatzstoffe Eier und Stärke sowie über die Gewürze kommt es zu einer bakteriellen Belastung der Mayonnaise mit Enterobakterien, *Pseudomonas*arten und Schimmelpilzen aus dem Ei und aeroben Sporenbildnern durch Gewürze und Stärke. Da bei Mayonnaise sowohl die Gesamtkeimzahl wie auch einzelne Keimarten nach oben limitiert wurden, kommt der Rohstoffauswahl und der Hygiene der Herstellung und des Transports eine große Bedeutung zu. Die Grenzkeimzahlen für Mayonnaise enthält Tabelle 36.

Pathogene Keime sind Salmonellen, Shigellen und toxinbildende Staphylokokken.

Werden die Grenzkeimzahlen nicht überschritten, kann eine Lagerfrist von 6 Wochen bei Mayonnaisen mit Fettgehalt $> 80\ \%$ und von 3 Wochen bei Mayonnaisen mit $< 80\ \%$ Fettgehalt garantiert werden. Die mikrobiologische Beschaffenheit des Endprodukts

Tabelle 36. Grenzkeimzahlen für Mayonnaise

Mikroorganismen	Grenzkeimzahlen
Gesamtkeimzahl	30 000 Keime g^{-1}
Enterobakterien	100 Keime g^{-1}
Schimmelpilzsporen	100 Sporen g^{-1}
Hefen	100 Hefezellen g^{-1}
Clostridien	in 1 g negativ
Pathogene Mikroben	in 25 g negativ

wird aber nicht nur von der Mayonnaise, sondern in erster Linie von der Fleischeinlage bestimmt. Bei ordnungsgemäßer Garung sind im fertigen Brät oder im gegarten Fleisch nur noch aerobe Sporenbildner in einer Keimzahl von 10^2 bis 10^4 g^{-1} nachzuweisen. Im fertigen Fleischsalat erscheinen aber in der Regel wesentlich höhere Keimzahlen. Eine Gesamtkeimzahl von 10^4 bis 10^5 g^{-1} ist dabei noch zu tolerieren. Nicht selten liegen die Gesamtkeimzahlen im eben erst hergestellten Produkt bei 10^7 bis 10^8 g^{-1}. Diese Größenordnungen sind nicht mehr zu akzeptieren; ein Salat mit derart hohen Keimzahlen ist selbst bei Einhaltung der Lagerbedingungen nicht lagerfähig. Obwohl die Gesamtkeimzahl für das Fertigprodukt Fleischsalat nicht limitiert wurde, sind betrieblicherseits alle Anstrengungen darauf zu richten, die Gesamtkeimzahl nicht über 10^5 Keime g^{-1} ansteigen zu lassen. Das Problem der Gesamtkeimzahl ist sowohl eine Frage der Betriebshygiene als auch des betrieblichen Arbeitsablaufs. Bei zu hohen Keimzahlen müssen beide Seiten überprüft werden.

In hygienischer Hinsicht sind Kühlräume und Schneidegeräte (Streifenschneider) verstärkt einer mikrobiologischen Kontrolle zu unterziehen. Der Streifenschneider ist nur zu verwenden, wenn die mikrobiologische Produktionskontrolle durch das Betriebslabor die ausreichende Reinigung festgestellt hat. Kontaminierte Streifenschneider sind die Hauptinfektionsquellen für die Rekontamination des Bräts. Durch die Schnitte wird die Oberfläche des Fleisches stark vergrößert. Die hygienische Beschaffenheit der Kühleinrichtung für das vorgegarte Zwischenprodukt wie auch für die kurzfristige Lagerung des geschnittenen Bräts ist entscheidend für die mikrobiologische Beschaffenheit des Endprodukts. Lange Lagerungen sowohl des Zwischenprodukts als auch des geschnittenen Bräts sind unbedingt zu vermeiden. Bei ständig hohen Gesamtkeimzahlen ist der betriebliche Arbeitsablauf zu überprüfen. Es hat sich gezeigt, daß hohe Keimzahlen besonders in den Betrieben auftraten, in denen das gegarte Zwischenprodukt im geschnittenen Zustand länger aufbewahrt wurde.

Da Fleischsalat nur 6 Tage lagerfähig ist, wird er in der Regel am Montag hergestellt und ausgeliefert, damit die Ware bis zum Wochenende beim Verbraucher ist und in der Verkaufsstelle nicht überlagert. Die von vielen Betrieben geübte Praxis, das Brät im geschnittenen Zustand aufzubewahren, um für den Wochenanfang einen Arbeitsvorlauf zu haben, führt in der Regel zu hohen Keimzahlen.

Mikrobiologische Produktionskontrollen, Stufenkontrollen und Prozeßkontrollen sind besonders in den feinkostherstellenden Betrieben notwendig, da hier die Kontaminationsgefahr bei der Herstellung besonders hoch und die mikrobiologische Labilität der Fertigprodukte groß ist.

Für Fleischsalate wurden folgende Grenzkeimzahlen festgelegt:

Enterobakterien (außer Salmonellen)	1 000 Keime g^{-1}
Clostridien	100 Keime g^{-1}
Pathogene Keime	in 25 g negativ.

Werden Rohwurst oder Käse in Fleischsalaten eingesetzt, so steigen in diesem Fall die Gesamtkeimzahlen an, da Rohwurst, schnittfest, und Käse Keimzahlen von 10^7 bis 10^8 g^{-1} aufweisen. Diese Keimzahlen resultieren aus dem hohen Anteil von Milchsäurebildnern. Bei Verarbeitung von Rohwurst oder Käse kann somit die alleinige Beurteilung der mikrobiologischen Beschaffenheit über die Gesamtkeimzahl keine Berücksichtigung finden. Die oben angeführten Grenzkeimzahlen werden allerdings von der Einarbeitung dieser Produkte nicht verändert.

Hohe Gesamtkeimzahlen bei Einhaltung der Grenzkeimzahlen für Enterobakterien und Clostridien können auch dann auftreten, wenn nicht sterilisiertes Gemüse (Faßgurken) verarbeitet wurde. Der Keimgehalt besteht dann vorwiegend aus Hefen. Eine hohe Keimzahl ist zu beanstanden, da sich Hefen auch bei Kühllagerung vermehren können und zu einem Verderb des Salates führen. Verderbniserscheinungen durch He-

fen sind daran zu erkennen, daß der Salat mit kleinsten Luftblasen durchsetzt ist, stechend säuerlich riecht und beim Verzehr ein prickelndes Gefühl auf der Zunge hinterläßt (Kohlensäurebildung).
Bild 52 (s. S. 132) veranschaulicht die Keimdynamik im Fleischsalat.

13.8. Mikrobiologie der Kühlkosterzeugnisse

In Gebieten mit einem hohen Anteil an Gemeinschaftsverpflegungseinrichtungen und Speisegaststätten (Großstädte, Tourismus- und Urlauberzentren) hat sich eine neue Form der zentralen Vorbereitung und Herstellung von tischfertigen Speisen besonders auf der Grundlage von Fleischwaren herausgebildet, die *Kühlkost*.
Unter *Kühlkost* werden in einer zentralen Herstellungsstätte vorbereitete und gegarte vollständige Menüs verstanden, die in einer oder in mehreren Portionen in Beuteln abgefüllt sind und gekühlt werden. Die Portionen brauchen bei Bedarf nur erwärmt zu werden.
Diese Kühlkost ist in mikrobiologischer Hinsicht unter folgenden Aspekten zu betrachten:

- Die Art der Abfüllung schafft anaerobe Verhältnisse im Portionsbeutel, dabei besteht die Gefahr des Wachstums von kältetoleranten Clostridien.
- Die Bestandteile werden nach dem Garen offen abgefüllt. Dabei besteht die Gefahr der Kontamination mit Staphylokokken, die sich vermehren können.
- Kühlkost wird in der Regel für die Versorgung eines größeren Personenkreises eingesetzt. Hygienische Fehler bei der Herstellung und Weiterbehandlung können zu Massenerkrankungen führen.

Für die Herstellung von Kühlkost gelten daher besondere lebensmittelhygienische Bestimmungen. Alle Speisenkomponenten müssen zunächst einer Garung mit Kerntemperaturen von mindestens 75 °C für 10 min unterzogen werden.
Hackfleischanteile dürfen eine Schichtdicke von 5 cm nicht überschreiten.
Nach dem Garen werden die festen Bestandteile soweit zerkleinert, daß alle Anteile eine Schichtdicke < 10 cm haben. Diese Zerkleinerung hat den Vorteil, daß im nachfolgenden nochmaligen Erhitzen die Kerntemperatur von 75 °C in der vorgeschriebenen Zeit erreicht wird. Sie hat aber den Nachteil, daß durch das Zerschneiden Rekontaminationen erfolgen. Besonders gefährlich sind Rekontaminationen mit Staphylokokken (Hände, Schneidbretter u.ä.) und mit Clostridien. Daher ist eine Erhitzung im siedenden Wasser nach Abfüllung und Verschluß der Portionsbeutel vorgeschrieben und besonders sorgfältig durchzuführen. Die Erhitzung im siedenden Wasser hat 15 min zu erfolgen. Dadurch werden die beim Portionieren kontaminierten Bestandteile nochmals pasteurisiert.
Es verbleiben trotz zweimaliger Pasteurisierung Sporen der aeroben und anaeroben Sporenbildner. Ein Auskeimen dieser Sporen ist möglich, da weder der a_w-Wert noch der pH-Wert abgesenkt wurden. Das Auskeimen ist demnach nur durch tiefe Temperaturen zu verhindern. Lagertemperaturen von 0...4 °C verhindern sicher das Auskeimen sowohl mesophiler als auch kältetoleranter Sporen.
Sind durch Fehler in der Erhitzung Staphylokokken oder andere Keime nicht abgetötet worden, so werden auch diese Keime bei den vorgeschriebenen Lagertemperaturen am Wachstum gehindert.

Für Kühlkost sind folgende Grenzkeimzahlen verbindlich:

Gesamtkeimzahl	100000 Keime g^{-1}
Enterobakterien ohne Salmonellen	10 g^{-1}
Staphylococcus aureus	1 g^{-1}
Clostridien	10 g^{-1}

Die Umlauffrist beträgt maximal 7 Tage bei Lagertemperaturen von 0...4 °C.

13.9. Mikrobiologie der Gewürze

Gewürze gehören zu den Zusatzstoffen, die regelmäßig und bei fast allen Fleisch- und Wurstwaren zugesetzt werden. Bekannt ist, daß Gewürze nicht keimfrei sind und teilweise eine hohe Keimbelastung aufweisen.
Die in der Fleischwirtschaft verwendeten Gewürze, wie Pfeffer, Paprika, Kardamom, Muskat, Piment, Kümmel und Zwiebeln, weisen einen durchschnittlichen Keimgehalt von 10000 bis 1 Million aerob anzüchtbarer Keime je 1 g auf (Tabelle 37). Den höchsten Keimgehalt haben Pfeffer und Curry. Danach folgen Basilikum, Koriander und Paprika. Vorherrschende Keimflora sind aerobe Sporenbildner, aber auch Enterokokken sind nachweisbar.
Anaerobe Sporenbildner sind ebenfalls häufig nachzuweisen. Die Keimzahl der Clostridien liegt aber bedeutend unter der aeroben Keimflora. In der Regel werden nur Keimzahlen von 10 bis 100 Clostridien je 1g nachgewiesen. Hier sind es vor allem Blattgewürze, die vermutlich durch Erdverunreinigung Clostridien aufweisen. Werden 5 g Gewürz je 1 kg Wurstmasse zugesetzt, so ist damit zu rechnen, daß sich der Gesamtkeimgehalt um 50000 bis 500000 Keime je 1 g erhöht.
Trotz dieser hohen Keimzahl ist eine negative Beeinflussung der Produkte durch die Gewürzzugabe selten.
Bei Rohwurst konnte nachgewiesen werden, daß die durch Pfeffer inokulierten aeroben Sporenbildner zwar auskeimen, aber nicht in der Lage waren, sich zu vermehren. Das

Tabelle 37. Mikrobengehalt einiger ausgewählter Gewürze

Gewürz	Mikroorganismen je 1g
Muskatnuß	$10^3 \ldots 10^4$
Thymian	$10^4 \ldots 10^7$
Curry	$10^6 \ldots 10^7$
Majoran	$10^4 \ldots 10^5$
Paprika	$10^5 \ldots 10^7$
Pfeffer	$10^6 \ldots 10^8$
Basilikum	$10^6 \ldots 10^7$
Ingwer	$10^4 \ldots 10^5$
Kapern	$10^3 \ldots 10^4$
Kardamom	$10^5 \ldots 10^6$
Kümmel	$10^4 \ldots 10^5$
Zwiebeln, frisch	$10^3 \ldots 10^5$
Zwiebeln, alt	$10^5 \ldots 10^7$
Knoblauch	$10^3 \ldots 10^4$

hängt wahrscheinlich damit zusammen, daß die Sporenbildnerarten in Gewürzen aus einer anderen ökologischen Sphäre stammen und nicht an Fleisch adaptiert sind.
Bei Dauerpökelwaren sind allerdings Beispiele bekannt geworden, bei denen mit Pfeffer eingeriebene Knochenschinken zu Lebensmittelvergiftungen führten.
Wenn ein Knochenschinken nicht nur mit Pökelsalz, sondern auch mit dem stark keimhaltigen Pfeffer eingerieben wird, so dringt Pfeffer auch in die mit Bindegewebe ausgefüllten Zwischenräume der einzelnen Muskelschläuche ein, in denen anaerobe Bedingungen vorherrschen. Dann können Clostridiensporen, die im Pfeffer vorhanden sind, auskeimen und sich vermehren.
Pfeffer sollte deshalb weder bei der Trockenpökelung noch bei der Naß- und Spritzpökelung Verwendung finden.
Von Interesse ist die Erhöhung des Gesamtkeimgehaltes durch den Zusatz von Gewürzen bei den Produkten, bei denen verbindliche Gesamtkeimzahlen vorgeschrieben sind. Dort kann der Zusatz von keimhaltigen Gewürzen eine unhygienische Behandlung vortäuschen. Eine Keimverminderung (Dekontamination) bei Gewürzen ist heute möglich durch Bestrahlung mit γ-Strahlen. Eine Bestrahlung mit 4...10 kGy vermindert den Keimgehalt um mehrere Potenzen. Flüssige Gewürzextrakte sind ebenfalls keimarm und können bei vielen Produkten eingesetzt werden.
Eine besondere Beachtung sollte dem Keimgehalt von Zwiebeln geschenkt werden. Lang gelagerte Zwiebeln weisen oft einen sehr hohen Keimgehalt an aeroben Sporenbildnern, aber auch Enterobakterien auf. Zwiebeln werden bestimmten Produkten in einem relativ hohen prozentualen Anteil zugesetzt, so daß Erhöhungen der Gesamtkeimzahl von 100000 bis 1 Million je 1 g möglich sind. Durch ihren Anteil an Zucker kann es zu einer sehr schnellen Vermehrung dieser Keime in der Wurstmasse kommen.

13.10. Mikrobiologie folienverpackter Fleischerzeugnisse

Ein nicht geringer Teil von Fleisch- und Wurstwaren wird in Selbstbedienungsläden und Kaufhallen in einer Folienverpackung angeboten. Es gibt eine große Zahl von Folien, die sich in technologischer Hinsicht (Elastizität, O_2-Durchlässigkeit, Wasserdampfdurchlässigkeit usw.) unterscheiden.
Hinsichtlich der mikrobiologischen Beschaffenheit und des mikrobiologisch bedingten Verderbs der folienverpackten Ware sind aber nur zwei Verpackungsarten zu unterscheiden, und zwar

- Einfache Folienverpackung, verschweißt, und
- Folienverpackung mit Vakuum.

Für beide Verpackungsarten gilt zunächst allgemein, daß die Haltbarkeitsdauer vom Ursprungskeimgehalt der verpackten Erzeugnisse abhängig ist. Der Ursprungskeimgehalt setzt sich zusammen aus dem originären Keimgehalt des Fertigprodukts und dem nachträglich vor der Verpackung auf die Ware gelangenden Keimgehalt der Umgebung (Kontamination). Je geringer der Ursprungskeimgehalt ist, um so haltbarer sind die Erzeugnisse.
Weiterhin gilt für beide Verpackungsarten, daß die Lagerfähigkeit von mikrobiologisch stabilen Produkten (Rohwurst, Dauerpökelwaren) besser ist als die von labilen Produkten (Brühwurst) oder instabilen Produkten (Hackfleisch).
Innerhalb dieser Gruppen ist wiederum die Haltbarkeit von Stückware höher als die von Aufschnitt.
Für die einzelnen Produkte gibt es Besonderheiten, die bei einer Folienverpackung zu beachten sind.

Rind- und Schweinefleisch
Das Fleisch muß unter besonders sorgfältigen hygienischen Bedingungen gewonnen werden. Es ist nur gut gereiftes Fleisch mit einem pH-Wert $<5,8$ für Folienverpackung zu verwenden. Eine Vakuumverpackung bringt Vorteile für die Lagerdauer.
Der Ursprungskeimgehalt kann durch Tauchen des Fleisches in Milch- oder Essigsäure (1,5%ige Lösung, 10 s bei 55 °C) stark reduziert werden. Der Ursprungskeimgehalt wird um 90 % reduziert. Vorteile soll auch eine Bestrahlung des vakuumverpackten Fleisches bringen. Die Strahlendosis beträgt 4 kGy (1 kGy = 100 rad).
Fleischverderb tritt bei Folienverpackung mit Sauerstoff (einfaches Verschweißen) bei Keimzahlen $>10^7$ Keimen g^{-1} ein. Vorwiegend sind Pseudomonaden beteiligt. Bei Verpackung unter Sauerstoffabschluß dominieren Laktobakterien und *Brochothrix thermosphacta*. Die Keimzahlen steigen bei vakuumverpacktem Fleisch wesentlich langsamer an, dementsprechend ist die Lagerdauer länger. Abweichender Geruch und Geschmack vakuumverpackten Fleisches wird allerdings dann bei Keimzahlen von 10000 bis 1000000 Keimen je 1 g beobachtet.

Brüh- und Kochwurst
Um einen Wasseraustritt bei aufgeschnittener vakuumverpackter Ware zu vermeiden, ist die Wasserschüttung zu reduzieren. Wasseraustritt verschlechtert nicht nur das Schnittbild, sondern fördert auch das Bakterienwachstum. Entscheidend für die Haltbarkeit ist eine Erhöhung der minimalen Kerntemperatur beim Garen. Für Folienverpackungen muß bei Kochschinken eine Kerntemperatur von 68 °C, bei Brühwurst von 75 °C und bei Kochwurst von 80 °C erreicht werden.
Vakuumverpackte Ware (Fleisch und Fleischerzeugnisse) hat eine deutlich bessere Lagerfähigkeit als die gleiche Ware, die nur in verschweißten Folienbeuteln gelagert wird. Das hat seine Ursache in der Sauerstoffabhängigkeit der Bakterienarten.
Unter Vakuum können nur mikroaerophile oder anaerobe Keime wachsen. Allerdings gibt es gerade bei den fleischverderbenden Bakterienarten sehr viele, die mikroaerophil wachsen können, z. B. fast alle Enterobakterien und Laktobakterien. Da aber die meisten dieser Arten mesophil sind, also Temperaturbereiche von 15...40 °C bevorzugen, kann eine Kombination mit einer Kühllagerung das Wachstum dieser Arten stark hemmen. Kühlgelagerte vakuumverpackte Ware ist dabei kühlgelagerter Ware in einfacher Verpackung überlegen.
Bei Nichteinhaltung der Kühlkette erweist sich die Vakuumverpackung nicht mehr überlegen, die Ware verdirbt in kurzer Zeit. Wichtig ist, daß

- die Kühlkette zu keiner Zeit unterbrochen wird,
- der Durchmesser der Einzelverpackung gering ist und
- auch kurzzeitige Temperaturerhöhungen unterbleiben.

Darauf ist insbesondere beim Transport zu achten.
Wird z. B. folienverpackte Ware in der warmen Jahreszeit über Stunden in einem nicht gekühlten Fahrzeug transportiert, ist eine Lagerfähigkeit der Ware, auch bei Vakuumverpackung, nicht mehr gewährleistet, auch wenn anschließend eine Kühllagerung erfolgt.

Mikrobiell bedingter Verderb
Ein Verderben folienverpackter Ware äußert sich entweder in einem stickig-fauligen Geruch oder in einer Säuerung. Diese Verderbnisarten treten bei beiden Verpackungen auf. Im Falle der stickig-fauligen Abweichung sind in der Regel Enterobakterien, *Pseudomonas*keime, aerobe Sporenbildner und Staphylokokken ursächlich beteiligt. Diese Keime wachsen insbesondere bei nicht eingehaltener Kühlkette oder zu warmer Lagerung. Eine Säuerung ist häufig bei überlagerter Ware zu beobachten. Sie tritt aber auch

auf, wenn die Temperaturen der Kühllagerung zu hoch gewählt wurden (10...12 °C). Das kann häufig bei offenen Kühltheken beobachtet werden. An dieser Säuerung sind vorwiegend Laktobakterien, Mikrokokken und *Brochothrix* beteiligt. Diese gehören zur normalen Keimflora des Darminhalts und gelangen bei der Schlachtung auf das Fleisch.

Brochothrix thermosphacta ist ein grampositives mikroaerophiles Stäbchen, das zur normalen Kühlhausflora gehört und daher in der Regel auf der Oberfläche gekühlten Fleisches anzutreffen ist. Sein Wachstumsbereich liegt bei 0...25 °C; es ist also psychrotolerant. Es wächst gut auf Fleisch mit höheren pH-Werten ($> 6,0$).

Brochothrix ist nicht pathogen, hohe Keimzahlen führen jedoch zum Fleischverderb. Da es mikroaerophil wächst, ist *Brochothrix* auch unter Vakuumverpackung anzutreffen. Bild 53 (s. S. 132) zeigt die Keimdynamik von vakuumverpackter Brühwurst-Aufschnittware.

Lagertemperatur und Lagerfrist

Die Lagertemperatur folienverpackter Fleisch- und Wurstwaren soll 4...7 °C betragen und diese Temperaturspanne zu keinem Zeitpunkt überschreiten. Bei Einhaltung dieser Temperaturen können die in Tabelle 38 angegebenen Haltbarkeitsfristen angenommen werden.

Tabelle 38. Haltbarkeitsfristen folienverpackter Erzeugnisse

	Fleischerzeugnisse	Haltbarkeitsfristen in Tagen
Mikrobiologisch stabile Produkte	Rohwurst, Stückware, im Darm	35 bis 40
	Rohwurst, aufgeschnitten	21
	Rohwurst, streichfähig	21
	Dauerpökelware, Stückware	35 bis 40
	Dauerpökelware, aufgeschnitten	21
Mikrobiologisch labile Produkte	Brühwurst, Stückware	21
	Brühwurst, Aufschnitt	14
	Kochwurst, Stückware	21
	Kochwurst, Aufschnitt	14
	Kochschinken, Stückware	14
	Kochschinken, Aufschnitt	14
	Würstchen, geräuchert	14
Rindfleisch	pH $< 5,8$, vakuumverpackt	
	Lagerung bei 0 °C	16 Wochen
	Lagerung bei 4...7 °C	6 bis 8 Wochen
Schweinefleisch	pH $< 5,8$, vakuumverpackt	
	Lagerung bei 0 °C	6 Wochen
	Lagerung bei 4...7 °C	2 bis 3 Wochen

14. Lebensmittelvergiftungen

Bakterielle Lebensmittelvergiftungen machen ursächlich nur einen Teil der durch Aufnahme von Lebensmitteln möglichen gesundheitlichen Schäden aus.
Lebensmittel sind ein Teil unserer Umwelt, und wie diese sind sie auch mannigfachen Belastungen ausgesetzt.
Allergische Erkrankungen durch Aufnahme von bestimmten Lebensmitteln sind meist individuell ausgeprägt, d.h., die Aufnahme des gleichen Lebensmittels führt bei anderen Personen nicht zwangsläufig zu den gleichen Krankheitserscheinungen.
Chemische Zusatzstoffe können je nach aufgenommener Menge zu chronischen oder akuten Erkrankungen führen. Es ist das Bestreben der staatlichen Überwachungsorgane, die Anzahl der chemischen Zusatzstoffe so gering wie möglich zu halten und nur solche zu genehmigen, deren Einsatz hygienisch nachweisbar unbedenklich und technologisch notwendig ist.
Rückstände im Fleisch bereiten gegenwärtig die größten Probleme. Sie entstehen bereits während der Aufzucht und Mast der Schlachttiere und gelangen meist über die Nahrungskette in das Fleisch. Rückstände sind schwer und nur mit einem hohen Aufwand nachweisbar.
Parasiten (Finnen, Sarkosporidien usw.) sind relativ häufig im Fleisch unserer Schlachttiere zu finden. Ihr Nachweis bereitet in der Regel keine Schwierigkeiten und erfolgt bei der Fleischuntersuchung nach dem Schlachten. Eine Aufnahme von Parasiten oder Parasitenstadien (Finnen) kann beim Menschen zu Erkrankungen (z.B. Bandwurmerkrankung) führen.
Radioaktive Substanzen können sehr schädigend wirken. Zu beachten ist, daß nicht die Bestrahlung von Fleisch mit ionisierenden Strahlen zur Radioaktivität führt, sondern nur die Aufnahme von strahlenden Substanzen oder der Kontakt mit Strahlen (radioaktiver Staub). Geschädigt werden in erster Linie lebende Zellen; tote Zellen (Gewürze, Fleisch) werden durch Bestrahlung nicht zur Eigenstrahlung angeregt.
Bakterielle Lebensmittelvergiftungen werden durch Aufnahme von Bakterien oder ihrer Stoffwechselprodukte verursacht.
Obwohl die Grenzen fließend sind, werden bakterielle Lebensmittelvergiftungen in spezifische und unspezifische Erkrankungen eingeteilt.
Spezifische Lebensmittelvergiftungen sind solche, die ein ganz bestimmtes klinisches Bild der Erkrankung aufweisen. Die Inkubationszeit (Zeit zwischen Aufnahme der Bakterien und ersten Anzeichen der Erkrankung) ist genau bestimmt, und es ist aus dem klinischen Bild bereits auf den möglichen Erreger zu schließen. Außerdem kann gesagt werden, daß die Aufnahme des spezifischen Erregers mit hoher Wahrscheinlichkeit bei allen Personen zur Erkrankung mit gleichen Symptomen führt.
Unspezifische Lebensmittelvergiftungen weisen dagegen ein eher unbestimmtes klinisches Bild mit wechselnden Inkubationszeiten auf. Die Erkrankungen können schwer oder leicht sein. Die Aufnahme der unspezifischen Erreger führt meist nur bei besonders empfänglichen Personen zur Erkrankung, oder es muß eine Fehlerkette bei der Herstellung der Erzeugnisse vorliegen, dann kann es allerdings zu Massenerkrankungen durch solche Erreger kommen.
Bild 54 informiert über die Ursachen von Lebensmittelvergiftungen.

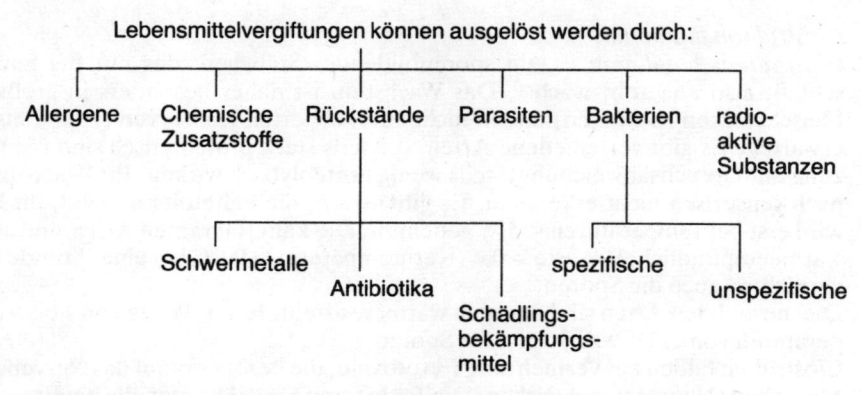

```
                Lebensmittelvergiftungen können ausgelöst werden durch:
        ┌───────────┬──────────────┬───────────┬──────────┬──────────┬──────────┐
    Allergene   Chemische      Rückstände   Parasiten   Bakterien   radio-
                Zusatzstoffe                                        aktive
                                                                    Substanzen
                            ┌──────┴──────┐                 ┌───────┴────────┐
                      Schwermetalle                     spezifische    unspezifische
                                    Antibiotika
                                    Schädlings-
                                    bekämpfungs-
                                    mittel
```

Bild 54. Mögliche Ursachen bei Lebensmittelvergiftungen

Bakterielle Lebensmittelvergiftungen
Für die ordnungsgemäße Be- und Verarbeitung von Fleisch, d. h. die Herstellung von Qualitätsprodukten, sind

- handwerkliche Fähigkeiten und Fertigkeiten,
- Kenntnisse über Roh- und Zusatzstoffe,
- Beherrschung der technischen Hilfsmittel und vor allem auch
- Grundkenntnisse der Mikrobiologie des Fleisches notwendig.

Neben dem Einsatz von Bakterienkulturen zur Herstellung verschiedener Fleischerzeugnisse spielen diese Mikroorganismen auch beim Verderb von Fleisch und Fleischerzeugnissen und damit auch bei Lebensmittelvergiftungen eine große Rolle.
Allerdings ist es nicht so, daß vorwiegend sensorisch erkennbare »verdorbene« Lebensmittel zu Lebensmittelvergiftungen führen oder Lebensmittelvergiftungserreger immer wahrnehmbare Abweichungen in den Produkten bewirken. Wäre das der Fall, dann gäbe es nicht die immer noch viel zu hohe Anzahl an Lebensmittelvergiftungen. Obwohl mit Lebensmittelvergiftungserregern befallene Produkte sensorisch kaum zu erkennen sind, können Erkrankungen dennoch weitgehend vermieden werden. Dazu muß man folgendes wissen:

- Wo kommen die Erreger her, und unter welchen Bedingungen können Produkte infiziert werden?
- Wie kann eine Vermehrung der in die Produkte eingedrungenen Lebensmittelvergiftungserreger verhindert werden?

Übersicht 11 zeigt, welche bakteriellen Lebensmittelvergifter es gibt.

Übersicht 11. Die wichtigsten Erreger von Lebensmittelvergiftungen

Bakterielle Lebensmittelvergiftungserreger	
Spezifische Erreger	Unspezifische Erreger
Clostridium botulinum	*Bacillus cereus*
Salmonella, Shigella, Yersinia	*Escherichia coli*
Staphylococcus aureus	*Bacterium proteus*
	Clostridium perfringens

Clostridium botulinum
Clostridium botulinum ist ein sporenbildendes Stäbchen, das nur bei Sauerstoffabschluß, also anaerob, wächst. Das Wachstum ist daher besonders in großvolumigen Fleischstücken (Schinken) und in nicht autoklavierten Konserven (Halbkonserven) zu erwarten. Es gibt verschiedene Arten, die teils stark proteolytisch sind (Eiweißzersetzung mit Geruchsabweichung), teils wenig proteolytisch wirken. Ihr Wachstum ist demnach sensorisch nicht erkennbar. Es gibt Arten, die kältetolerant sind, ihr Wachstum wird erst bei Temperaturen $< 5\,°C$ gehemmt. Die kältetoleranten Arten sind aber relativ wärmeempfindlich. F-Werte $> 0,4$ (Kerntemperatur $> 90\,°C$ bei einer Stunde Haltezeit) vernichten auch die Sporen.
Die mesophilen Arten sind dagegen wärmeresistent. Erst F-Werte von 4 bis 5 (Kerntemperaturen von $121\,°C$) zerstören die Sporen.
Clostridien bilden bei Vermehrung Ektotoxine, die besonders auf das Nervensystem des Menschen (Neurotoxine) wirken. Die Toxine sind Eiweißkörper, die bei Erwärmung auf $80\,°C$ und mindestens 5 min Haltezeit inaktiviert werden.

Mikroökologie. Clostridien finden sich im Darm (Dickdarm) von Mensch und Tier, ohne daß es dort wegen der Hemmwirkung durch andere Arten zu starker Vermehrung mit Toxinbildung kommt. Sie vermehren sich außerhalb des Darmes in Mist, Gülle und Abwasser und sind dementsprechend in abwasserbehandelten Böden reichlich anzutreffen.

Verhütung der Lebensmittelvergiftung
Die Kontamination von Fleisch oder Fleischerzeugnissen mit Clostridien ist auf zweierlei Art möglich, und zwar durch erhöhte Belastung (Streß, Erkrankungen, wie Fieber, Durchfall) kann es noch während des Lebens und vor der Schlachtung zu einer Auswanderung der Keime aus dem Darm und zur Besiedlung der Muskulatur und des Knochenmarks kommen. Nach der Schlachtung führt eine Kontamination über die Verschmutzung mit Darminhalt oder über sporenhaltigen Staub zu einem Befall mit Clostridien.
Eine Kontamination des Fleisches mit Clostridien ist daher durch

- ordnungsgemäße Schlachttieruntersuchung (Lebendbeschau),
- ordnungsgemäße Betäubung und Blutentzug sowie
- eine hygienische Ausschlachtung

weitgehend vermeidbar.
Um die Vermehrung von Clostridien als Voraussetzung für eine Toxinbildung zu verhindern, sind die Herstellungsverfahren insbesondere von großvolumigen Schinken und Halbkonserven so zu führen, daß Clostridien in keiner Phase der Herstellung wachsen können.
Clostridien können sich bei Temperaturen von 5...$55\,°C$ und einem a_w-Wert bis 0,95 (entspricht etwa 5 % Kochsalz) vermehren. Die Wirkung von Nitrit auf Wachstum und Toxinbildung von Clostridien ist umstritten.
Großvolumige Schinken sind daher bis zum vollständigen Durchsalzen und Ausgleich der Salzkonzentration von mindestens 5 % NaCl in allen Teilen bei Temperaturen $< 5\,°C$ aufzubewahren. Halbkonserven sind einer Erhitzung mit $F = 0,4$ zu unterziehen und dann bei Temperaturen $< 10\,°C$ zu lagern oder im a_w-Wert so einzustellen, daß a_w 0,95 unterschritten wird, wobei letztere Möglichkeit nur bei wenigen Wurstarten genutzt werden kann.

Klinische Erscheinungen
Die Erkrankung wird als Botulismus bezeichnet. Die Toxine werden im Darmkanal aufgenommen, sie müssen im Lebensmittel vorgefertigt sein, eine Aufnahme von Bakterien genügt nicht zur Auslösung der Erkrankung.
Die Toxine wandern entlang den Nervenbahnen und führen frühestens nach 8 h, meist aber erst nach 2 bis 3 Tagen, zu Lähmungen der Muskulatur. Gelähmt werden zunächst Teile der Augenmuskulatur. So ist das »Doppeltsehen« ein typisches Anzeichen für Botulismus. Die Lähmung breitet sich dann über den Kehlkopf bis zu den Atemmuskeln aus und führt so in 25 % aller Erkrankungen zum Tode.
Über die Hälfte aller Erkrankungen werden durch Genuß infizierter großvolumiger Schinken (Knochenschinken, Rollschinken) ausgelöst.
Der Behandlungserfolg bei Botulismus hängt von der aufgenommenen Toxinmenge und der frühzeitigen Behandlung ab.

Salmonellen, Shigellen, Yersinien
Salmonellen, Shigellen und *Yersinien* gehören zu den Enterobakterien (Darmbakterien). Es sind sporenlose gramnegative Stäbchen. Die *Salmonellen* sind in vielen Ländern noch die Hauptursache für Lebensmittelvergiftungen. Sie vermehren sich besonders in fleischeiweißhaltigen Lebensmitteln, aber auch in anderen eiweißhaltigen Medien (Milcheiweiß, Käse, Butter, Mayonnaise, Fisch). Die *Shigellen*, die Erreger der Ruhr, gehören ebenfalls zu den Darmbakterien. Sie vermehren sich aber weniger in Fleisch- oder Wurstwaren, sondern eher in milcheiweißhaltigen Medien oder Fleischzubereitungen mit Zusatz anderer Eiweißarten (Fleischsalate); eine Kontamination über verschmutztes Trinkwasser ist nicht selten. In letzter Zeit wurde verstärkt über Erkrankungen mit *Yersinien* berichtet, die ebenfalls Darmbewohner sind. Zur Zeit stehen die Salmonellen als Verursacher von Lebensmittelvergiftungen an der Spitze.
Während eine Kontamination mit Salmonellen nicht immer zu vermeiden ist, kann die zweite Bedingung für eine Salmonellenerkrankung, die Anreicherung im Lebensmittel, durch entsprechende Verfahrensführung verhindert werden.
Da Salmonellen, Shigellen und Yersinien sporenlos sind, können Hitzebehandlungen von 70 °C Kerntemperatur diese Keime einwandfrei vernichten.
In nicht erhitzten Lebensmitteln können sich Salmonellen vermehren. Eine Vermehrung unter vollständigem Sauerstoffabschluß mit tiefem Redoxpotential ist weniger wahrscheinlich. Obwohl Salmonellen mesophil sind, können sie bis zu einer Temperatur von 6 °C wachsen. Einfrieren tötet sie nicht ab. Salmonellen sind relativ empfindlich gegen niedrige pH-Werte; unterhalb pH 5,4 ist eine Vermehrung nicht mehr möglich. Der a_w-Wert muß allerdings 0,95 erreichen (etwa 5 % Kochsalz), um Salmonellen am Wachstum zu hindern.
Lebensmittelvergiftungen durch Salmonellen entstehen entweder durch Aufnahme von unerhitzten Lebensmitteln, in denen sich Salmonellen vermehren konnten (Hackfleisch), oder von erhitzten Fleischwaren, die nachträglich mit Salmonellen infiziert wurden (Ausscheider) und gute Möglichkeiten für die Vermehrung bieten.

Klinische Erscheinungen
Da die aufgenommenen Salmonellen erst den Magen passieren müssen, ehe die Enterotoxine infolge der Darmverdauung frei werden, ist eine Inkubationszeit von mindestens 8 h bis höchstens 16 h anzunehmen. Die Salmonellose äußert sich immer durch die klinischen Symptome

- Erbrechen,
- Fieber und
- Durchfall.

Die Dauer der Erkrankung beträgt etwa 8 Tage. Der Patient kann längere Zeit Salmonellen ausscheiden.
Die Erkrankung (auch bereits der Verdacht) ist meldepflichtig und vom Arzt zu behandeln.

Mikroökologie
Salmonellen werden oft als normale Darmbewohner in geringen Keimzahlen angetroffen, ohne daß es zu Erkrankungen kommt. Bei Störungen des bakteriellen Gleichgewichts im Darm (Durchfall, Verstopfung) bzw. bei fieberhaften Erkrankungen kann es zu einer Salmonellose oder zu einem Eindringen der Salmonellen in die Blutbahn kommen.
Salmonellen werden mit dem Kot ausgeschieden und können sich lange Zeit in feuchter Erde, Stallmist, Fäkalien oder Abwasser halten. Die Vermehrungsrate außerhalb des Darmes ist allerdings nicht hoch.

Verhütung der Lebensmittelvergiftung
Salmonellen bilden Enterotoxine, die erst im Darm aus den Bakterien frei werden. Damit besteht die Notwendigkeit, daß zur Auflösung der Erkrankung Bakterien und nicht nur Toxine aufgenommen werden müssen. Die Toxine wirken erst ab einer bestimmten Größenordnung, so daß auch die Salmonellen in einer bestimmten Keimzahl im Lebensmittel vorhanden sein müssen. Einzelkeime, die zufällig aufgenommen werden, können vom gesunden Organismus schadlos beseitigt werden.
Zur Verhütung von Salmonellen ist zunächst die Kontamination von Lebensmitteln mit Salmonellen zu vermeiden. Eine Infektion kann vom Tier zum Menschen, aber auch von Mensch zu Mensch erfolgen. Die Infektion erfolgt bei erkrankten Tieren vor dem Schlachten über die Blutbahn. An diese Möglichkeit ist insbesondere bei Not- und Krankschlachtungen zu denken. Sie erfolgt aber auch durch Kontakt des Fleisches mit Kot oder infizierten Gegenständen. Hier spielt auch der »Ausscheider« eine große Rolle. Stille Ausscheider sind Tiere oder Menschen, bei denen sich Salmonellen im Darm zeitweise oder ständig angesiedelt haben, ohne daß es bei ihnen selbst zu Erkrankungen kommt. Diese stillen Ausscheider sind für die Infektion mit Salmonellen besonders gefährlich.
Bild 55 zeigt, welche Möglichkeiten der Übertragung von Salmonellen bestehen.

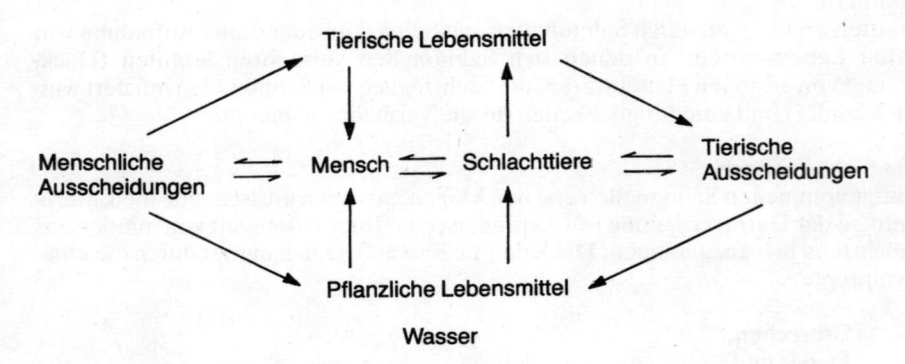

Bild 55. Möglichkeiten der Übertragung von Salmonellen

Staphylokokken

Staphylococcus aureus gehört zu den Bakterienarten, die in einigen Ländern hauptsächlich an Lebensmittelvergiftungen beteiligt sind. Die Staphylokokken-Intoxikation durch Lebensmittel tritt besonders häufig in Ballungsgebieten und Großstädten auf. Das hängt mit der Mikroökologie der Art zusammen.

Staphylokokken sind kugelförmige grampositive sporenlose Bakterien. Sie wachsen bei 5...45°C, vertragen eine pH-Absenkung bis 4,9 und sind vor allem sehr salztolerant. Erst bei a_w-Werten $< 0{,}90$, das entspricht etwa einem Kochsalzgehalt von $> 8\,\%$, werden sie gehemmt.

Ähnlich wie Clostridien bilden sie unter bestimmten Bedingungen bei ihrer Vermehrung Ektotoxine. Es brauchen demnach keine Bakterien aufgenommen zu werden, um die Krankheit auszulösen. Das bewirken bereits die im Lebensmittel vorgebildeten Toxine.

Für ihre Vermehrung benötigen die Staphylokokken neben Fleischeiweiß auch bestimmte Fettarten. Bei einem Anteil von Milchfett oder Hühnereiweiß wachsen sie optimal. Fleisch- und Wurstwaren führen daher selten zu Staphylokokkeninfektionen; meist sind es Zubereitungen, wie Fleischsalate oder Aspikwaren.

Mikroökologie

Staphylokokken sind überall anzutreffen. Besonders oft finden sich toxinbildende Arten in Wunden oder auf entzündeten Schleimhäuten (Schnupfen, Katarrh, Halsentzündung). Der Mensch ist demnach die Hauptinfektionsquelle. Daher ist es wichtig, daß Personen mit eitrigen Wunden oder Halsentzündungen nicht zur Herstellung von Lebensmitteln eingesetzt werden dürfen.

Verhütung von Erkrankungen

Neben der Verhütung einer Übertragung von Staphylokokken durch mögliche Bakterienträger ist in jedem Falle die Vermehrung der Keime im Lebensmittel zu unterbinden. Wegen der hohen Kochsalztoleranz ist eine Hemmung über den a_w-Wert nicht möglich. Eine Vermehrung ist nur durch strikte Einhaltung der Kühlkette in jeder Phase der Herstellung in Verbindung mit einer pH-Absenkung zu verhindern.

Klinische Symptome

Das Krankheitsbild der Staphylokokkenvergiftung ist eindeutig. Bereits 0,5...4 h nach Aufnahme der Toxine mit dem Lebensmittel kommt es zu drastischen Erscheinungen. Da das Toxin blutdrucksenkend wirkt, stehen Kreislaufschwäche und heftiger Brechreiz im Vordergrund. Bei kreislaufkranken Menschen kann es zu Komplikationen kommen. Bei normaler Konstitution kommt es jedoch nach einigen Stunden zur vollständigen Erholung.

Es gibt weiterhin eine Reihe von Bakterienarten, die *unspezifische Lebensmittelvergiftungen* hervorrufen können. Viele dieser Arten sind in oder auf Lebensmitteln oder ihrem Umfeld anzutreffen (Rohwurst, Kochwurst, Pökelwaren, Lake, Hackfleisch usw.), ohne daß es zu Erkrankungen kommt. Bei vielen Arten, z. B. *E. coli*, wurden toxinbildende Unterarten nachgewiesen. Bei fast allen unspezifischen Vergiftungserregern müssen aber bestimmte Keimzahlen im Lebensmittel vorhanden sein, um Erkrankungen hervorzurufen. In der Regel müssen Keimzahlen $> 10^5$ Keime g^{-1} erreicht werden. Da alle diese Arten ubiquitär anzutreffen sind, ist eine Kontamination der Lebensmittel mit diesen Keimen kaum zu verhindern. Verhindert werden muß eine Anreicherung.

Bacillus cereus, ein Vertreter der aeroben Sporenbildner, ist in vielen Lebensmitteln nachzuweisen. Unter bestimmten Bedingungen kann diese Art aber zu unspezifischen Massenerkrankungen bei Gemeinschaftsverpflegung führen. Voraussetzung ist dazu die Abtötung der Begleitkeime durch Erhitzung. Dabei überleben die Sporen der *Bacillus-*

arten. Bei günstigen Temperaturverhältnissen in den Speisen, insbesondere wenn mangelhafte Kühlung besteht, können sich diese Arten im Temperaturbereich von 20 bis 45 °C sehr gut vermehren. Besonders stimuliert wird das Wachstum bei Anwesenheit von Stärke und Eigelb in den Speisen. Das klinische Bild äußert sich in Unwohlsein und Durchfall ohne Fieber.

Clostridium perfringens ist ein anaerober Sporenbildner, der unter bestimmten Bedingungen unspezifische Erkrankungen hervorrufen kann. *C. perfringens* ist ubiquitär und oft in allen Fleisch- und Wurstwaren nachzuweisen. Sehr häufig kann der Keim aus Hackfleisch, Rohwurstbrät und fast immer aus Leberwurst isoliert werden.

Der Keim ist mesophil bis thermophil und wächst bis zu einem pH-Wert von 5,0. Die Kochsalztoleranz ist hoch, das Temperaturoptimum liegt bei 45 °C.

Damit *C. perfringens* zu einer Erkrankung führen kann, müssen im Lebensmittel große Mengen vegetativer Keime vorhanden sein. Diese versporen im Dünndarm, wobei das spezifische Toxin, das zu Durchfällen führt, freigesetzt wird.

Von den *Enterobakterien* können *E. Coli, Citrobacter* und *B. proteus* unter bestimmten Umständen zu unspezifischen Erkrankungen führen. Notwendig ist auch hier die Erreichung einer bestimmten Mindestkeimzahl und vermutlich auch das Vorhandensein bestimmter toxinbildender Unterarten. Da viele Enterobakterien proteolytische Enzyme bilden, sind, wenn krankmachende Keimzahlen erreicht wurden, in der Regel auch sensorische Veränderungen am Lebensmittel wahrnehmbar.

15. Mikrobiologische Prozeßkontrolle

Die mikrobiologische Beschaffenheit eines Produktes wird durch die mikrobiologische Kontrolle des Endproduktes beurteilt. Diese Untersuchung erfolgt in der Regel nicht im Betrieb, sondern in zentralen staatlichen Untersuchungseinrichtungen, wie den Bezirksinstituten für Veterinärwesen oder den Bezirkshygieneinstituten. Durch umfangreiche und oft zeitaufwendige Methoden kann die mikrobiologische Zusammensetzung eines Produkts bis ins einzelne geklärt werden. Auch wenn Bakterien nicht mehr nachweisbar sind, können deren Stoffwechselprodukte (Toxine) noch nachgewiesen werden.

Die mikrobiologische Produktkontrolle kann ermitteln, ob

- ein Produkt den lebensmittelhygienischen Grundsätzen entspricht,
- ein Produkt für eine Erkrankung ursächlich verantwortlich ist,
- das Produkt unter hygienischen Bedingungen hergestellt wurde,
- vorhandene mikrobiologische Standards eingehalten wurden und
- auftretende Fehlproduktionen mikrobiologisch bedingt sind.

Die mikrobiologische Produktionskontrolle kann aber keine Aussagen darüber treffen,

- in welcher Verarbeitungsstufe Fehler aufgetreten sind,
- ob alle Chargen gleich beschaffen sind, da nur Stichproben durchgeführt werden können,
- ob das gesamte Hygieneniveau des Betriebes mangelhaft ist oder ob nur einzelne »kritische Punkte« im Verarbeitungsablauf Hygienemängel aufweisen,
- ob durchgeführte Reinigungen und Desinfektionen so rechtzeitig erfolgten, daß eine Wiederholung der Maßnahmen vor Beginn der Produktion möglich wird,
- ob das allgemeine Hygieneniveau im Betrieb in einer bestimmten Zeiteinheit zu- oder abnimmt.

Übersicht 12. Gegenüberstellung der mikrobiologischen Produkt- und Prozeßkontrolle

Mikrobiologische *Produktkontrolle*	Mikrobiologische *Prozeßkontrolle*
Endproduktbezogen	prozeßbezogen
Produktionssteuerung nicht möglich	Produktionssteuerung möglich
so genau wie möglich	so genau wie nötig
hohe Kosten	geringe Kosten
vorwiegend gesellschaftliches Interesse	vorwiegend betriebliches Interesse
Untersuchungen vorwiegend in staatlichen Untersuchungsstellen	Untersuchungen ausschließlich im Betriebslabor

Diese Untersuchungen können nur im Betriebslabor mit den Methoden der mikrobiologischen Prozeßkontrolle durchgeführt werden.
Die mikrobiologische Prozeßkontrolle und die Produktkontrolle sind keine alternativen Untersuchungsverfahren, sondern sie ergänzen sich (Übersicht 12).
Aus dieser Zusammenstellung der Merkmale von Produkt- und Prozeßkontrolle ist bereits ersichtlich, daß die Prozeßkontrolle keine Wiederholung der Aufgabenstellung der Produktkontrolle auf betrieblicher Ebene darstellt, sondern andere Aufgaben und Methoden hat.

Voraussetzungen zur Durchführung der mikrobiologischen Prozeßkontrolle
Zur Durchführung der Prozeßkontrolle sind drei Voraussetzungen notwendig:

- Der zu kontrollierende Prozeß muß in seiner mikrobiellen Dynamik hinreichend bekannt sein.
- Es müssen bestimmte personelle, räumliche und ausstattungsmäßige Voraussetzungen erfüllt sein.
- Es muß eine geeignete Untersuchungsmethodik vorhanden sein.

Die *mikrobielle Dynamik* der einzelnen Produkte während der Herstellung ist genügend bekannt. Der Erkenntnisstand reicht aus, um durch eine mikrobiologische Prozeßkontrolle Fehlproduktionen zu vermeiden und eine einheitliche Qualität zu sichern. Die Grundzüge dieser mikrobiellen Dynamik wurden bereits dargelegt.

15.1. Personelle, räumliche und ausstattungsmäßige Voraussetzungen für eine mikrobiologische Prozeßkontrolle

Personelle Voraussetzungen
Die mikrobiologische Prozeßkontrolle ist nicht nur für große Industriebetriebe gedacht, die in der Regel über genügend und mikrobiologisch ausgebildete Laborkräfte, zum Teil Hochschulabsolventen, verfügen, sondern in erster Linie für kleinere und mittlere Betriebe. Die Hauptaufgabengebiete liegen dort in der sensorischen und chemisch-analytischen Untersuchung.
Soll in diesen Betriebslaboratorien eine zusätzliche mikrobiologische Prozeßkontrolle vorgenommen werden, so ist davon auszugehen, daß in der Regel eine zusätzliche Einstellung einer mikrobiologisch ausgebildeten Fachkraft nicht möglich sein wird. Die notwendigen mikrobiologischen Arbeiten müssen demnach von den vorhandenen Arbeitskräften ohne Zurückstellung der sonstigen Aufgabengebiete durchgeführt werden. Das

stellt besondere Anforderungen an die Methodik der Untersuchungen. Es ist davon auszugehen, daß
- keine zusätzlichen Arbeitskräfte benötigt werden,
- keine spezielle mikrobiologische Ausbildung erforderlich ist und
- die mikrobiologischen Arbeiten nicht mehr als 1...1,5 h täglich in Anspruch nehmen.

Diese Mindestarbeitszeit kann in den meisten Fällen durch Rationalisierung anderer Arbeiten gewonnen werden.

Räumliche und apparative Ausstattung
Da bei der mikrobiologischen Prozeßkontrolle nicht mit pathogenen Keimen gearbeitet wird, können die vorhandenen Laborräume auch für mikrobiologische Arbeiten genutzt werden. Die Anforderungen, die an Laboratorien für chemisch-analytische Arbeiten gestellt werden (gefliese Wände und Fußböden, abwaschbare Arbeitstische usw.), genügen für die mikrobiologische Prozeßkontrolle. Als Mindestausstattung für mikrobiologische Arbeiten müssen vorhanden sein: Brutschrank oder -raum, Dampftopf, Heißluftsterilisator, Bunsenbrenner, Glaswaren, Mikroskop, Zentrifuge, pH-Meßgerät sowie Chemikalien und Nährmedien.

Brutschrank oder Brutraum
Brutschränke sind oft schon in den Betriebslaboratorien vorhanden. Statt eines serienmäßig hergestellten Brutschrankes kann auch durch Betriebshandwerker ein Brutraum gebaut werden. Mit Ziegelsteinen wird ein etwa 2 m × 2 m × 2 m großer Raum abgetrennt und mit einer elektrischen Heizquelle beheizt. Die Temperaturregelung erfolgt mit Hilfe eines einfachen Stellthermometers über ein Schaltrelais.

Dampftopf
Dampftöpfe dienen zum Auflösen und Kochen der Nährmedien. Für die zur mikrobiologischen Prozeßkontrolle vorgesehenen Nährmedien ist eine Sterilisation im Autoklaven nicht unbedingt vorgeschrieben. Es genügt eine zweimalige Kochung (Tyndallisation) im Dampftopf. Sind serienmäßig hergestellte Dampftöpfe nicht greifbar, so können mit gleichem Erfolg auch nicht mehr voll funktionstüchtige Waschmaschinen verwendet werden. Bei diesen Waschmaschinen muß allerdings die Heizung noch funktionieren. Die Waschmaschinen fassen 3 bis 4 1-l-Kolben oder zwei 5-l-Kolben. Wird der Boden der Waschmaschinen mit etwas Wasser bedeckt und die Heizung auf Kochstufe gestellt, so arbeiten die Waschmaschinen bei geschlossenem Deckel nach dem gleichen Prinzip wie Dampftöpfe.

Heißluftsterilisator
Die Ausstattung mit einem Heißluftsterilisator ist für mikrobiologische Arbeiten unabdingbar. Die Sterilisatoren werden zur Sterilisierung von Glaswaren und anderem nicht flüssigen Material benötigt. Heißluftsterilisatoren sind in verschiedenen Ausführungen und Größen im Handel.

Ein *Bunsenbrenner* für Stadt- oder Propangas, mit dessen Hilfe Impfösen und andere Gegenstände (Pipetten) abgeflammt und Fremdinfektionen der Nährmedien vermieden werden können, muß gleichfalls vorhanden sein.

An *Glaswaren* wird das Sortiment benötigt, das auch für chemisch-analytische Arbeiten erforderlich ist, z. B. Becherglaser, Kolben und Glasröhrchen sowie Pipetten. Eine darüber hinausgehende apparative Ausstattung, wie

- Mikroskop,
- Zentrifuge,
- Mikrotom oder
- Färbeeinrichtung

ist nur dann notwendig, wenn weitergehende spezielle mikrobiologische Arbeiten im Betriebslabor vorgesehen sind.

pH-Meßgeräte, geeignet sind Transistor-Geräte mit Einstabmeßkette, gehören ohnehin zur Standardausrüstung des Betriebslabors, auch wenn keine mikrobiologischen Arbeiten durchgeführt werden. Ausnahmsweise kann Indikatorpapier verwendet werden, doch ist es für solch wichtige Untersuchungen, wie Messung des *p*H-Verlaufs bei Rohware und Untersuchungen zur Fleischqualität (DFD), wenig geeignet.

An *Chemikalien* und *Nährmedien* sind zur mikrobiologischen Prozeßkontrolle bereitzustellen:

Natronlauge 10%ig,
Salzsäure 1%ig,
Nährbouillon I,
Gentianaviolett-Galle-Bouillon.

Die Nährmedien sind als Trockennährmedien erhältlich.

15.2. Untersuchungsmethodik

Die Untersuchungsmethodik muß sich an der Aufgabenstellung orientieren, d. h., die betrieblichen Leitungsorgane (Betriebsleiter, Produktionsleiter, TKO-Leiter, Meister) sind über den aktuellen Stand der allgemeinen Betriebshygiene und der speziellen mikrobiologischen Beschaffenheit der Rohstoffe, Zwischen- und Endprodukte so rechtzeitig und ausreichend zu informieren, daß eine Korrektur bestimmter Fehler noch innerhalb des Produktionsprozesses möglich ist.

Die mikrobiologische Prozeßkontrolle kann folgende Informationen liefern:

Allgemeine Betriebshygiene
- Kontrolle der Wirksamkeit der täglichen Reinigung,
- Kontrolle der Wirksamkeit der wöchentlichen Desinfektion,
- Übersicht über die Tendenz des Hygieneniveaus im Betrieb.

Spezielle mikrobiologische Untersuchungen der Prozesse und Produkte sind:
- Kontrolle der ausreichenden Erwärmung von Garfleischwaren sowie Brüh- und Kochwurst,
- Bestimmung der Gesamtkeimzahl in Zwischen- und Endprodukten sowie Zusatzstoffen,
- Feststellung lebensmitteltechnologisch unerwünschter Keimarten (*Proteus*),
- Bestimmung des Kolititers, insbesondere bei den Produkten mit Titerfestlegung,
- Untersuchungen zum Verhalten der Leitkeimgruppe Milchsäurebildner zur Früherkennung von Reifungsfehlern bei Rohwurst.

Alle diese Aufgaben können mit nur zwei Untersuchungsmethoden durchgeführt werden, und zwar

- der Untersuchung mit Hilfe der Gentianaviolett-Galle-Glucose-Bouillon und
- der Untersuchung mit Nährbouillon.

Die *GGG-Bouillon* dient zum Nachweis der Gruppe der Enterobakterien (Darmbakterien). Sie ist selektiv, d.h., in dieser Bouillon wachsen aufgrund ihrer Zusammensetzung nur Enterobakterien, da andere Bakteriengruppen bei Anwesenheit von Galle oder des Anilinfarbstoffes Gentianaviolett kein Wachstum zeigen. Da Enterobakterien zur normalen Fleischbakterienflora gehören, sind sie auch immer in allen rohen Fleischprodukten, im Brät und in allen Bereichen nachzuweisen, in denen Fleisch verarbeitet wird. Enterobakterien sind andererseits aber empfindlich gegenüber Desinfektionsmitteln und Wärme. Sie dürfen demnach in allen wärmebehandelten Produkten und nach der Desinfektion nicht nachweisbar sein.

Die einzige Keimgruppe, die sowohl Erhitzung wie auch Desinfektion übersteht, ist die Gruppe der Sporenbildner. Die überlebenden Sporen, die in fleischverarbeitenden Betrieben ebenfalls überall nachzuweisen sind, stören die Untersuchung nicht, da sie in der GGG-Bouillon nicht wachsen.

Alle anderen fleischtechnologisch und lebensmittelhygienisch wichtigen Keimgruppen, wie Mikrokokken und Laktobakterien, wachsen in der GGG-Bouillon ebenfalls nicht oder sehr schlecht. Da sie hinsichtlich ihrer Widerstandsfähigkeit gegenüber Hitze und Desinfektionsmitteln etwa den Enterobakterien gleichzusetzen sind, kann das Verhalten der Enterobakterien als Maßstab für alle anderen Keimgruppen (außer Sporenbildnern) gewertet werden.

Das Wachstum von Enterobakterien macht sich in einer Trübung der vorher durchsichtigen blauen Bouillon bemerkbar.

Eine Trübung zeigt nicht nur das Wachstum von Enterobakterien an, sondern läßt gleichzeitig den Schluß zu, daß auch andere Keimgruppen vorhanden sind.

Bleibt die Bouillon nach der Bebrütung klar, kann daraus der Schluß gezogen werden, daß nicht nur Enterobakterien, sondern auch alle anderen vegetativen Keime abgetötet wurden.

Damit lassen sich zwei wichtige Untersuchungsverfahren durchführen:

- Erhitzungsnachweis aller hitzebehandelten Produkte,
- Reinigungs- und Desinfektionskontrolle.

Die Reaktionen des GGG-Mediums sind wie in Übersicht 13 angegeben zu beurteilen. Mit der GGG-Bouillon lassen sich außerdem

- der Nachweis des lebensmitteltechnologisch unerwünschten Keimes *B. proteus* und
- die Bestimmung des Kolititers

vornehmen.

Übersicht 13. Beurteilungsschema bei Verwendung des Gentianaviolett-Galle-Glucose-(GGG)-Mediums

	Bouillon *klar*	Bouillon *getrübt*
Erhitzungsnachweis	ausreichend erhitzt	nicht ausreichend erhitzt
Desinfektionskontrolle	ausreichend desinfiziert	nicht ausreichend desinfiziert

Bacterium proteus gehört zu den Enterobakterien und wird relativ häufig auf Fleisch nachgewiesen. Diese Keimart kann aber für die gesamte Fleischproduktion eines Betriebes zum Problem werden, wenn sich der Keim in allen Räumen und Ausrüstungen festsetzt und sich vermehrt. Da *B. proteus* sehr stark proteolytisch ist, führen schon Keimzahlen $>10^3$ Keime g^{-1} zu einer deutlich wahrnehmbaren Geruchs- und Geschmacksabweichung aller Produkte. Wenn sich *B. proteus* im Betrieb vermehrt hat, so ist seine Beseitigung sehr aufwendig. Es müssen immer wieder Untersuchungen der »kritischen Punkte« durchgeführt werden.

Die *Bestimmung des Kolititers* gilt als Nachweis einer Produktion unter hygienischen Bedingungen (§ 6 Lebensmittelgesetz) und wird in der Fleischindustrie unter anderem bei der Herstellung von Fleischsalaten vorgeschrieben. Eine schnelle und zuverlässige betriebliche Information über den Kolititer in diesen Produkten kann mit Hilfe der GGG-Bouillon erreicht werden.

Für den Nachweis von *B. proteus* und *E. coli* in der GGG-Bouillon dient die Gas- und H_2S-Bildung. *B. proteus* bildet Gas und Schwefelwasserstoff, während die meisten anderen Enterobakterien, einschließlich *E. coli*, nur Gas bilden. Zum Nachweis der Gasbildung wird ein kleines, auf einer Seite zugeschmolzenes Röhrchen (»Durham-Röhrchen«) mit der Öffnung nach unten in das GGG-Medium gebracht. Das von den Bakterien gebildete Gas sammelt sich dann im Kopfraum des Röhrchens und kann leicht erkannt werden. H_2S wird mit Hilfe von Bleiacetat nachgewiesen. Ein Streifen Fließpapier wird mit 5%iger Bleiacetatlösung getränkt und getrocknet. Der Papierstreifen wird in das Röhrchen mit dem GGG-Medium so eingehängt, daß es nicht das Medium berührt. Das aufsteigende Schwefelwasserstoffgas bildet Bleisulfit, und das Papier wird dabei geschwärzt (Übersicht 14).

Übersicht 14. Beurteilungsschema bei Verwendung von Gärröhrchen und Bleiacetatpapier im Gentianaviolett-Galle-Glucose-Medium

Gasbildung keine Schwärzung des Bleiacetatpapiers	Gasbildung Schwärzung des Bleiacetatpapiers
Enterobakterien, einschließlich *Escherichia coli* kein *Bacterium proteus*	*Bacterium proteus* nachgewiesen

Untersuchungen mit der Nährbouillon

Im Gegensatz zum GGG-Medium sollen mit der Nährbouillon nicht nur bestimmte Keimgruppen erfaßt werden. Die Zusammensetzung der Nährbouillon ist so gewählt, daß möglichst viele Bakterienarten Wachstumsbedingungen vorfinden.

Die Nährbouillon eignet sich daher sehr gut zur Bestimmung der Gesamtkeimzahl.

Die Untersuchungen sind einfach. Es wird eine Verdünnungsreihe angelegt, am besten eignet sich eine Verdünnung in Zehnerpotenz. Jeweils 1 ml aus dieser Verdünnungsreihe werden in 1 × 9 ml Nährbouillon überführt, wobei zu beachten ist, daß dabei die Verdünnung nochmals um eine Potenz steigt.

Als positiv gelten Röhrchen mit einer Trübung. Beurteilt wird das letzte Röhrchen der Verdünnungsstufe, das eine Trübung aufweist. Diese Untersuchung ergibt den Titer der Gesamtkeimzahl. Sind genauere Angaben erforderlich, so kann diese Röhrchen-Trübungs-Methode mit der MPN-Methode gekoppelt werden.

Kontrolle der allgemeinen Betriebshygiene
Kontrolle der Wirksamkeit der täglichen Reinigung
Bei dieser mikrobiologischen Kontrolle ist davon auszugehen, daß es nicht möglich ist, täglich alle Räume und Produktionsstufen zu untersuchen.
Ziel dieser Kontrolle ist es, eine tägliche Übersicht über den hygienischen Zustand besonders wichtiger und kritischer Punkte im Betriebsablauf zu erhalten. Diese besonders kritischen Punkte sind in jedem Betrieb andere. In vielen fleischverarbeitenden Betrieben gehören Fleischwolf und Füllmaschine dazu. Da viele Produktarten über diese Ausrüstungen geführt werden, ist eine ungenügende Reinigung und Anreicherung mit bestimmten Bakterienarten in diesen Maschinen mit einer gleichmäßigen Verteilung in vielen Produkten verbunden. Andererseits kann es wegen der meist hohen Auslastung dieser Systeme sehr schnell zu bakteriellen Anreicherungen kommen. In Feinkostbetrieben gehört der Streifenschneider fast immer zu den kritischen Punkten. Es hat sich gezeigt, daß unter sonst guten hygienischen Bedingungen ein zu hoher Gesamtkeimgehalt in Fleischsalaten sehr oft durch Kontaminationen über den Streifenschneider erfolgt.
Zweckmäßigerweise wird der Untersuchungsplan zur Kontrolle der täglichen Reinigung in folgende drei Schritte gegliedert:

- mehrmalige Untersuchung der Produktionsräume, Maschinensysteme und Produktionsstufen vor und nach der Reinigung,
- Bestimmung der »kritischen Punkte« nach den Ergebnissen dieser Untersuchungen (Kritische Punkte sind die Untersuchungsstellen, die vor der Reinigung besonders hohe Keimzahlen aufweisen und bei denen nach einer optisch einwandfreien Reinigung noch Keime gefunden werden.),
- Aufstellung eines Probenahmeplanes zur Kontrolle dieser kritischen Punkte.

Untersuchungsmethodik
Sterilisierte Wattetupfer werden mit destilliertem Wasser oder Leitungswasser angefeuchtet. Damit werden die vorgesehenen Untersuchungsstellen, meist die kritischen Punkte, ausgiebig gewischt. Die Tupfer werden anschließend sofort in das GGG-Medium gebracht. Dabei müssen sie soweit mit einer Schere gekürzt werden, daß die Teile, die mit den Fingern berührt wurden, nicht mit in das Medium gelangen.
Zweckmäßigerweise wird die Trübungsreaktion mit dem Nachweis der Gas- und H_2S-Bildung kombiniert; es empfiehlt sich, Gärröhrchen und Bleiacetatpapier mit zu verwenden.
Nach Verschluß der Röhrchen mit einem Zellstoffstopfen werden die Röhrchen bei 37°C bebrütet und am nächsten Morgen nach den Übersichten 13 und 14 beurteilt.

Kontrolle der wöchentlichen Allgemeindesinfektion
Diese Untersuchung dient nicht dem Nachweis der mikrobiologischen Beschaffenheit der besonders kritischen Punkte, sondern der Wirksamkeit der durchgeführten Desinfektion. Es werden somit Proben von allen mit Desinfektionsmitteln behandelten Räumen und Geräten entnommen. Um die Wirksamkeit der Desinfektion genauer zu prüfen, kann eine definierte Stelle in einem Raum (z.B. eine Wandfliese) vor der Desinfektion mit Enterobakterien bestrichen werden. Dazu verwendet man ein Röhrchen mit Enterobakterien, das man im Laufe der täglichen Untersuchung bereitgestellt hat. Mit einem Tupfer wird die Stelle bestrichen. Nach der Desinfektion tupft man diese Stelle besonders sorgfältig ab und untersucht im GGG-Medium. Bei ordnungsgemäßer Desinfektion muß das Ergebnis negativ sein.

Untersuchungsmethodik
Es wird in gleicher Weise untersucht wie bei der Kontrolle der täglichen Reinigung und Desinfektion. Beurteilt wird die Desinfektionswirkung gemäß den Übersichten 14 und 15.

Übersicht über die Entwicklung des Hygieneniveaus im Betrieb
Ziel aller Hygienemaßnahmen ist nicht allein die Verhinderung von Erkrankungen durch Erreger von Lebensmittelvergiftungen nach Verzehr von Fleischprodukten, sondern es besteht ein enger korrelativer Zusammenhang zwischen Hygiene und Qualität der Produkte. Dieser Zusammenhang ist unter anderem dadurch bedingt, daß sehr viele Bakterienarten Enzyme bilden, die sich nachteilig auf die Sensorik der Produkte auswirken.
Eine hohe Gesamtkeimzahl in Zwischen- oder Endprodukten sagt aus, daß
- entweder eine hohe Keimbelastung in den Ausgangsrohstoffen vorhanden war oder daß sich
- Bakterien während der Verarbeitung stark vermehren konnten.

Eine hohe Gesamtkeimzahl erhöht die statistische Wahrscheinlichkeit, daß sich mit den meist saprophytären Keimen auch Lebensmittelvergiftungserreger anreichern.
Obwohl für die meisten Fleisch- und Wurstwaren Grenzkeimzahlen nicht vorgegeben sind, sollten doch kontinuierlich Gesamtkeimzahlbestimmungen bestimmter Produkte (Leitprodukte) vorgenommen werden. Die Tendenz der Keimzahlentwicklung dieser Untersuchungen gibt der Betriebsleitung wertvolle Hinweise auf das Hygieneniveau im Betrieb und signalisiert frühzeitig hygienische Mängel im Betriebsablauf. Zweckmäßigerweise sollten dabei immer die gleichen Erzeugnisse und gleichen Verarbeitungsstufen untersucht werden.
Beispiel. Als Leitprodukt wird Bockwurst und Hausmacherleberwurst gewählt. Untersucht wird einmal wöchentlich; gezogen wird die Probe aus der Expedition.
Da beide Produkte hitzebehandelt sind, wird das Hygieneniveau nach den Keimzahlen der überlebenden Sporenbildner bestimmt. Sporenbildner sind wie Enterobakterien in fleischverarbeitenden Betrieben immer und überall anzutreffen.
Die Ergebnisse sind wie folgt zu werten:
- Bleiben die Keimzahlen über längere Zeit mit geringen Schwankungen gleich, kann davon ausgegangen werden, daß das Hygieneniveau im Betrieb gleichbleibend ist.
- Erhöhen sich die Gesamtkeimzahlen stetig oder plötzlich, so verschlechtert sich entweder das gesamte Hygieneniveau, oder es sind in einer Verarbeitungsstufe Hygiene- oder Verarbeitungsfehler aufgetreten. In diesem Fall sind verstärkte mikrobiologische Prozeßkontrollen durchzuführen.

Untersuchungsmethodik
Die Untersuchungen sind mit Nährbouillon und nach dem MPN-Verfahren (most probable number) durchzuführen. Dieses Verfahren hat den Vorteil, daß eine statistisch sichere »höchstwahrscheinliche« Keimzahl allein aus der Trübungsreaktion abgelesen werden kann, also kein Festnährboden verwendet zu werden braucht, um die koloniebildenden Einheiten abzulesen.
Zunächst wird die zu untersuchende Probe nach Anlegen eines frischen Anschnitts ohne Wursthülle in den üblichen Zerkleinerungsgeräten zerkleinert. Die Einsätze und Schneidwerkzeuge der Zerkleinerungsgeräte sind vorher keimfrei zu machen.
1 g der Wurstmasse wird in 9 ml Nährbouillon bis zum völligen Verteilen geschüttelt. Davon wird in üblicher Weise eine Verdünnungsreihe angelegt.
Für das MPN-Verfahren werden jeweils drei Röhrchen der gleichen Verdünnung angesetzt. Bebrütet wird 14...18 h bei 37°C.

Abweichend von standardisierten Methoden der Keimzahlbestimmung kann im Betriebslabor ein ausreichend sicheres Ergebnis mit einem vereinfachten Verfahren gewonnen werden.

Aus der zu untersuchenden Probe werden nach Anlegen eines frischen Anschnitts aus der Mitte der Probe 10 g Wurstmasse entnommen. Das muß mit der erforderlichen Sorgfalt geschehen, damit so wenig wie möglich Umgebungskeime auf die Probe gelangen. Die Wurstmasse wird zusammen mit 90 ml Nährbouillon in einer entsprechenden Küchenmaschine zerkleinert und gemischt. Die in der DDR hergestellte RG 28 hat sich dabei gut bewährt. Zuvor sind Becher (Mixtulpe) sowie Schneid- und Rührwerk keimfrei zu machen. Dazu genügen die 15minütige Einwirkung einer 2%igen Peressigsäurelösung und anschließendes Abspülen mit abgekochtem Wasser.

Die so gewonnene Lösung ist bereits die Verdünnungsstufe 10^{-1}. Auf die erste Verdünnungsstufe kann verzichtet werden, da auch unter besten hygienischen Bedingungen in der ersten Verdünnungsstufe 10^{-1} immer Keime gefunden werden. Diese Stufe bildet den Ausgangspunkt für die nun in üblicher Weise anzulegende Verdünnungsreihe.

In jedem Röhrchen der Verdünnungsreihe befinden sich 10 ml (1 ml aus der vorhergehenden Verdünnung + 9 ml Bouillon).

Für das MPN-Verfahren werden jeweils drei Röhrchen der gleichen Verdünnung angesetzt und 14...18 h bei 37 °C bebrütet.

Die Ermittlung der Keimzahl kann nun mit Hilfe der *Mc Crady*schen Tabelle durchgeführt werden (Tabelle 39).

Tabelle 39. Mc Cradysche Tabelle

Stichzahl	Wahrscheinliche Zahl
300	2,5
301	4,0
302	6,5
310	4,5
311	7,5
312	11,5
313	16,0
320	9,5
321	15,0
322	20,0
323	30,0
330	25,0
331	45,0
332	110,0
333	140,0

Beispiel: Verdünnung 10^0 = alle drei Röhrchen trüb = 3 × positiv
Verdünnung 10^1 = alle drei Röhrchen trüb = 3 × positiv
Verdünnung 10^2 = alle drei Röhrchen trüb = 3 × positiv
Verdünnung 10^3 = alle drei Röhrchen trüb = 3 × positiv
Verdünnung 10^4 = nur zwei Röhrchen trüb = 2 × positiv
Verdünnung 10^5 = nur ein Röhrchen trüb = 1 × positiv

Die »Stichzahl« umfaßt die Verdünnungen, bei denen noch alle drei Röhrchen positiv sind, und die darauf folgenden zwei Verdünnungen. Multipliziert wird die wahrscheinliche Zahl dann mit der Potenz der Verdünnungsstufe, bei der noch drei Röhrchen positiv waren. Im vorliegenden Beispiel heißt die Stichzahl: 321. Die gemäß Tabelle 37 wahrscheinliche Zahl ist 15,0. Die Keimzahl lautet dann 15×10^3 Keime g^{-1} = 15 000 Keime g^{-1}.

Spezielle mikrobiologische Untersuchungen
Kontrolle der ausreichenden Erhitzung
Werden die vorgeschriebenen Kerntemperaturen über eine bestimmte Zeit eingehalten, so sind alle vegetativen Keime, unter anderem auch alle Enterobakterien, abgetötet. Es überleben lediglich Sporenbildner. Da Sporenbildner in der GGG-Bouillon nicht wachsen, Enterobakterien aber gut, so gilt eine Trübung der Bouillon als »Produkt nicht ausreichend erhitzt«. Bleibt die Bouillon nach der Bebrütung klar, ist die Erhitzung ausreichend.
Methodik: Verwendet wird die GGG-Bouillon ohne Gärröhrchen und Bleiacetatpapier. Diese Untersuchung kann angewandt werden bei Brühwurst, Kochwurst und allen Garfleischwaren.
Von der zu untersuchenden Probe wird ein frischer Anschnitt angelegt. Danach wird aus der Mitte der Probe mit abgeflammten Instrumenten (Schere, Skalpell und Pinzette) ein etwa 1 cm × 1 cm × 1 cm großer Würfel entnommen und in die Bouillon gebracht. Bebrütet wird 14...18 h bei 37 °C. Die Beurteilung erfolgt nach Tabelle 37.

Bestimmung der Gesamtkeimzahl in Zwischen- und Endprodukten sowie Zusatzstoffen
Verwendet wird Nährbouillon; die Bestimmung der Keimzahl erfolgt nach der MPN-Methode (most probable number).
Methodik: Die Untersuchung der Gesamtkeimzahl von Rohstoffen, Zusatzstoffen und Fertigerzeugnissen erfolgt nach der auf S. 104 beschriebenen Methode. Da hierbei nicht nur der Oberflächenkeimgehalt, sondern alle Keime erfaßt werden müssen, ist eine Zerkleinerung und Durchmischung unumgänglich.

Untersuchung auf Anwesenheit von Bacterium proteus
Verwendet wird GGG-Bouillon mit Gärröhrchen und Bleiacetatpapier. In besonderen Fällen kann die Untersuchung mit der MPN-Methode kombiniert werden, um die Keimzahl *B. proteus* je 1 g Untersuchungsmaterial zu erhalten.
Methodik: Sollen Tupferproben auf Anwesenheit von *B. proteus* untersucht werden, so sind diese nach dem Abtupfen einzeln in die vorbereiteten Röhrchen zu geben. Sie sind mit der Schere zu kürzen, damit der Teil, der mit den Fingern berührt wurde, nicht mit in das Röhrchen gelangt.
Soll eine Fleischeingangskontrolle durchgeführt werden, so kann die Oberfläche des Fleisches abgetupft werden, oder es können auch kleine Fleischstücke aus der Oberfläche untersucht werden.
Bei auftretenden Fehlproduktionen (sensorische Abweichungen, »Altgeschmack«, Rohwurstfehlreifungen) ist anzuraten, alle Zwischen- und Endprodukte unter Einbeziehung von Tupferproben auf Anwesenheit von *B. proteus* zu untersuchen. Auch ordnungsgemäß erhitzte Koch- und Brühwurstwaren können bis zur Expedition eine Rekontamination mit *B. proteus* aufweisen, die durch Untersuchung der Oberfläche nachgewiesen werden kann.

Bestimmung des Kolititers
Wird die Bestimmung des Kolititers gefordert, so werden meist alle koliformen Keime und nicht nur *Escherichia coli* nachgewiesen. Der Begriff koliforme Keime sollte durch den Begriff Enterobakterien ersetzt werden.
Verwendet wird zur Untersuchung des Kolititers die GGG-Bouillon mit Gärröhrchen. Für eine Titerbestimmung braucht die MPN-Methode nicht unbedingt angewendet zu

werden. Gefordert wird in der Regel, daß koliforme Bakterien in einer bestimmten Untersuchungsmenge, meist in 0,1 g oder 0,01 g, nicht mehr nachweisbar sein dürfen.
Methodik: Da eine Menge von 0,1 g oder 0,01 g Brühwurst oder Fleischsalat kaum wägbar und zu zerkleinern ist, geht man zweckmäßigerweise wieder von 10 g Einwaage aus und bestimmt zunächst die geforderte Verdünnung. Werden 10 g Untersuchungsmaterial mit 90 ml Bouillon vermischt, so sind in 1 ml dieser Flüssigkeit 0,1 g Material vorhanden. Es genügt, 1 ml in ein Gärröhrchen mit GGG-Bouillon zu bringen. Bleibt die Bouillon nach dem Bebrüten klar, so sind in 0,1 g Untersuchungsmaterial keine Enterobakterien nachweisbar. Wird gefordert, daß 0,01 g frei von Enterobakterien sein müssen, so ist eine weitere Verdünnung anzulegen.

Rezepturen
Gentianaviolett-Galle-Glucose (GGG)-Bouillon

Pankreatisches Pepton	10,0 g
Glucose	10,0 g
Trockengalle	3,0 g
Gentianaviolett (Methylviolett)	0,04 g
Leitungswasser	ad 1 000,00 ml

Alle Bestandteile werden unter Erwärmen gelöst und anschließend im Dampftopf tyndallisiert. Abgefüllt wird zu 10 ml in Röhrchen; die Röhrchen sind vorher zu sterilisieren.
Diese Rezeptur ist auch als Trockennährmedium zu erhalten. In der handelsüblichen Galle-Gentianaviolett-Bouillon des VEB SIFIN Immunpräparate Berlin ist allerdings nur Lactose enthalten. Vor dem Auflösen der Trockensubstanz in Wasser ist 1 % Glucose hinzuzufügen. Der pH-Wert ist auf 7,0 ($\pm$ 0,2) einzustellen.

Nährbouillon

Pankreatisches Pepton	20,0 g
Natriumchlorid	5,0 g
Glucose	10,0 g
Leitungswasser	ad 1 000,0 ml

Alle Bestandteile sind unter Erwärmen zu lösen. Anschließend wird im Dampftopf tyndallisiert (100 °C, 30 min) und in sterile Röhrchen abgefüllt.
Die Nährbouillon ist als Nährbouillon I (Trockennährmedium) des VEB SIFIN Immunpräparate Berlin erhältlich. Diesem Trockennährmedium ist ebenfalls nach dem Auflösen 1 % Glucose zuzufügen.
Der pH-Wert wird auf 7,0 ($\pm$ 0,2) eingestellt.

Bleiacetatpapier
Zur Herstellung der Bleiacetatteststreifen zum Nachweis der H_2S-Bildung werden Filterpapierstreifen mit einer 5%igen Bleiacetatlösung getränkt und anschließend luftgetrocknet. Die so hergestellten Teststreifen müssen in einem verschlossenen Gefäß und kühl aufbewahrt werden. Eine Lagerfähigkeit von mindestens vier Wochen ist gegeben.

16. Reinigung und Desinfektion

16.1. Reinigung

16.1.1. Aufgabenstellung

Die sorgfältige Reinigung aller in den verschiedenen Produktionsbereichen eingesetzten Arbeitsmittel ist eine der wichtigsten Hygienemaßnahmen und Voraussetzung für die Produktion qualitativ einwandfreier Erzeugnisse. Diese Tatsache wird in der Praxis z. T. noch unterschätzt. Viele Fehlproduktionen sind allein auf eine mangelhafte Reinigung zurückzuführen. Die nach jedem Einsatz auf oder in Handwerkszeugen, Geräten, Maschinen, Anlagen, Fußböden, Wänden, baulichen Anlagen, Transportmitteln und -geräten sowie Arbeits- und Hygienekleidung oft nur in kleinsten Mengen verbleibenden Reste der be- oder verarbeiteten Roh-, Zusatz- und Hilfsstoffe entwickeln sich in kürzester Zeit zu bedeutenden Brutstätten von Mikroorganismen. Erfolgt keine Reinigung dieser Gegenstände, werden sie bei Wiederverwendung zu Kontaminationsquellen. Die Auswirkungen solcher Kontamination gehen in der Regel weit über das Maß einer einfachen Übertragung von Mikroorganismen hinaus. Es besteht dann die Gefahr, daß nicht nur die Qualität der Erzeugnisse negativ beeinflußt wird, sondern daß auch bei den Menschen, die diese Erzeugnisse verzehren, schwere Erkrankungen ausgelöst werden können. Daher ist in allen Bereichen der Fleischwirtschaft, auch in den sanitären Einrichtungen, Sozialräumen, Verkaufsräumen, Büros und auf dem gesamten Betriebsgelände, ein Höchstmaß an Ordnung, Sicherheit und Sauberkeit unbedingt erforderlich.

Unter dem Begriff *Reinigung* ist das vollständige Entfernen aller Rückstände der be- und verarbeiteten Roh-, Zusatz- und Hilfsstoffe sowie aller anderen Verunreinigungen mit Hilfe von mechanischen Hilfsmitteln, Wasser und chemischen Reinigungsmitteln zu verstehen. Die vollständige Benetzung der gereinigten Oberflächen muß beim Nachspülen mit Wasser eintreten.

Je nach Art, Umfang, Zeitpunkt und Bereich der Verunreinigung wird zwischen verschiedenen Formen der Reinigung unterschieden:

Trockenreinigung ist das Entfernen von Verunreinigungen ohne Anwendung von Wasser, aber mit Hilfe mechanischer Hilfsmittel, wie Schaber, Besen oder Schaufel.

Naßreinigung ist das mechanische Entfernen von Verunreinigungen unter Anwendung von Wasser mit oder ohne Zusatz von chemischen Reinigungsmitteln.

Unter *laufender Reinigung* versteht man die regelmäßig durchzuführende Trocken- und/oder Naßreinigung bei laufender Produktion, die in Abhängigkeit vom Anfall der Verunreinigungen eine hygienische Produktion gewährleistet.

Tagesreinigung ist die gründliche Trocken- oder Naßreinigung nach Abschluß der Tagesproduktion sowie nach Abschluß von Pflege-, Wartungs- und Reparaturarbeiten.

Schichtreinigung ist eine Trocken- und Naßreinigung zwischen zwei Arbeitsschichten.

Die *Großreinigung* ist eine verstärkte Reinigung mit anschließender Desinfektion, die periodisch, mindestens jedoch einmal im Monat, bei Betriebsruhe im gesamten Betrieb bzw. in Produktionsbereichen durchzuführen ist.

16.1.2. Einflußfaktoren auf die Reinigung

Der Grad des Erfolges einer Reinigung wird von verschiedenen Faktoren beeinflußt, die es bei Ausführung der Arbeiten zu beachten gilt. Im einzelnen sind das:

- Art der Verunreinigung,
- Umfang der Verunreinigung,
- Werkstoff und Oberflächenbeschaffenheit der zu reinigenden Gegenstände,
- Qualität der zum Einsatz gelangenden chemischen Reinigungsmittel,
- Konzentration der Reinigungslösung,
- Reinigungsverfahren und
- Qualität des verwendeten Wassers.

Art und Umfang der Verunreinigungen sind in der Fleischwirtschaft sehr unterschiedlich. Sie entstehen entweder durch den direkten Kontakt mit dem lebenden Schlachttier oder mit den verschiedenen Schlachterzeugnissen. Die Arbeitsmittel können aber auch mit Magen-, Darm- und Blaseninhalt, Haaren und Borsten, Fett-, Fleisch-, Haut- und Drüsenpartikeln, mit Salz, Pökelsalz, Gewürzen, Rauchpartikeln sowie Resten anderer Zusatz- und Hilfsstoffe verunreinigt sein. Entsprechend ihrem physikalischen Zustand und ihrer chemischen Zusammensetzung haften diese Stoffe mehr oder weniger fest an den zu reinigenden Gegenständen. Aufgrund ihrer biochemischen Zusammensetzung unterliegen diese Stoffe sehr schnell unerwünschten Veränderungen. Im fortgeschrittenen Stadium derartiger Veränderungen lassen sich die anhaftenden Teilchen bedeutend schwerer als im frischen Zustand beseitigen. Allein aus dieser Tatsache heraus läßt sich die Forderung ableiten, daß unmittelbar nach dem Einsatz der Arbeitsmittel diese umgehend zu reinigen sind.

Diese Arbeit wird begünstigt, wenn die Handwerkszeuge, Geräte, Maschinen und Anlagen glatte Oberflächen, wenig Kanten und Ecken, keine deformierten und korrodierten Teile, Vertiefungen sowie rissige oder poröse Stellen aufweisen. Bereits bei der Konstruktion fleischwirtschaftlicher Arbeitsmittel müssen derartige reinigungstechnische Gesichtspunkte unbedingt berücksichtigt werden. Ebenso müssen die zum Bau der Arbeitsmittel verwendeten Werkstoffe chemisch und mechanisch so widerstandsfähig sein, daß ihre ursprüngliche Form und Oberflächenbeschaffenheit unter normalen Einsatzbedingungen für einen langen Zeitraum unverändert bleiben.

16.1.3. Reinigungsmittel

Der Erfolg der Reinigung wird ganz wesentlich von der Wirksamkeit der eingesetzten chemischen Reinigungsmittel bestimmt. Sie sollen alle anhaftenden Rückstände durch chemische Umsetzung so auflösen bzw. aufbereiten, daß sie dann mit der Reinigungslösung beseitigt werden können. Das heißt, daß vor allem Fette, Eiweiße, Kohlenhydrate und Mineralstoffe in lösliche Verbindungen überführt werden sollen. Im einzelnen bewirken daher die chemischen Reinigungsmittel

- eine Emulgierung und teilweise Verseifung der Fette,
- eine Quellung, Lösung oder völlige Zersetzung der Eiweißstoffe,
- eine Umwandlung der alkaliunlöslichen Substanzen in lösliche Salze und
- eine vollständige Benetzung der Werkstoffoberfläche der zu reinigenden Arbeitsmittel.

Daraus wird ersichtlich, daß Reinigungsvorgänge eine Vielzahl von physikalischen und chemischen Einzelvorgängen darstellen. Die dabei auftretenden Reaktionen können nicht von einem Stoff allein bewirkt werden, deshalb sind die chemischen Reinigungsmittel immer Gemische aus mehreren Chemikalien. Ihre Zusammensetzung ist auf ihren Verwendungszweck abgestimmt; ein für alle Zwecke geeignetes Reinigungsmittel gibt es gegenwärtig noch nicht.

Diese Tatsache wird noch sehr oft unterschätzt. Der Auswahl des zweckentsprechenden Reinigungsmittels ist deshalb größte Aufmerksamkeit zu schenken, damit der geforderte Reinigungseffekt auch erreicht wird.

Übersicht 15 enthält einige empfohlene Reinigungsmittel, deren Konzentration und die zweckmäßige Temperatur bei der Anwendung.

Übersicht 15. Reinigungsmittel (Auswahl)

Reinigungsmittel	Menge auf 10 l Wasser	Mindesttemperatur der Reinigungslösung in °C	Hinweise
Gr. Neutral	10...15 g	40	insbesondere für Reinigungsarbeiten von Hand geeignet
Fit	5...10 ml	40	
Mühli	20...100 ml	40	
Domax	15...45 ml	40	
Gr. lucid. konz.	20 g	40	
Gr. matex	25...50 g	40	hoher Alkaligehalt; vorrangig bei starken Verschmutzungen anwenden; für Flächenreinigung, Handwerkzeuge und Geräte geeignet
Imi	10...15 g	40	

Chemische Reinigungsmittel enthalten lösende Stoffe, Netzmittel, Korrosionsschutzmittel und wasserenthärtende Substanzen. Entsprechend ihrer chemischen Reaktion wird zwischen sauren und basischen Reinigungsmittellösungen unterschieden. An Grundchemikalien werden verwendet:

Alkalicarbonate, Alkaliphosphate und Silikate bzw. Glycol-, Wein-, Lävulin-, Citronen-, Phosphor- und Salpetersäure.

Bei der Herstellung und Anwendung von Reinigungsmittellösungen ist auf folgendes zu achten:

- Konzentration der Lösung,
- Temperatur der Lösung,
- Einwirkungszeit der Lösung sowie
- Beachtung und strikte Einhaltung der Arbeits- und Gesundheitsschutzbestimmungen.

Besonders zu beachten ist, daß Reinigungslösungen nur einmal zu verwenden sind. Bei Gegenwart von Fett und Eiweiß, also nach Gebrauch, erschöpft sich ihre Wirkung sehr schnell. Eine nachträgliche Zugabe von Reinigungsmittel zur bereits verwendeten Lösung ändert daran nichts. Ebenso ist das eigenständige Mischen verschiedener Mittel nicht angebracht, da in jedem Fall die erhoffte Steigerung des Reinigungseffektes ausbleibt.

Abweichungen von den beigefügten Anwendungsvorschriften stellen den Erfolg der Reinigung stets in Frage.

Eine wesentliche Rolle spielt beim Reinigen das Wasser. Es dient einmal als Lösungsmittel, und zum anderen wird es zum Nachspülen der gereinigten Gegenstände verwendet. Das Wasser muß aus mikrobiologischer Sicht stets Trinkwasserqualität aufweisen, d. h., es muß völlig frei von pathogenen Mikroben sein und darf keine Mikroben aus menschlichen oder tierischen Ausscheidungen enthalten. Darüber hinaus soll es möglichst wenig Mikroorganismen enthalten. Anders verhält es sich mit wasserhärtenden Substanzen. Diese sind territorial in sehr unterschiedlicher Höhe im Wasser enthalten und beeinflussen entscheidend des Reinigungseffekt. Der Härtegrad des Wassers wird in °d angegeben. In Übersicht 16 ist das Wasser entsprechend dem Härtegrad eingeteilt. Wird beispielsweise eine Reinigungslösung aus zu hartem Wasser hergestellt, kann das folgende Nachteile verursachen:

Übersicht 16. Härtegrade des Wassers

Härtegrade des Wassers in °d	Bezeichnung der Härte des Wassers
0...4	sehr weich
5...8	weich
9...12	mittelhart
13...18	ziemlich hart
19...30	hart
>30	sehr hart

- Entstehen von schwerlöslichen Verbindungen durch chemische Umsetzung der Alkalien des Reinigungsmittels mit den Härtebildnern des Wassers,
- Verringerung der Alkalität und damit der Wirksamkeit der Reinigungslösung und
- Aufhebung der reinigungswirksamen Substanzen der Lösung.

Die meisten Reinigungsmittel enthalten enthärtende Substanzen, d. h., sie sind in der Regel auf eine Härte des Wassers von etwa 20°d eingestellt. Hat das zum Einsatz gelangende Wasser jedoch höhere Werte, muß es vor Gebrauch enthärtet werden. Der jeweilige Härtegrad des Wassers kann im Betriebslabor ermittelt werden. Die Art und Weise der Reinigung ist sehr unterschiedlich. Sie reicht vom herkömmlichen manuellen Reinigen bis hin zu modernen maschinellen Verfahren.

16.1.4. Reinigungsverfahren

Manuelles Reinigen
Dieses Verfahren wird überall dort angewendet, wo nicht maschinell gereinigt werden kann bzw. keine entsprechenden Maschinen zur Verfügung stehen. Es werden dazu Behältnisse mit Reinigungslösung verwendet, in denen die zu reinigenden Gegenstände direkt von Hand und mit Hilfe von Bürsten mechanisch bearbeitet werden. Andererseits kann die Reinigungslösung mit einer Bürste oder einem Schrubber direkt auf den zu reinigenden Gegenstand aufgetragen und die Säuberung mittels Muskelkraft vorgenommen werden. Die Temperatur der Lösung sollte dabei 40...45°C betragen. Nach der mechanischen Bearbeitung müssen die gereinigten Gegenstände mit heißem Wasser gründlich nachgespült werden, um die noch vorhandenen Verunreinigungen und Reste der Reinigungslösung zu entfernen. Durch das Nachspülen mit heißem Wasser wird außerdem erreicht, daß die Gegenstände rasch abtrocknen. Zurückbleibendes Restwasser darf auf keinen Fall mit unsauberen Lappen entfernt werden, weil dadurch eine er-

neute Kontamination herbeigeführt würde. Das vollständige Abtrocknen darf nur mit Hilfe von sauberen, elastischen Schabern oder mit sauberen Tüchern erfolgen.

Abkochen in Reinigungslösung
Es handelt sich hier um ein einfaches und wirkungsvolles Verfahren der Reinigung. Besonders stark verschmutzte Gegenstände werden, soweit das möglich ist, in eine kochende Lösung gebracht, von der wallenden Lösung intensiv umspült und so in kürzester Zeit gründlich gereinigt. Die chemischen Eigenschaften des Reinigungsmittels bewirken in Verbindung mit der mechanischen Arbeit der wallenden Lösung gemeinsam das Lockern, Lösen und Entfernen der anhaftenden Verunreinigungen. Außerdem erfolgt dabei eine starke Reduzierung von Mikroorganismen. Das gründliche Nachspülen mit sauberem, heißem Wasser ist auch bei diesem Verfahren unbedingt erforderlich.

Fluten
Beim Fluten wird mit Hilfe einer hohen Strömungsgeschwindigkeit und starker Turbulenz der Reinigungslösung in kürzester Zeit ein hoher Grad an Sauberkeit erreicht. Die zu reinigenden Gegenstände werden dabei ständig von einem Lösungsfluß umspült. Lösung, Turbulenz und starke Strömungsgeschwindigkeit der Lösung bewirken die schnelle und gründliche Reinigung. Intensives Nachspülen mit heißem Wasser ist erforderlich, um Lösungsreste und Schmutzpartikeln völlig zu entfernen.

Spritzreinigung
Die heiße Lösung wird hierbei mittels Hochdruckpumpe durch eine feine Düse in scharfem Strahl auf die zu reinigenden Gegenstände gespritzt. Die Kraft des auftreffenden Lösungsstrahls fördert neben der chemischen Wirkung erheblich das Auflösen und Entfernen der Schmutzpartikeln. Der hierbei angewendete Spritzdruck erweist sich als mechanische Reinigungskomponente von höchster Wirkung. Dieses Prinzip der Spritzreinigung ist sowohl bei ortsveränderlichen als auch bei stationären Reinigungsmaschinen anwendbar. Beide Systeme werden in der Fleischwirtschaft eingesetzt.

Kontrolle
Die Prüfung einer durchgeführten Reinigung ist nur durch visuelle Kontrolle möglich, da es bisher weder physikalische noch chemische Prüfmethoden gibt. Als allgemeine Regel gilt, daß ein Gegenstand dann als sauber bzw. rein anzusehen ist, wenn er beim Nachspülen vollkommen von Wasser benetzt ist. Die ordnungsgemäße Reinigung ist Voraussetzung für die anschließende Desinfektion.

16.1.5. Gesundheitsschutz

Bei der Anwendung bzw. beim Umgang mit chemischen Reinigungslösungen besteht keine direkte Gesundheitsgefährdung. Zu beachten ist jedoch, daß pulverisierte Reinigungsmittel stets mit einer Schaufel und flüssige mit Hilfe einer eigens dafür vorgesehenen Kippvorrichtung aus den Originalverpackungen entnommen werden. Das Auflösen des Pulvers und das Mischen der Flüssigkeiten darf niemals mit der bloßen Hand, sondern nur mit einem Rührstock erfolgen. Bei der Herstellung sowie beim Umgang mit Reinigungsmittellösungen ist ein besonderer Schutz der Augen erforderlich. Es empfiehlt sich, eine Schutzbrille zu tragen. Dringt trotz aller Vorsicht Lösung in die Augen, so sind sofortige Spülungen mit Essig- oder Borwasser erforderlich. Außerdem ist es ratsam, in solchen Fällen einen Arzt aufzusuchen. Zum Schutz der Hände dienen Gummihandschuhe. Außerdem sind Gummistiefel und wasserabweisende Arbeitsschutzkleidung zu tragen.

Dämpfe, die aus der heißen oder kochenden Reinigungslösung aufsteigen, sind reine Wasserdämpfe und daher nicht gefährlich. Selbstverständlich dürfen chemische Reinigungsmittel niemals zur Körperreinigung verwendet werden.
Der Aufbewahrung von chemischen Reinigungsmitteln ist größte Beachtung und Aufmerksamkeit zu schenken. Sie dürfen keinesfalls mit Fleisch, Fleischerzeugnissen oder anderen Roh- und Zusatzstoffen gemeinsam gelagert werden, da sie diese negativ beeinflussen würden (Geruch und Geschmack). Sie sind in dunklen, kühlen und trockenen Räumen gut gekennzeichnet und verschlossen in den Originalverpackungen aufzubewahren. Nach etwa 3 bis 4 Monaten läßt die Wirkung der meisten Reinigungsmittel stark nach. Alle mit der Reinigung zusammenhängenden Fragen sind von der Betriebsleitung, der Veterinärhygieneinspektion (VHI) und dem Tierärztlichen Hygienedienst (THD) als Bestandteil der Produktionsorganisation zu behandeln. Sie sind in der Betriebshygieneordnung oder in Form spezieller Weisungen exakt zu formulieren, allen Werktätigen zur Kenntnis zu geben und einer strengen Kontrolle zu unterziehen. Großreinigungen sind schriftlich nachzuweisen und von den zuständigen Kontrollorganen abzunehmen. Die Kontrolle schließt mit der Freigabe zur Desinfektion ab.

16.2. Desinfektion

16.2.1. Aufgabenstellung

Reinigung und Desinfektion sind in der Fleischwirtschaft technologisch und wirkungsmäßig eng miteinander verbunden. Eine wirkungsvolle Desinfektion setzt stets eine gründliche Reinigung voraus. Das Ziel der Desinfektion besteht darin, mit Hilfe zugelassener Verfahren mit oder ohne Verwendung chemischer Mittel eine Abtötung aller pathogenen sowie eine Reduzierung apathogener Mikroorganismen zu bewirken. Dadurch werden Infektionsquellen ausgeschaltet, Infektionsketten unterbrochen und weitere Verschleppungen von pathogenen Mikroorganismen vermieden. Zu beachten ist jedoch, daß durch Desinfektionsmaßnahmen nur eine weitgehende Mikrobenverminderung, aber keine völlige Sterilität erreicht wird.
Desinfektionsmaßnahmen müssen ebenso wie Reinigungsmaßnahmen ein integrierter Bestandteil der betrieblichen Arbeitsorganisation sein. Diese unbedingt notwendigen Arbeiten sind sehr ernst zu nehmen; sie sind planmäßig, gründlich und verantwortungsbewußt auszuführen. Vorrangig sollten Desinfektionsmaßnahmen prophylaktischen Charakter tragen, weil dadurch die Möglichkeit der Verbreitung pathogener Mikroben und damit die Gefahr des Ausbruchs gefährlicher Infektionskrankheiten bei Tieren und Menschen nicht mehr gegeben ist. Diese Tatsache ist von größter volkswirtschaftlicher und gesellschaftlicher Bedeutung, daher sind Desinfektionsmaßnahmen in die Reihe der gesundheitserhaltenden und krankheitsverhindernden Maßnahmen einzuordnen. Schließlich werden dadurch große Schäden im Schlachttierbestand, Verluste an hochwertigen Lebensmitteln und Massenerkrankungen von Menschen verhindert.

16.2.2. Desinfektionsverfahren

In der Praxis wurden verschiedene Verfahren zur Durchführung von Desinfektionen entwickelt, die nach den eingesetzten Wirkmedien eingeteilt werden können (Bild 56). Entsprechend dem Wirkungsspektrum gegenüber den verschiedenen Mikrobengruppen wird unterschieden zwischen:

```
                    Desinfektionsverfahren
        ┌──────────────────┼──────────────────┐
   Mechanische         Physikalische        Chemische
   Verfahren           Verfahren            Verfahren
        └──────────────────┼──────────────────┘
                         Wirkmedien
        ┌──────────────────┼──────────────────┐
   Flüssigkeitsent-    heiße Luft,        mikrobentötende
   keimungsfilter,                        Chemikalien
                       Wasserdampf,
   Luftentkeimungs-    energiereiche
   filter              Strahlen
        └──────────────────┼──────────────────┘
                          Wirkung
              ┌───────────────────────────────┐
              │ Abtötung aller pathogenen und │
              │ Reduzierung der apathogenen   │
              │ Mikroorganismen               │
              └───────────────────────────────┘
```

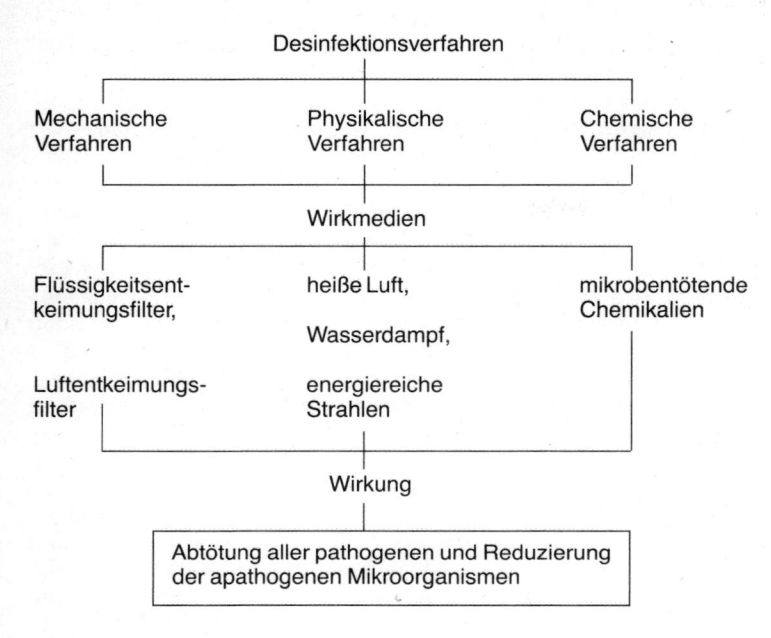

Bild 56. Desinfektionsverfahren

- bakterizid (bakterientötend),
- viruzid (virentötend),
- fungizid (schimmelpilztötend),
- sporizid (sporentötend) und
- tuberkulozid (tuberkelbakterientötend).

In der Fleischwirtschaft wird vorwiegend mit Hilfe mikrobentötender Chemikalien, seltener mit Dampf, desinfiziert.

Dampfdesinfektion
Gespannter, gesättigter Wasserdampf ist ein einfaches und wirkungsvolles Desinfektionsmittel. Er muß frei von fremden Bestandteilen und aggressiver Kohlensäure sein. Mit Dampf lassen sich vor allem in geschlossenen Systemen, wie Rohrleitungen, Fässern, Bottichen, Tanks und anderen Behältnissen, hohe Desinfektionseffekte erzielen. Bei ausreichender Einwirkungszeit, Temperaturen > 100 °C und kurzen Leitungen bzw. kleinen Volumen der Gefäße wirkt der Dampf in hohem Maße keimvermindernd. In druckfesten, geschlossenen Gefäßen kann mit diesem Verfahren auch völlige Sterilität erreicht werden. Neben der stationären Dampfsterilisation bietet sich auch die Möglichkeit an, mobile Dampfstrahlgeräte einzusetzen. Mit ihrer Hilfe lassen sich vor allem schwer zugängliche Stellen an Maschinen und Anlagen wirkungsvoll desinfizieren. Der heiße Dampf löst in den Mikrobenzellen Eiweißdenaturierungen aus, was zu irreversiblen Veränderungen und damit zum Hitzetod führt. Das Wirkungsspektrum des Dampfes ist sehr breit, d.h., es werden durch die hohen Temperaturen alle Gruppen und Formen der Mikroben abgetötet. Nur besonders hitzewiderstandsfähige Sporenarten bleiben erhalten, da die relativ kurzen Einwirkungszeiten des Dampfes nicht ausreichen, sie zu schädigen.
Die Dampfdesinfektion eignet sich nicht, um Räume mit sehr großen Flächen vollständig zu desinfizieren, da hierfür zu viel Dampf benötigt würde. Außerdem würde der

Dampf zu schnell abkühlen, kondensieren und dadurch nicht mehr die erforderliche Energie zum Abtöten der Mikroben aufweisen.
Bei der Anwendung von Dampf ist äußerste Vorsicht geboten, damit es nicht zu Verbrühungen kommt. Das Tragen von Gummischutzkleidung ist unbedingt erforderlich.

Chemische Desinfektion
In der Fleischwirtschaft wird vorwiegend mit mikrobentötenden Chemikalien desinfiziert. Das hat vielerlei Gründe. Zum einen steht nicht in jedem Betrieb gespannter, gesättigter Dampf zur Verfügung, und zum anderen ist der Einsatz von Chemikalien einfach, billig und wirkungsvoll. Außerdem lassen sich beim Einsatz von mikrobentötenden Chemikalien ganze Betriebsräume mit allen darin befindlichen Gegenständen gleichzeitig desinfizieren. Für den Abtötungseffekt ist das vollständige Benetzen der zu desinfizierenden Gegenstände wichtigste Voraussetzung. Erst dadurch wird ein intensiver Kontakt zwischen der aus Wasser und mikrobentötenden Chemikalien hergestellten Desinfektionsmittellösung – auch Gebrauchslösung genannt – und den auf der gereinigten Oberfläche noch vorhandenen Organismenzellen erreicht. Die Wirkung der Gebrauchslösung gegenüber den einzelnen Mikrobengruppen und -formen ist sehr unterschiedlich. Ein Universaldesinfektionsmittel, das gegenüber Viren, Hefen, Schimmelpilzen, Bakterien und anderen Mikrobengruppen sowie deren vegetativen Formen und Sporen in gleicher Weise wirkt, gibt es gegenwärtig noch nicht. Daher ist Auswahl und Einsatz der vielen zur Verfügung stehenden chemischen Desinfektionsmittel größte Aufmerksamkeit zu schenken, um einen größtmöglichen Abtötungseffekt zu erreichen. Bei der Herstellung von Gebrauchslösungen ist neben der Auswahl des zweckentsprechenden Desinfektionsmittels auf die richtige Konzentration und Temperatur zu achten. Diese Angaben sind den Anwendungsvorschriften zu entnehmen. Im allgemeinen bewegen sich die Konzentrationen der Gebrauchslösungen zwischen 0,5 % und maximal 5 % und die Temperaturen, wenn nicht besonders angegeben, bei 30...40 °C. Das Auftragen der Gebrauchslösung auf die Oberflächen der zu desinfizierenden Gegenstände erfolgt am zweckmäßigsten mit Hochdruckspritzen. Die mit scharfem Strahl und hoher Geschwindigkeit aus der Düse ausströmende Lösung wird mit hohem Druck auf die Oberfläche, aber auch in die Ritzen, Winkel und Fugen gesprüht. Das hat den Vorteil, daß die Lösung überall hingelangt und dort auf die vorhandenen Mikroorganismenzellen einwirken kann. Beim Versprühen kommt es also darauf an, daß die gesamte Oberfläche lückenlos und vollständig benetzt wird und keine Stellen frei bleiben. Das gilt besonders dann, wenn ganze Produktionsräume, Abteilungen, Bereiche und Fahrwege in die Desinfektionsmaßnahmen einbezogen werden. Die umfassende Desinfektion großer Arbeitsbereiche, besser des ganzen Betriebes einschließlich des Betriebsgeländes und vor allem der Fahrwege, ist wirkungsvoller, als wenn nur einzelne Arbeitsmittel einer solchen Maßnahme unterzogen werden, ohne die vor- und nachgeschalteten Maschinen und Anlagen zu berücksichtigen. Im speziellen Fall kann auch eine einzelne Maschine desinfiziert und damit eine sehr wirkungsvolle Hygienemaßnahme realisiert werden. Das trifft ebenso auf Handwerkszeug, wie Messer, Stahl, Spalter, Handsägen und Schneidbretter, zu.
Nachdem die Gebrauchslösung aufgetragen worden ist, muß sie eine bestimmte Zeit auf die Mikrobenzellen einwirken, um sie abzutöten. Die Einwirkungszeiten sind entsprechend der verwendeten Mittel und des angestrebten Desinfektionseffektes sehr unterschiedlich. Sie liegen zwischen einigen Minuten und mehreren Stunden.

16.2.3. Desinfektionsmittel

Der Verkehr mit Desinfektionsmitteln wird durch das Arzneimittelgesetz sowie die hierzu erlassenen Durchführungsbestimmungen gesetzlich geregelt. Demnach dürfen nur geprüfte und zugelassene Desinfektionsmittel in den Handel gelangen und in der Praxis eingesetzt werden. Der Handel mit diesen Erzeugnissen unterliegt der staatlichen Kontrolle. Die Lagerung der nicht ungefährlichen Chemikalien darf nur in speziell dafür vorgesehenen Räumen stattfinden. Diese Räume müssen kühl, aber nicht <5 °C, dunkel und trocken sein. Zweckmäßigerweise ist die Aufbewahrung in den Originalverpackungen vorzunehmen, um Verluste zu vermeiden und ihre Wirksamkeit zu erhalten. Außerdem kann es dadurch nicht zu Verwechslungen kommen.
Die Fleischwirtschaft fordert von einem Desinfektionsmittel folgende Eigenschaften:

- wasserlöslich, ungiftig, geruchsarm, nicht korrodierend, schonend gegenüber Textilien, licht- und temperaturunempfindlich, nicht explosiv und feuergefährlich, kurze Einwirkungszeiten, stabil in der Lösung, lange Lagerfähigkeit, Wirkung im pH-Neutralbereich, einfache Handhabung und Anwendung, keine Reizung der Haut und der Schleimhäute, ein breites und zuverlässiges Wirkungsspektrum.

Gegenwärtig ist kein Mittel bekannt, das alle diese Forderungen erfüllt.
In Übersicht 17 sind die chemischen Wirkstoffgruppen der Desinfektionsmittel angeführt. Außerdem werden die biochemischen Eigenschaften und die Wirkungsspektren genannt.
Die Übersichten 18 bis 21 enthalten die zur Zeit (Stand 1. 1. 1987) zugelassenen Desinfektionsmittel, deren Wirkstoffgruppen, erforderliche Konzentrationen und notwendige Einwirkungszeiten. Bei der Flächendesinfektion ist die Kombination von Reinigungs- und Desinfektionsmitteln möglich (Übersicht 20). Die Anwendung solcher Lösungsmischungen wird als »Desinfizierende Reinigung« bezeichnet. Starke Verschmutzungen sind auch bei Anwendung derartiger Lösungen durch eine Vorreinigung zu beseitigen. Außer den in der Übersicht 20 genannten Kombinationsmöglichkeiten kann ferner die desinfizierende Reinigung als prophylaktische Maßnahme mit Hilfe von Trosilin flüssig kombi, Purin B und Purin E durchgeführt werden. Die desinfizierende Reinigung ist mit diesen Mitteln mit desinfizierender Wirkung unter Einhaltung der Konzentration (50...100 ml auf 10 l Wasser), der Einwirkungszeit (30 min) und der Temperatur (20...40 °C) sowie mit anschließender mechanischer Bearbeitung durchzuführen.
Bei der Auswahl der in den Übersichten aufgeführten Desinfektionsmittel ist besonders darauf zu achten, daß für Räume der Fleischbearbeitung und -verarbeitung keine phenolhaltigen Verbindungen eingesetzt werden dürfen. Es handelt sich dabei um sehr stark riechende und schmeckende Substanzen, die vom Fleisch und den Fleischerzeugnissen aufgenommen werden und dadurch die sensorischen Eigenschaften negativ beeinflussen.

Übersicht 17. Chemische Wirkstoffgruppen der Desinfektionsmittel

Chemische Wirkstoffgruppe	Biochemische Eigenschaften	Wirkungsspektrum	Verwendung
Chlorhaltige Desinfektionsmittel, z. B. Chloramin	oxidierend, Bildung unterchloriger Säure, die zu Salzsäure und Sauerstoff zerfällt, dringen in die Mikrobenzelle ein und zerstören das Enzymsystem, in sauren Lösungen sind sie wirksamer als in alkalischen	bakterizid, viruzid	Grob- und Feindesinfektion
Formaldehydhaltige Desinfektionsmittel, z. B. Formalin, Fesia-form	reduzierend, eiweißfällend, sehr reaktiv, nicht korrodierend, Reizung der Haut und Schleimhäute, desodorierend	bakterizid, viruzid, fungizid	Grobdesinfektion
Natriumhydroxidhaltige Desinfektionsmittel, z. B. Natroletten, Natronlauge	stark alkalisch, hydrolysierend, lösen und quellen die Zelleiweiße	viruzid, bakterizid, fungizid	Grobdesinfektion
Phenolderivate, z. B. Wofasept, Wofasept spezial, Wofasept Tbk, Fesia-konzent, Meteusol	eiweißfällend, Zerstörung der Zellwand, inaktivieren die Enzyme, starke Geruchsbelästigung	bakterizid, fungizid	Grobdesinfektion und Feindesinfektion
Quaternäre Ammoniumverbindungen, z. B. C4, Fesia-cito, Fesia-mon	stark alkalisch, sehr schnell wirkend, nicht korrodierend, hydrolysierend, eiweißzerstörend, blocken O_2-Aufnahme der Mikroben ab	bakterizid	Feindesinfektion
Peroxide, z. B. Peressigsäure, Wofa-steril	stark korrodierend, spalten Sauerstoff ab, in sehr geringen Konzentrationen wirksam, zerstören Enzymsystem der Zellen	bakterizid, fungizid, viruzid, sporizid, tuberkulozid	Grob- und Feindesinfektion
Säuren, z. B. Milchsäure, Ameisensäure	hydrolysierend, eiweißfällend, korrodierend	bakterizid, viruzid	Feindesinfektion
Alkohol, z. B. Ethanol, Propanol	sehr schnell wirkend, eiweißzerstörend	bakterizid	Feindesinfektion

Übersicht 18. Händedesinfektion (Auswahl)

Desinfektionsmittel	Chemischer Wirkstoff	Konzentration der Lösung in %	Einwirkungszeit in min
C4	quaternäre Ammoniumverbindung	2	2
Chloraminpulver	aktives Chlor	0,5	2
Fesia cito	Alkohol, quaternäre Ammoniumverbindung	gebrauchsfertig 100	2
Wofasteril	Peressigsäure	0,3	1
70 % Ethanol, benzinvergällt mit 2...3 % Glycerol	Alkohol	gebrauchsfertig	1
60 % Isopropanol mit 2...3 % Glycerol	Alkohol	gebrauchsfertig	1
40 % n-Propanol (Optal) mit 2...3 % Glycerol	Alkohol	gebrauchsfertig	1
Fesia-mon	quaternäre Ammoniumverbindung	2,5	2

Übersicht 19. Flächen- und Arbeitsmitteldesinfektion

Desinfektionsmittel	Chemischer Wirkstoff	Konzentration der Lösung in % bei einer Einwirkungszeit von 4 h			
		Staphylokokken	Tbk-Erreger	Pilze	übrige Erreger (außer Viren)
Chloramin	aktives Chlor	3	3	2	2
Fesia-form	Formaldehyd	4	5	2	2
Fesia-per-konz	Phenolderivate	2,5	–	3	1,5
Fesia-pin	Phenolderivate	5	–	3	3
Fesia-sept-konz	Phenolderivate	3	3	4	1,5
Fesia-sol-konz	Phenolderivate	2,5	3	2	1,5
Formaldehyd (technisch 30 %ig)	Formaldehyd	4	4	2	2
Hydraform	Formaldehyd	5	–	2	2,5
Kombinal asept	zinnorganische Verbindung Aldehyd, quaternäre Ammoniumverbindung	3	4	2	2
Kresomerlat	Phenolderivate	4	5	4	2
Meleusol	Phenolderivate	4	5	4	2
Wofasept	Phenolderivate	5	–	4	3
Wofasept-spezial	Phenolderivate	5	–	4	3
Wofasept-Tbk	Phenolderivate, Alkali	5	5	5	2
Wofasteril	Peressigsäure	1 (Einwirkungszeit 30 min) 0,5 (Einwirkungszeit 1 h)	– –	1 0,5	1 0,5

Übersicht 20. Möglichkeiten zur Kombination von Reinigungs- und Desinfektionsmitteln in der Flächendesinfektion (Auswahl)

Desinfektions-mittel	Chemischer Wirkstoff	Reinigungsmittel				
		3 × W (2,5%)	Fit (0,1%)	Rupon 68 (0,2%)	Otroc (0,75%)	Germol (0,5%)
Fesia-form	Formaldehyd	+	+	+	+	+
Hydroform	Formaldehyd	+	+	+	+	+
Kombinal asept	Organozinnverbindung, Aldehyd, quart. Ammoniumverbindungen	+	+	+	−	+
Wofasteril	Peressigsäure	+	+	+	+	+
Fesia-per-konz	Phenolderivate	+	−	−	+	−
Fesia-pin	Phenolderivate	−	−	+	+	−
Fesia-sept-konz	Phenolderivate	−	−	+	+	+
Fesia-sol-konz	Phenolderivate	+	+	−	+	−
Kresomerlat	Phenolderivate	+	+	+	+	+
Meleusol	Phenolderivate	+	+	+	+	+
Wofasept	Phenolderivate	+	−	+	+	+
Wofasept TbK	Phenolderivate	+	+	+	+	+

+: kombinierbar −: nicht kombinierbar

Übersicht 21. Virusdesinfektion

Desinfektions-aufgabe	Desinfektions-mittel	Wirkstoff-gruppe	Konzentration in %	Einwirkungszeit
Hygienische Händedesinfektion	Peressigsäure-spiritus SR	Peressigsäure	100	2 × 1 min
Flächen-desinfektion	Fesia-form,	Formaldehyd	5	4 h
	Formaldehydlösung AB-DDR (Formaldehyd, techn. 30%ig),	Formaldehyd	4	4 h
	Wofasteril	Peressigsäure	0,5	1 h
Kombinierte Instrumenten-reinigung und -desinfektion	Reinigungsmittel: Gr-contral oder Gr-matex Desinfektionsmittel:			
	Wofasteril	Peressigsäure	0,5	30 min
Instrumenten-desinfektion	Fesia-form	Formaldehyd	4	2 h

16.2.4. Wirkung der Desinfektionsmittel

Die Wirkungen der Desinfektionsmittel gegenüber der Mikrobenzelle sind sehr unterschiedlich. Generell lösen sie auf und in der Zelle schädigende biochemische Reaktionen aus, die irreversibel sind. Dazu zählen:

- Störung des Stoff- und Energiehaushaltes,
- Behinderung der Enzymwirksamkeit,
- Schädigung des Eiweißhaushalts und
- Zerstörung der Zellwand.

Für die Abtötung der Mikrobenzelle ist vorrangig die Struktur der Zellwand von Bedeutung. Wird dieses schützende Organ in seiner Funktion und im Aufbau geschädigt, hat das sofort nachteilige Folgen für die Zelle. So sind beispielsweise Hefen und Schimmelpilze viel widerstandsfähiger als Bakterien, was vor allem auf den erhöhten Chitingehalt der Zellwand zurückzuführen ist. Auch Bakterien reagieren sehr unterschiedlich auf Desinfektionsmittel. Gramnegative Zellen sind nicht so empfindlich wie grampositive. Ebenso werden die Zellen der vegetativen Organismen viel intensiver angegriffen als die der Sporen, was auf die unterschiedliche Zellwandstruktur und deren »Durchlässigkeit« der für die Zelle tödlichen Gifte zurückzuführen ist. Selbst bei den einzelnen aktiven Arten zeigen sich erhebliche Unterschiede in der Empfindlichkeit gegenüber Desinfektionsmitteln. Ursache dafür sind jedoch die Milieubedingungen, in denen sie sich befinden. Großen Einfluß üben dabei die einzelnen Fleischbestandteile und der pH-Wert aus. Werden Eiweiß- und Fettpartikeln nicht durch eine vorgeschaltete Reinigung gründlich entfernt, wird die Wirksamkeit der Gebrauchslösung durch diese Stoffe um ein Vielfaches gemindert und dadurch die Überlebenschance der Mikroorganismen erhöht.

Ein entscheidender Faktor ist die Einwirkungszeit der aufgesprühten Desinfektionsmittellösung auf die Mikrobenzellen. Diese Zeit muß mindestens 30 min betragen und kann bis zu 240 min ausgedehnt werden. Bei einer Raumdesinfektion mit Formalin beträgt diese Zeit sogar 24 h.

Das Einhalten bestimmter Einwirkungszeiten kann damit begründet werden, daß der Abtötungseffekt unmittelbar mit der Intensität des Stoffwechsels der Zelle zusammenhängt. Die Zellen sind dann besonders empfindlich, wenn sie durch Quellungsvorgänge viel Wasser und damit gleichzeitig die für sie schädlichen Chemikalien des Desinfektionsmittels aufgenommen haben. Die Funktion der Zelle bricht dann aus den genannten Gründen zusammen. Im Gegensatz zu den vegetativen Zellen haben Sporen keinen aktiven Stoffwechsel. Demnach ist zunächst erst einmal die Aufnahme von Wasser erforderlich, um den Stoffwechsel in Gang zu setzen. Daher sind die Sporen auch aus diesem Grunde zunächst außerordentlich widerstandsfähig. Erst nach Aufnahme von Wasser, Auskeimung und Quellung der Zelle erreichen sie die erforderliche Empfindlichkeit gegenüber den giftigen Chemikalien. Diese biochemischen Vorgänge sind aber an bestimmte Zeitabläufe gebunden.

Aus den genannten Gründen müssen die auf den Anwendungsvorschriften angegebenen Einwirkungszeiten unbedingt eingehalten werden. Eigenmächtige Verkürzungen oder Verlängerungen dieser Zeitvorgaben stellen den Erfolg der Desinfektion in Frage.

16.2.5. Durchführung von Desinfektionsmaßnahmen

Die Desinfektionsmaßnahmen sind in allen Bereichen der Fleischwirtschaft je nach Erfordernis entweder sofort oder nach Schichtschluß, mindestens aber *einmal* in der Woche durchzuführen. Die Häufigkeit der Reinigungs- und Desinfektionsmaßnahmen für einzelne Bereiche ist in der Betriebshygieneordnung in Abstimmung mit der VHI und dem THD festzulegen.
Laufend zu reinigen und wenn erforderlich zu desinfizieren sind die

- Hände und Unterarme,
- Handwerkszeuge, wie Messer, Stahl, Spalter, Handsägen und andere ständig im Gebrauch befindlichen Arbeitsmittel, und
- abwaschbare Arbeitsschutz- und Hygienekleidung.

Die aus textilem Gewebe bestehende Arbeitsschutz- und Hygienekleidung der Werktätigen ist in der Fleischwirtschaft mindestens wöchentlich, für bestimmte Arbeitsplätze täglich, zu wechseln. Neben der erforderlichen Reinigung sind die Kleidungsstücke zu kochen, damit ein Desinfektionseffekt erzielt wird.
In die Desinfektionsmaßnahmen einzubeziehende Objekte sind vor allem die Arbeitsmittel, die direkt mit dem Schlachttier, den Schlachterzeugnissen, Fleisch und Fleischerzeugnissen sowie den Zusatz- und Hilfsstoffen in Berührung kommen. Aber auch bauliche Anlagen, wie Fußboden, Wände, Decken, Stützpfeiler, Fahrstraßen, Treibwege, Umfriedungen, Transport- und Fördermittel, sind in das Desinfektionsprogramm einzubeziehen. Besonderer Aufmerksamkeit bedürfen die seuchenhygienischen Maßnahmen gegenüber dem Personenverkehr und den Transportfahrzeugen beim Betreten und Verlassen des Betriebsgeländes.
Auf diesem Gebiet gilt es ganz besonders prophylaktisch wirksam zu sein. Deshalb müssen an den Ein- und Ausfahrten fleischwirtschaftlicher Betriebe für die Fahrzeuge Seuchenschutzwannen und für die Fußgänger Seuchenschutzmatten vorhanden und mit Gebrauchslösung gefüllt bzw. getränkt sein. Grundsätzlich gilt jedoch, daß der Personen- und Kraftfahrzeugverkehr auf ein Minimum zu reduzieren ist, um der Verbreitung von pathogenen Mikroorganismen vorzubeugen.
In Ställen, Schlachthallen, Not- und Sanitätsschlachträumen, den Räumen der Freibank, Zerlegeräumen, Lagerräumen der Schlachterzeugnisse für die industrielle Weiterverarbeitung, Geflügelschlacht- und -verarbeitungsräumen, Toiletten und Waschräumen müssen Behälter mit Gebrauchslösung zur Händedesinfektion unbedingt vorhanden sein. Das Desinfizieren der Hände muß ebenso wie das Reinigen zu einer festen Gewohnheit bei allen in der Fleischwirtschaft tätigen Menschen werden. Dieser Forderung wird nicht immer die gebührende Aufmerksamkeit geschenkt.

Feindesinfektion
Nach jedem Kontakt mit kranken bzw. krankheitsverdächtigen Tieren oder Schlachterzeugnissen, also bei Kontakt mit pathogenem Material sowie vor der Esseneinnahme, nach Benutzung der Toiletten sowie nach Arbeitsschluß ist sofort eine Reinigung und Desinfektion der Hände, Unterarme, Gummistiefel und -schürzen vorzunehmen. Ebenso sind die Handwerkszeuge in diese Maßnahme einzubeziehen. Dazu sind die im Bild 57 aufgeführten Arbeiten schrittweise zu verrichten.

Flächendesinfektion
Wird die wöchentliche oder im besonderen Fall erforderliche Großreinigung und Desinfektion durchgeführt, sind die im Bild 58 aufgeführten Arbeiten schrittweise auszuführen. Flächendesinfektion ist generell nur in den Räumen vorzunehmen, in denen sich kein Fleisch bzw. keine Fleischerzeugnisse befinden. Die Gefahr, daß Reinigungs- und

```
Auftragen der Gebrauchslösung
              |
Auftragen der Gebrauchslösung        Einwirkenlassen der
              |                      Gebrauchslösung (0,5 ... 5 h)
              |                              |
Kurzzeitiges Einwirkenlassen der
Gebrauchslösung                      Abspülen der Gebrauchslösung
              |                      mit Wasser
              |                              |
Abspülen der Gebrauchslösung
              |                      Lufttrocknen oder Trockenwischen
              |                      mit mechanischen Hilfsmitteln
Lufttrocknen oder Abtrocknen                 |
mit einem sauberen textilen Tuch
bzw. Papierhandtuch                  Intensives Belüften der Räume
```

Bild 57. Arbeitsgänge bei der Desinfektion

Bild 58. Arbeitsgänge bei der Flächendesinfektion

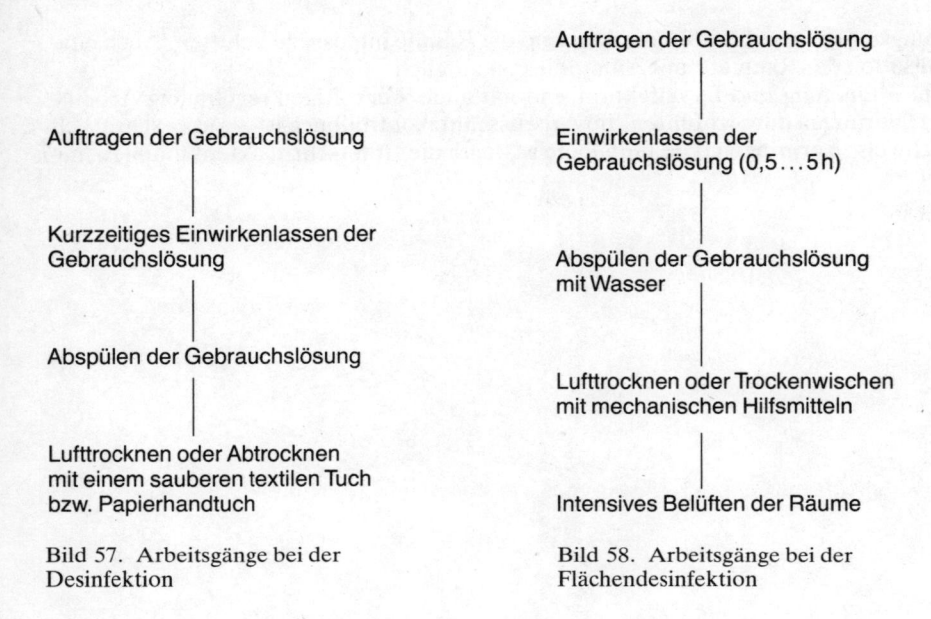

Desinfektionsmittellösungen auf die im Raum befindlichen Produkte gelangen könnten, wäre dann zu groß. Nachteilige Veränderungen, bis hin zur völligen Genußuntauglichkeit, wären dadurch nicht ausgeschlossen. Eine Ausnahmeregelung stellt die Reinigung und Desinfektion belegter Kühlräume dar. Hier darf mit Ameisen-, Milch- oder Peressigsäure desinfiziert werden. Äußerste Vorsicht ist allerdings in zweifacher Hinsicht geboten. Zum einen dürfen keinerlei Verunreinigungen des im Kühlraum befindlichen Kühlgutes durch die Säuren erfolgen. Anderseits wirken die Säuren gegenüber den im Kühlraum befindlichen Metallen sehr stark korrodierend. Intensives Nachspülen mit scharfem Wasserstrahl ist daher angebracht.

16.2.6. Gesundheitsschutz

Beim Umgang mit chemischen Desinfektionsmitteln sind größte Sorgfalt und Vorsicht geboten. Wegen der starken Ätzwirkung sind grundsätzlich Gummihandschuhe, -stiefel und -schürzen sowie Augenschutzbrillen zu tragen. Dadurch wird die Haut geschützt und die Gefahr von Verätzungen vermieden. Sollte es trotzdem zu Benetzungen der Haut oder der Kleidung kommen, sind die Hautstellen gründlich mit Wasser abzuspülen und die Kleidung auszuziehen. Bei Verätzungen der Augen ist sofort mit Wasser sowie Essig- oder Borwasser zu spülen. Danach ist umgehend ein Arzt aufzusuchen. Beim Aufsprühen von Gebrauchslösung auf die zu desinfizierenden Gegenstände ist stets eine vorschriftsmäßige Arbeitsschutzkleidung einschließlich Atemschutzmaske zu tragen. Der Aufenthalt von Personen, die nichts mit den durchzuführenden Maßnahmen zu tun haben, ist generell untersagt. Das gilt auch für die Phase, in der die aufgetragenen Gebrauchslösungen auf die Mikroorganismen einwirken, also während der sog. Einwirkungszeit. Das Anbringen von Warnschildern ist deshalb notwendig, um jede Art von Unfällen zu vermeiden. Während der Einwirkungszeit werden von einigen Desinfektionsmitteln sehr aggressive Gase bzw. Dämpfe freigesetzt, die Haut- und Schleimhautreizungen auslösen können, so daß äußerste Vorsicht geboten ist. Nach Abschluß der

Reinigungs- und Desinfektionsarbeiten sind die Räume intensiv zu belüften. Auch eine Neutralisation der Raumluft mit Ammoniak ist möglich.

Über die Reinigung und Desinfektion sind mit allen Werktätigen regelmäßig Arbeitsschutzbelehrungen durchzuführen. Im Arbeitsschutzkontrollbuch ist darüber schriftlich der Nachweis zu erbringen. Die Teilnahme ist durch die Unterschrift aktenkundig zu machen.

Literaturverzeichnis

Verwendete Literatur

Autorenkollektiv: Fleischgewinnung, 3. Aufl. Leipzig: VEB Fachbuchverlag 1987
Autorenkollektiv: Mikrobiologie tierischer Lebensmittel, 2. Aufl. Leipzig: VEB Fachbuchverlag 1986
Autorenkollektiv: Wissensspeicher Biologie, 2. Aufl. Berlin: Volk und Wissen Volkseigener Verlag 1979
Autorenkollektiv: Biologie in Übersichten, 6. Aufl. Berlin: Volk und Wissen Volkseigener Verlag 1975
Arbeiten des Instituts für Milchwirtschaft beim MLFN. Oranienburg: Milch und Milcherzeugnisse, Heft 50, 1983
Arbeiten des Instituts für Milchforschung, Oranienburg: Die Reinigung und Desinfektion von Anlagen, Geräten und Gefäßen in der landwirtschaftlichen Milchwirtschaft, Heft 14, 1966
Arbeiten des Instituts für Fleischwirtschaft, Magdeburg: Die Wirkung von Temperatur, Feuchtigkeit, Nitrat, Nitrit, Kochsalz, Säuren und Sauerstoff auf die Wachstumscharakteristik von Mikroorganismen, Heft 7, 1966
Jasper, W.; Placzek, R.: Kältekonservierung von Fleisch. Leipzig: VEB Fachbuchverlag 1977
Kunath, H.: Mikrobiologie der Milch, 3. Aufl. Leipzig: VEB Fachbuchverlag 1981
Kluge, S.; Menzel, G.: Mikrobiologie. Berlin: Volk und Wissen Volkseigener Verlag 1977
Lindner, K. E.: Milliarden Mikroben. Leipzig-Jena-Berlin: Urania-Verlag 1978
Müller, G.: Grundlagen der Lebensmittelmikrobiologie, 6. Aufl. Leipzig: VEB Fachbuchverlag 1986
Müller, G.; Hickisch, B.: Mikrobiologie, Lehrbrief für das Hochschulfernstudium Agraringenieurwesen – Pflanzenproduktion, 2. Aufl. Herausgegeben vom Ministerium für Hoch- und Fachschulwesen
Schiffner, E.; Hagedorn, W.; Oppel, K.: Bakterienkulturen in der Fleischindustrie. Leipzig: VEB Fachbuchverlag 1975
Sielaff, H.; Andrae, W.; Oelker, P.: Herstellung von Fleischkonserven und industrielle Speisenproduktion. Leipzig: VEB Fachbuchverlag 1982
Sielaff, H.; Thiemig, F.; Schleusener, H.: Strahlenkonservierung von Lebensmitteln. Fleisch (1985) 3
Sielaff, H.: Technologie der Fleischverarbeitung – Prozeßstufe Pökeln und Technologie der Fleischverarbeitung – Prozeßstufe Räuchern. Lehrmaterial für das Hochschulstudium Lebensmittelingenieurwesen. Herausgegeben im Auftrag des Ministeriums für Hoch- und Fachschulwesen von der KMU, Sektion Tierproduktion und Veterinärmedizin, Wissenschaftsbereich Landwirtschaftliche Hoch- und Fachschulpädagogik, agra-Druckerei Markkleeberg
Rohde, R.: Allgemeine Mikrobiologie, Lehrbriefe für das Hochschulfernstudium, Hefte 1, 2, 3 und 4. Herausgegeben von der Zentralstelle für das Hochschulfernstudium des Ministeriums für Hoch- und Fachschulwesen Dresden
Töpel, A.: Chemie und Physik der Milch und der Milchprodukte, Lehrbrief 4 für das Ingenieurfernstudium. Herausgegeben vom Institut für Fachschulwesen der DDR, Karl-Marx-Stadt
Prospektmaterial der Betriebe: VEB Chemiekombinat Bitterfeld, VEB Waschmittelwerk Genthin, VEB Fahlberg-List Magdeburg
Gesetzliche Bestimmungen:
   Anordnung über die Behandlung von Lebensmitteln und Bedarfsgegenständen mit ionisierenden Strahlen vom 21. 3. 1984, GBl. I, Nr. 11, S. 151
Verfügungen und Mitteilungen des Ministeriums für Gesundheitswesen der DDR Nr. 2, 1987, Bekanntmachung der Liste der Desinfektionsmittel vom 2. 1. 1987

Weiterführende Literatur

Farchmin, G.; Scheibner, G.: Tierärztliche Lebensmittelhygiene. Jena: VEB Gustav Fischer Verlag 1973

Gruda, Z.; Postolski, J.: Gefrieren von Lebensmitteln. Leipzig: VEB Fachbuchverlag 1980
Herrmann, J.: Lehrbuch der Vorratspflege. Berlin: VEB Deutscher Landwirtschaftsverlag 1963
Lerche, M.; Rievel, H.; Goerttler, V.: Lehrbuch der tierärztlichen Lebensmittelüberwachung. Jena: VEB Gustav Fischer Verlag 1957
Noskowa, G. L.: Mikrobiologie des Fleisches bei Kühllagerung. Leipzig: VEB Fachbuchverlag 1975
Scheibner, G.: Lebensmittelhygienische Produktionskontrolle. Jena: VEB Gustav Fischer Verlag 1976

Bildquellenverzeichnis

Autorenkollektiv: Wissensspeicher Biologie, 2. Aufl. Berlin: Volk und Wissen Volkseigener Verlag 1979: Bilder 3, 6, 7 und 10
Jasper, W.; Placzek, R.: Kältekonservierung von Fleisch. Leipzig: VEB Fachbuchverlag 1977: Bild 38
Kluge, S.; Menzel, G.: Mikrobiologie. Berlin: Volk und Wissen Volkseigener Verlag 1977: Bilder 5 und 30
Lindner, K. E.: Milliarden Mikroben. Leipzig-Jena-Berlin: Urania-Verlag 1978: Bilder 2, 33 und 34
Müller, G.: Grundlagen der Lebensmittelmikrobiologie, 4. Aufl. Leipzig: VEB Fachbuchverlag 1979: Bilder 16, 17, 35 und 55
Müller, G.; Hickisch, B.: Mikrobiologie, Lehrbrief für das Hochschulfernstudium: Bild 28
Nach Unterlagen des Verfassers (*H. Schlenkrich*): Bilder 1, 4, 8, 9, 14, 15, 18, 21, 22, 23, 24, 25, 27, 29, 32, 36, 37, 39, 40, 41, 43, 56, 57 und 58
Nach Unterlagen des Verfassers (*E. Schiffner*): Bilder 44 bis 54
Rohde, R.: Allgemeine Mikrobiologie, Lehrbriefe für das Hochschulfernstudium, Heft 1, 2, 3 und 4: Bilder 11, 12, 13, 19, 20, 26 und 31
Sielaff: H.: Technologie der Fleischverarbeitung – Prozeßstufe Pökeln: Lehrmaterial für das Hochschulstudium: Bild 42

Sachwortverzeichnis

abgebrochene Schnellabkühlung 62
Abkühlen 61
Absterbeordnung, logarithmische 71
Aerobier 30
Aerotaxis 47
Aflatoxine 45
alkoholische Gärung 22, 41 f.
Anaerobier 30, 87
–, fakultative 31
–, obligate 30
Antibiotika 14
antimikrobiell 88
Antioxidantien 89
Apathogene 12
Ascorbinsäure 77, 82
Aspikwaren 43, 139
Auftauen 68
Auftau-vorgang 68 f.
– -zeitpläne 69
Autoklaven 73
Autoklavieren 73, 101, 128
Autotrophie 20
a_w-Wert 24, 87, 137
– –, Minimalwerte 25
– –, Optimalwert für Bakterien 26
– –, – – Hefen 25
– –, – – Schimmelpilze 25
– – –Senkung 35, 107
– – –Skale 25

Bacillus 73
– *cereus* 128, 153
Bacterium proteus 140, 158 f., 163
Bakterien 46
–, aerobe 50
–, anaerobe 50
–, Bedeutung 55
–, Bewegung 47
–, Feinbau der Zelle 46
–, Größe 17
–, Grundformen 46, 51
–, halophile 75
–, Hitzeresistenz 71
–, mesophile 27, 74
–, Morphologie 46
–, nitritreduzierende 81
–, psychrophile 27
–, Sporen 54 f.
–, Systematik 48 f.
–, thermophile 27, 74
–, vegetative 71
–, Vermehrung 51 f.
–, Vorkommen 55
–, Wachstum 51 f.
–, Wasserbedarf 26

Bakterien, Zelle 46
–, Zellspaltung 52
–, Zellwand 47
Bakteriophagen 37
bakteriostatisch 78
bakterizid 78, 171
Baustoffwechsel 23
Begeißelung 47
Benzpyren 89
Bestrahlung 145 f.
Betriebs-hygiene 160
– -stoffwechsel 23
Biogas 14
– -gewinnung 14
Biologie 9
Blut 126
– -wurst 127
Botulismus 151
Brühwurst 122, 146
Brutschrank 159

Carbohydrasen 112
Chemotaxis 47
Chloridionen 76, 78
Clostridien 120, 126, 135, 143
Clostridium 73
– *botulinum* 73, 81, 120, 133, 135, 150
– *perfringens* 154

Dampf-desinfektion 171
– -topf 156
Dauerpökelwaren 114
Desinfektion 170
–, Aufgabenstellung 170
–, chemische Mittel 173
–, Maßnahmen 178
–, Verfahren 170
–, Wirkung 174, 177
Desinfektionsmittellösung 172
Destruktionszeit (D-Wert) 71
Dextrine 109
Dezimierungsphase 53
DFD-Fleisch 116 ff.
Disaccharid 109
DNS 20, 36, 71
Durchbrennen 115, 121
Durchschnittskeimzahl 106
D-Wert 128

Edelschimmelpilze 45
Eiweiß-denaturierungsgrad 69 f.
– -zersetzung 21
Ektoenzyme 36, 112
Ektotoxine 22, 153
Endoenzyme 36, 112

endoplasmatisches Retikulum 20
Endotoxine 22
Enterotoxine 152
Enzyme 32, 71, 112
–, Aktivierung 33
–, chemischer Aufbau 33
–, Einteilung 33
–, Inaktivierung 35
–, Klassen 35
–, pH-Wert-Optimum 34
–, Temperaturoptimum 33
Enzymspezifität 33
Ernährung der Mikroorganismen 20
Ethanol 43
Eukaryonten 16, 20, 44

fakultative Anaerobier 31
Fäulnis 21
– -erreger 21
– -produkte 21
Feindesinfektion 178
Fette 57
–, Ranzigwerden 68
Fimbrien 47
Flächendesinfektion 178
Fleisch 57
–, Haltbarmachungsverfahren 57
– -salat 141
– -untersuchungsanordnung (FUAO) 57
– -verderbniserreger 21
– -vergiftungen 150 f.
– –, bakterielle 149 ff.
Folienverpackung 145
»freies Wasser« 24
fungizid 171
F-Wert 133

Gärung 22
Garen 69, 113, 140
Garfleischwaren 113
Garverfahren 69
–, feuchte 70
–, trockene 70
Gefrieren 66
Gefrierlagerung 67
Gefrierlagerzeiten 67
Geißeln 47
Gesamtkeimzahl 104, 161
Gesundheitsschutz 179
Gewürze 77, 144
Glycogen 35, 80, 126
Gramfärbung 48
gramnegativ 47
grampositiv 47
Grenzkeimzahl 104, 106, 141 f., 144

Halbkonserven 128

halophile Bakterien 75
Haltbarmachung 101
Haltbarmachungsverfahren 57 f., 101
Hausschlachtung 134
Hausschlachtungskonserven 135
Hefen 39
–, Bedeutung 41
–, Ernährung 41
–, Hitzeresistenz 41 f.
–, Sporen 40
–, – -bildung 40
–, Sproßverband 40
–, Trockenmasse 39
–, Vermehrung 40
–, Wassergehalt 39
–, Wirksamkeit 41
–, Zellaufbau 39
–, Zuckervergärung 43
Heißluftsterilisator 156
Heißrauch 88
Heterotrophie 21
Hitze 69
–, feuchte 72
–, trockene 72
– -konservierung 69
– -resistenz der Bakterien 71 f.
– – – Hefen 72
– – – Schimmelpilze 72
– – – Sporen 71 ff.
– – – Viren 38
Holzverbrennungstemperaturen 89
Hydrolasen 36
Hygieneniveau 161
Hyphen 44

Infektionskrankheiten 30, 38
Inkubationszeit 151
Isomerasen 36

Kahm-haut 43, 80, 84
– -hefen 43
Kältekonservierung 59
kältetechnische Verfahren 61
Kältetod 28
Kaltrauch 88
Kardinaltemperatur 26
Keim-art 104, 107
– -dynamik 107, 113, 125, 127, 139, 143
– -zahl 104, 107, 113, 121
Keime 9
Kernsaftschinken 113
Kerntemperatur 146
Kesselkonserven 134
Kleinstlebewesen 9
Knöllchenbakterien 12
Kochsalz 75
Kochschinken 113, 146

Kochwurst   126, 146
Koenzym   33
Kohlendioxid   20
Kohlenstoff-Kreislauf   12, 55
– -quelle   20
Kokken   49 f.
Kolititer   159, 163
Kommensale   22
Kondensat   64, 68
Kondenswasser   60, 64
Konserven   128
Kühlkette   146, 153
Kühlkost   143 f.
– -erzeugnisse   143
Kühllagertemperatur   62 ff.
Kühllagerung   62
Kulturschimmelarten   45

Lactobacillus   51
lag-Phase   52 f., 93
Landwirtschaft   12
Leber   126
– -wurst   127
Lebensmittelvergiftungen   148, 152
–, bakterielle   148 f.
–, spezifische   148
–, unspezifische   148
Lebensmittelvergiftungserreger   149
Leitkeimbestimmung   105
Leitkeime   105
Lipasen   59, 68, 112
logarithmische Phase   53
Luft-feuchtigkeit, absolute   63
– –, maximale   63
– –, relative   62, 64 f.
– -hyphen   44
– -myzel   44
Lyasen   36

Makroorganismen   12, 15
Mayonnaise   43, 141
Metabolismus   23
Metmyoglobin   76
Mikroaerophile   31
Mikroben   9
Mikrobiologie   9
mikrobiologische Produktkontrolle   102
– Prozeß-kontrolle   102
– – -steuerung   102, 109
Mikroflora   81
Mikroorganismen   9, 12, 15
–, aerobe   30 f.
–, anaerobe   30 f.
–, apathogene   12
–, autotrophe   20
–, Bedeutung   12
–, Begriffsbestimmung   12

Mikroorganismen, Einteilung   15
–, Ernährung   20
–, Gestalt   16
–, Größe   16
–, Gruppen   15
–, heterotrophe   21
–, Hitze-abtötung   73
–, – -resistenz   73
–, mesophile   27
–, pathogene   12
–, psychrophile   27
–, psychrotrophe   27
–, Strahlenempfindlichkeit   90 ff.
–, thermophile   27
–, vegetative   73 f.
–, Vermehrung   31 f.
–, Wasserbedarf   24
Milchsäure   80, 83, 93, 123
– -bakterien   93
Mineralisierung   12
Mitochondrien   20
Mykosen   45
Mykotoxine   45
Myoglobin   76
Myzel   44

Naßpökelung   80, 83, 115
Natrium-chlorid (NaCl)   75
– -ionen   76, 78
– -nitrit   77, 81
Nitrat   41, 81
Nitrit-pökelsalz   77, 81, 117
– -reduktion   81, 124
Nitrosamine   81

obligate Anaerobier   30
osmotischer Druck   76
Oxidasen   44
Oxidation   44

Pansenbakterien   22
Parasiten   22
Pasteurisieren   73, 91, 128, 143
Pathogene   12, 15
Pediococcus cerevisiae   92
Penizillin   46
Phototaxis   47
pH-Wert   28
– –, Grenzbereiche   29
– –, Optimum   29, 34
– –, Senkung   107 f.
– –, Skale   28
Pilze   39, 41
Pilzgifte   45
Pökel-aroma   77, 83
– -dauer   80
– -farbe   77, 82
– -gut   78, 80

185

Pökel-lake 78, 83
– -mikroflora 81
– -prozeß 77 f.
– -raum 83
– -reifung 77
– -temperatur 80
– -verfahren 80
– -zeit 80
– -zusatzstoffe 77
Pökeln 77
Produkte, instabile 103, 122
–, labile 103, 113, 122, 126
–, stabile 103, 114, 122, 126
Produktkontrolle, mikrobiologische 102
Prokaryonten 16, 20
prosthetische Gruppe 32
Proteasen 59 f., 68, 112
Proteolyse 21
Protisten 20
Protoplast 47
Prozeß-kontrolle, mikrobiologische 102, 154 f.
– -steuerung, – 102, 109
Pseudomonas 60
Psychrophile 80
Pyrolyse 85

Räucher-anlagen 88
– -gut 85, 87
– -holz 84 f.
– -rauch 84 f.
– -verfahren 88
Räuchern 84, 121
Rauch-aroma 87
– -arten 88
– -bestandteile 85
– -entstehungstemperatur 89
– -farbe 86
– -konservierung 84, 87
– -temperatur 88
Reaktionsgeschwindigkeit 34
Reduktasen 36
Reinigung 165
–, Aufgabenstellung 165
–, Formen 165
–, Mittel 166
–, Verfahren 168
Reinkulturen 14, 53, 92
Resistenz 28, 41
Restnitrit 81
Ribonukleinsäure (RNS) 36
Rohwurst 107 ff.
– -reifung, erste Phase 94, 107
– –, zweite – 111

Salmonellen 141, 151 f.
Salmonellosen 151

Salmonellosen, Bedeutung 151
–, Erreger 151
–, klinische Symptome 151
–, Mikroökologie 152
–, Verhütung 152
Salz 75
– -konservierung 75
– -lake 76
– -wirkung auf Mikroben 75
Salzen 75
Saprophyten 21
Sauerstoff, Bedeutung für Mikroorganismen 30 f.
– -bedarf 30
Schadorganismen 56
Schimmelpilze 44
–, Befall 45
–, Bedeutung 44
–, Kulturen 45 f.
–, Vermehrung 44
Schinken, großvolumige 117, 119 f.
–, kleinvolumige 117 f.
Schwitzrauch 86, 88
–, Nutzung 88
–, Temperaturen 88
Shigellen 141, 151
Silage 14
Spaltung der Bakterienzelle 31
Speisesalz 75
Sporangium 54
Sporen 54, 133, 143
– -auskeimung 55
– -bildung 54
– – der Bakterien 54
– – – Hefen 40
– -formen 54
sporizid 171
Sporulation 40, 54
Sprossung 31
Sproßverbände 31
SSHK 76 92, 94 f., 118, 124
SSP-Erzeugnisse 135 ff.
Staphylococcus aureus 140, 153
Staphylokokken 140 f., 143, 153
– -Intoxikation 153
–, klinische Symptome 153
–, Mikroökologie 153
Starterkulturen 92 f., 124
–, Angebotsformen 95
–, Aufbewahrung 95, 100
–, Einsatzbedingungen 94, 100
–, Leistungen 96
–, Stämme 92 f., 95, 97
stationäre Phase 53
Sterilisieren 73
Stickstoffkreislauf 12, 55
Stoffkreislauf in der Natur 12

Stoffwechsel der Mikroorganismen   23
Strahlen   90
–, ionisierende   90
– -dosen   90 f., 146
– -konservierung   90
– -resistenz   91
– -wirkung auf Mikroben   91
Substrat   33
– -hyphen   44
– -myzel   44
Symbiose   22
Symbionten   22
Systematik der Bakterien   48 f.

Taupunkt   64 f.
– -tabelle   65
Temperatur   26
– -bereiche   26 f.
– -einfluß auf Mikroben   26, 82, 100
– -maximum   26
– -minimum   26
– -optimum   26
Tierärztlicher Hygienedienst (THD)   170
Toxine   22
Transferasen   36
Trockenpökelung   80, 115
tuberkulozid   171
Tyndallisieren   73, 128

Überlebenswahrscheinlichkeit   71

Vakuum   145
– -verpackung   145 f.
Vergiftungen durch Lebensmittel   148 ff.
Vermehrung der Bakterien   52
– – Hefen   40
– – Schimmelpilze   44
– – Viren   37
Vermehrungs-geschwindigkeit   52
– -kurve   52
– -phasen   53

Vibrionen   82
Viren   36
–, Aufbau   36
–, Bedeutung   38
–, Formen   37
–, Größe   36
–, Resistenz   38
–, Vermehrung   37
Virosen   38
viruzid   171
Virus-erkrankungen   38
– -überträger   38

Wachstum   52
Wachstumskurve   52
Warmrauch   88
Wasser   24
– -aktivität   24
– -bedarf   26
– -bindevermögen (WBV)   79
– -entzug   76
– -gehalt   23
– -stoffionenkonzentration   28

Yersinien   151

Zelle   16 ff., 39 ff., 44, 51 ff.
–, Bakterien-   51 ff.
–, Bestandteile   18 ff.
–, Hefe-   39 ff.
–, Schimmelpilz-   44
Zell-formen   17 f.
– -kern   40, 44, 46
– -sprossung   40
– -teilung   52
– -wand   44, 48
– – -aufbau   47
Zucker   77
z-Wert   133

187

Im gleichen Verlag sind erschienen:

Maschinen der Fleischindustrie

Von Gábor Berszán · Übersetzung aus dem Ungarischen · Als Berufsschul-Lehrbuch anerkannt

2., verbesserte Auflage · 252 Seiten mit 210 teils mehrfarbigen Bildern, 16,5 cm × 23 cm · Pappeinband 11,70 M · ISBN 3-343-00092-2 · Bestellangabe: 546 9160 Berszán, Maschinen

Berechnungen in der Fleischwirtschaft

Von Rudolf Fischer, Dipl.-Gewerbelehrer Karl-Heinz Noack und Wolfgang Pfeil · Als Berufsschul-Lehrbuch anerkannt

8., verbesserte Auflage · 108 Seiten mit 7 Bildern · 14,5 cm × 21,5 cm · Broschur 3,90 M · ISBN 3-343-00408-1 · Bestellangabe: 547 394 4 Fischer, Berechnung

Fleischgewinnung

Von einem Autorenkollektiv · Als Berufsschul-Lehrbuch anerkannt

3., verbesserte Auflage · 227 Seiten mit 176 Bildern, 47 Tabellen und 29 Übersichten · 16,5 cm × 23 cm · Pappeinband 9,80 M · ISBN 3-343-00342-5 · Bestellangabe: 546 740 5 Fleischgew. f. BS

Fleischverarbeitung

Von einem Autorenkollektiv · Als Berufsschul-Lehrbuch anerkannt

7., verbesserte Auflage · 391 Seiten mit 192 teils mehrfarbigen Bildern, 91 Übersichten und 23 Tabellen · 16,5 cm × 23 cm · Pappeinband 13,50 M · ISBN 3-343-00293-3 · Bestellangabe: 545 638 6 Fleischverarbeitung

Arbeitsblattsammlung Verfahrenslehre Fleischwirtschaft

Von Ing.-Päd. Hellmut Ruschel, Ing. Jochen Domschke und Ing. Rolf Schönfeld · Als Berufsschul-Lehrbuch anerkannt

3., verbesserte Auflage · 116 Seiten mit 42 Bildern · 21 cm × 29,5 cm · Broschur 6,25 M · ISBN 3-343-00297-6 · Bestellangabe: 546 615 4 Ruschel, Arbeitsbl.

Unsere Bücher sind durch den Buchhandel zu beziehen.
VEB FACHBUCHVERLAG LEIPZIG